Web 编程系列丛书

ASP .NET案例分析与教程

刘宝龙　李　浩　喻　钧　主编

科学出版社

北京

内 容 简 介

本书从 ASP.NET 初学者的角度出发，对基于 ASP.NET 的 Web 应用开发技术进行详尽介绍。本书共 10 章，分别介绍了 ASP.NET 基础知识、C♯ 语言基础、ASP.NET 常用控件、ASP.NET 的内置对象、ADO 数据库访问技术、ASP.NET 中数据绑定技术、ASP.NET Web 服务、JavaScript 脚本语言、AJAX 技术基础以及应用案例开发等内容。

全书内容翔实，通俗易懂，适合自学。全书贯穿基于 ASP.NET 的物流信息化平台开发实例，每章内容后配有习题和上机练习，帮助读者深入理解和学习。

本书可作为高等院校计算机应用技术专业、软件工程专业的学生教材，同时也可作为基于 ASP.NET 的 Web 应用开发人员的参考书。

图书在版编目（CIP）数据

ASP.NET 案例分析与教程/刘宝龙，李浩，喻钧主编. —北京：科学出版社，2016.3

（Web 编程系列丛书）

ISBN 978-7-03-047679-1

Ⅰ.①A… Ⅱ.①刘… ②李… ③喻… Ⅲ.①网页制作工具－程序设计－教材 Ⅳ.①TP393.092

中国版本图书馆 CIP 数据核字（2016）第 049440 号

责任编辑：杨 岭 李小锐　　责任校对：韩雨舟
责任印制：余少力　　　　　　封面设计：墨创文化

科 学 出 版 社 出版

北京东黄城根北街 16 号
邮政编码：100717
http://www.sciencep.com

成都创新包装印刷厂印刷
科学出版社发行　各地新华书店经销

*

2016 年 3 月第 一 版　开本：16（787×1092）
2016 年 3 月第一次印刷　印张：19.5
字数：450 千字
定价：49.00 元
（如有印装质量问题，我社负责调换）

前　　言

ASP .NET 是在 Microsoft .NET Framework 的基础上构建的，可提供构建企业级 Web 应用程序所需服务的 Web 平台，是创建动态交互网页的强有力工具。.NET Framework 是用于构建、开发以及运行 Web 应用程序和 Web Service 的公共环境，它主要由三部分组成：编程语言、服务器端和客户端技术、开发环境。ASP .NET 是 .NET Framework 的重要组成部分，它建立在公共语言运行库上，可用于在 Web 服务器上生成功能强大的 Web 应用程序，为 Web 站点创建动态的、交互的 HTML 页面。

作为企业级应用开发的两大主流技术体系之一，.NET 技术近年来发展异常迅速，越来越受到国内外 IT 企业的认可，在各行各业都得到了广泛的应用。基于此，对 .NET 研发人员的需求量也在不断上升，熟悉 .NET 技术体系的学生就业前景很好。

本书作者长期从事 Web 应用开发和 .NET 技术课程的一线教学工作，有着深厚的实践开发经验和丰富的教学经验。熟悉 ASP .NET 和 Java EE 两大主流技术体系，对面向对象技术、设计模式、软件架构等知识理解较为深刻，能够站在理论的高度来指导实践，同时，作者也非常了解学生的认知规律，进而指导教材编写。

Web 应用开发有着很强的技巧性，要求学生从整体上把握软件的架构、框架，合理地使用设计模式，这样才能设计出稳定性好、扩展性强的软件产品。很多培训公司的课程体系和教材注重实践，却缺乏理论深度，培养出来的学生能够应付就业，却难以取得长远的发展。本教材更注重思想方法的培养，将面向对象思想、设计模式和软件架构的知识融入各章节教学中，尽量使学生知其然并知其所以然，以思想方法指导设计实践。

本书特点：

(1) 以物流信息化平台为实例，在各个章节中涉及的案例均以此为基础讲解；

(2) 第 10 章给出物流信息化平台的完整开发过程及主要的设计文档，为相关从业人员提供参考；

(3) 以应用实例为驱动，使学生在学习的过程中对基于 ASP .NET 的 Web 应用开发有一个全貌的认识；

(4) 本书以提高学生的实际动手能力为基本出发点，内容设置贴近实际开发的需要，且简单易学。

全书所有程序在 Windows XP SP2/Windows 7、IIS 6.0-7.0、.NET Framework 4 下测试通过，数据库使用 SQL Server 2008，开发工具采用 Microsoft Visual Studio 2010 旗舰版。

本书第 1、2 章由西安工业大学郭怡老师编写，第 3、4 章由云南大学李浩老师编写，第 5、6、10 章由西安工业大学刘宝龙老师编写，第 7、8、9 章由西安工业大学喻钧老师编写。

尽管在编写本书的过程中尽了最大努力，但由于编者水平有限，疏漏及不妥之处在所难免，恳请读者批评指正。作者联系邮箱：liu. bao. long@hotmail. com，书中源代码可免费获取。

编　者

2015 年 12 月

目　录

第 1 章　ASP .NET基础

ASP .NET 是在 Microsoft .NET框架基础上构建的、可提供构建企业级 Web 应用程序所需服务的一个 Web 平台。ASP .NET 与 Microsoft .NET框架平台紧密结合是 ASP .NET的最大特点。本章主要介绍.NET应用开发架构、Microsoft .NET 框架、构建 ASP .NET运行和开发环境，以及如何编写 ASP .NET应用程序。

1.1　.NET应用开发架构

1.1.1　.NET的设计目标

.NET最终目的就是让用户在任何地方、任何时间，以及利用任何设备都能访问所需的信息、文件和程序。用户不需知道这些文件放在什么地方，只需要发出请求，然后只管接收就可以了，而所有后台的复杂性是完全屏蔽起来的。

.NET致力将手机、浏览器和门户应用程序集成到一起，形成一个统一的开发环境，结构如图 1-1 所示。

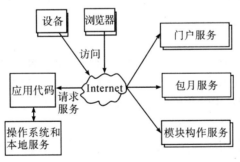

图 1-1　.NET的战略

1.1.2　Microsoft .NET 框架

.NET是一种面向网络、支持各种用户终端的开发平台环境，其目标是搭建新一代的因特网计算平台，解决网站间的协同合作问题，从而最大限度地获取信息。在.NET平台上，不同网站间通过相关协定联系在一起，形成自动交流、协同工作，提供全面的服务。

Microsoft .NET框架(.NET Framework)是一个集成在 Windows 中的组件，支持生成和运行下一代应用程序与 XML Web Services，如图 1-2 所示。

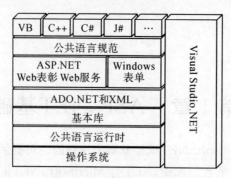

图 1-2 .NET Framework

.NET Framework 具有两个主要组件：公共语言运行时（common language runtime，CLR）和.NET Framework 类库（.NET Framework class library）。

1. 公共语言运行时(CLR)

CLR 是.NET Framework 的基础。它为执行.NET脚本语言编写的代码提供了一个运行环境。CLR 管理.NET代码的执行，提供内存管理、线程管理、代码执行、安全验证、远程处理等服务，并保证应用和底层操作系统之间必要的分离。同时，CLR 使开发人员可以调试和进行异常处理。要执行这些任务，需要遵循公共语言规范（common language specification，CLS）。CLS 描述了运行库能够支持的数据类型的子集。

在 CLR 监视之下运行的程序属于受控代码，也叫托管代码（managed codes）。而不在 CLR 监视之下，直接在裸机上运行的应用或者组件叫非托管代码（unmanaged codes）。

2 .NET Framework 类库

.NET Framework 类库是一个与 CLR 紧密集成的、面向对象的、可重用的类型集合。.NET Framework 类型是生成 .NET 应用程序、组件和控件的基础。.NET Framework 可以理解为一系列技术的集成，它包括.NET脚本语言、CLS、.NET Framework 类库、CLR、Visual Studio .NET集成开发环境等。

.NET Framework 是用于构建、开发以及运行 Web 应用程序和 Web Service 的公共环境。它主要由三部分组成：编程语言（programming languages）、服务器端和客户端技术（server technologies and client technologies）、开发环境（development environments）。

1)编程语言

• C♯（读作 C sharp）

C♯是一种简洁、类型安全的、面向对象的语言，它是 Microsoft 公司专门为.NET量身定做、为生成在 .NET Framework 上运行的应用程序而设计的。C♯从 C 和 C＋＋衍生而来，更像 Java。使用 C♯ 可以创建 XML Web services、分布式组件、客户端/服务器应用程序、数据库应用程序等。

• Visual Basic .NET(VB .NET)

VB .NET是从 Visual Basic(VB)语言演变而来，面向.NET Framework、能生成类型安全和面向对象应用程序的一种语言。VB .NET是 Visual Studio .NET的一部分，是一套完整的、可生成企业级 Web 应用程序的开发工具。

- J♯（读作 J sharp）

J♯ 是一种供 Java 程序员构建在.NET Framework 上运行的应用程序和服务的语言。

2）服务器端和客户端技术

- ASP .NET

ASP .NET是建立在.NET Framework 之上，利用 CLR 在服务器端为用户提供建立强大的企业级 Web 应用服务的编程框架。ASP .NET主要包括 Web Form 和 Web Service 两种编程模型。前者提供建立功能强大的、基于 Form 的可编程 Web 页面。后者提供在异构网络环境下获取远程服务、连接远程设备、交互远程应用的编程界面。

- Windows Forms

Windows Forms 是 .NET Framework 的智能客户端组件。利用 Visual Studio 之类的开发环境，使用 Windows Forms 可以创建应用程序和用户界面。Windows Forms 应用程序是基于 System. Windows. Forms 命名空间中的类、通过在窗体上放置控件并对用户操作（如鼠标单击）进行响应来构建的。

- Compact Framework

Compact Framework 是为在移动设备和嵌入式设备上运行而设计的。它包含.NET Framework 中类库的子集，同时还包含一些专有类。

3）开发环境

- Visual Studio

Visual Studio 是一个完整的集成开发环境（integrated development environment，IDE），用于生成 ASP .NET Web 应用程序、XML Web services、桌面应用程序和移动应用程序。VB .NET、Visual C++.NET、Visual C♯.NET 和 Visual J♯.NET 全都使用相同的 IDE，该环境允许它们共享工具并有助于创建混合语言解决方案。

- Visual Web Developer

Visual Web Developer 是一个功能齐备的开发环境，可用于创建 ASP .NET Web 应用程序。Visual Web Developer 提供网页设计、代码编辑、测试和调试，以及将 Web 应用程序部署到承载服务器等功能。

.NET框架提供统一的编程模式：不论是 VB .NET、ASP .NET、C♯、Jscript .NET 还是.NET Web 服务都是用一样的 API。

1.2　ASP .NET概述

ASP .NET又称 ASP+，它不仅仅是 ASP 的简单升级，而是 Microsoft 推出的新一代脚本语言。ASP .NET是.NET的一部分，ASP .NET吸收了 ASP 以前版本的最大优点并参照 Java、VB 语言的开发优势加入了许多新的特色，同时也修正了以前 ASP 版本的运行错误。

ASP .NET是建立在.NET框架基础上的完全面向对象的系统。NET 框架平台给网站提供了全方位的支持，包括强大的类库、多方面服务的支持、多种语言进行开发、跨平台支持、充分的安全保障能力等。ASP .NET程序采用 Visual Studio .NET环境进行开发，支持 WYSIWYG(所见即所得)、拖放控件和自动部署等功能。

概括起来，ASP .NET与 ASP 的区别主要体现在以下几个方面。

1. 执行效率

ASP 是解释执行的，ASP .NET是编译执行的。ASP .NET采用编译后运行的方式，执行效率大幅提高。它将程序在第一次运行时编译成 DLL 文件，以后直接执行 DLL 文件，这样速度就变得很快。因此，ASP 在执行效率上大大低于实现同样功能的 ASP .NET。

2. 可重用性

ASP 将 HTML 代码和程序混在一起，代码的模块化和重用性低；ASP .NET将程序与 HTML 分开，实现了代码分离，程序结构清晰，代码的可重用程度高。ASP .NET可以向目标服务器直接复制组建，当需要更新时，重新复制一个即可。

3. 代码量

ASP 所有功能都要编写代码，而 ASP .NET提供了 Web 服务器控件，代码量大大降低。

ASP .NET与现存的 ASP 保持语法兼容，实际上我们可将 ASP 源文件扩展名.asp改为.axpx，然后配置在支持 ASP .NET运行的 IIS(Internet Information Services，Internet 信息服务)服务器的 Web 目录下，即可获得 ASP .NET运行时的优越性能。

1.2.1 ASP .NET的脚本语言

ASP .NET目前能支持3种语言：C♯、Visual Basic .NET和 Jscript .NET。

C♯是微软公司为.NET量身定做的编程语言，它与.NET有着密不可分的关系。C♯的类型就是.NET框架所提供的类型，C♯没有类库，使用.NET框架所提供的类库。另外，类型安全检查、结构化异常处理也都是交给 CLR 处理的。因此，C♯是最适合开发.NET应用的编程语言。

Visual Basic .NET是在现有 Visual Basic 6.0 基础上的一次重大的飞跃。Visual Basic .NET对 Visual Basic 进行了重塑，使得 Visual Basic .NET比 Visual Basic 6.0 更易用、更强大，同时加入了过去只有使用 C++语言才能实现的某些系统资源的访问能力，最重要的是 Visual Basic .NET完全支持面向对象技术。

Jscript .NET是在现有的 Jscript 语言基础上做了彻底的修改，加入了面向对象特性。

1.2.2 ASP .NET的工作原理

ASP .NET的工作原理如下所述，参见图 1-3。

图 1-3　首次请求 ASP.NET页面的处理过程

（1）Web 浏览器发送一个 HTTP 请求到 Web 服务器，要求访问一个 Web 网页。

（2）Web 服务器分析这个 HTTP 请求，定位所请求的 Web 网页的位置。

（3）如果请求的网页是一个 HTML 文件，则服务器直接返回该文件。如果请求的网页是个 ASP.NET 文件，那么 IIS 就把该文件传送到 aspnet_isapi.dll 进行处理，后者把 ASP.NET代码提交给 CLR。若是首次请求这个 ASP.NET文件，就由 CLR 编译并执行，得到纯 HTML 结果；若是已经执行过这个文件，那么就直接执行编译好的程序并得到纯 HTML 结果。

（4）最后把从（3）中得到的 HTML 文件传回浏览器作为 HTTP 响应。浏览器收到这个响应之后，就可以显示 Web 网页。

1.3　建立 ASP.NET的运行和开发环境

要运行 Web 程序，必须首先建立一个 Web 服务器，然后从任一台 Web 浏览器访问该服务器上的 Web 程序。建立 ASP.NET的运行环境，需要安装 Web 服务器 IIS 和.NET Framework。

要编写和调试 ASP.NET程序，通常选择 Visual Studio 集成开发环境。本书以当前主流配置的 Visual Studio 2010 和 SQL Server 2008 为主要开发环境进行讲解。

1.3.1　安装和配置 IIS 服务器

IIS 是 ASP.NET唯一可以使用的 Web 服务器，目前常用的版本是 IIS 6.0 或 IIS 7.0。下面以 Windows XP 为例，简述 IIS 6.0 的安装和配置步骤。

1. 安装 IIS

（1）选择"控制面板→添加/删除程序→添加/删除 Windows 组件"。

（2）在"Windows 组件向导"窗口中选中"Internet 信息服务（IIS）"，单击"下一步"按钮，按照提示插入 Windows 安装光盘后，将自动安装 IIS。

（3）安装结束后，在浏览器地址栏中输入：http://127.0.0.1 或 http://localhost，如果出现 IIS 的信息页面，则表示 IIS 安装成功。此时，通常会在硬盘 C 上自动创建文件夹 C:\Inetpub，这是 IIS 的默认目录。C:\Inetpub\wwwroot 是默认的 Web 主页的地址。

2. 设置虚拟目录

假设一个 ASP .NET文件 hello. aspx 存放在服务器上的某一目录 D:\myWebSite 里，如例 1-1 所示。

[例 1-1]　一个简单的 ASP .NET程序(test1 _ 1. aspx)。

```
<%@page language="C#"%>
<html>
<body>
<font color="red">
<% Response. Write("hello world. ");%>
</font>
</body>
</html>
```

下面介绍如何配置 IIS，以及运行该程序的方法。

(1) 选择"控制面板→管理工具→Internet 服务管理器"，进入"Internet 信息服务"主窗口。

(2) 展开"默认网站"，选择"新建→虚拟目录"，启动"虚拟目录创建向导"程序，输入别名"mysite"，并指向目录"D:\myWebSite"，最后选择正确的访问权限。至此，建立了一个别名为 mysite 指向 D:\myWebSite 的虚拟目录。

然后，在浏览器中输入以下地址，就可以看到图 1-4 所示的结果：

```
http://localhost/mysite/hello. aspx
```

图 1-4　测试和运行 ASP .NET程序

1. 3. 2　安装 Visual Studio 开发工具

要安装 Visual Studio 开发环境，必须首先安装.NET Framework，然后再安装 Visual Studio 工具包。本书选择安装 Microsoft Visual Studio 2010 开发工具包。

Microsoft Visual Studio 2010 安装程序通常自带.NET Framework 4. 0，后者也可以从 Microsoft 公司的官方网站 www. microsoft. com/downloads 下载。

Visual Studio 2010 目前有 5 个版本：专业版、高级版、旗舰版、测试专业版和速成版。

基于普遍性的考虑，本书将安装 Visual Studio 2010 Ultimate 旗舰版，简称 VS 2010

Ultimate。它可以通过下载一个 ISO 镜像文件进行安装。

VS 2010 Ultimate 包括以下工具。

- Visual Basic
- Visual C++
- Visual C♯
- Visual F♯
- Visual Web Developer

本书选择安装 Visual C♯和 Visual Web Developer。

安装完成后，首次启动 VS 2010 Ultimate，选择默认的环境设置，然后进入如图 1-5 所示的起始页面。

图 1-5　VS 2010 Ultimate 的起始页

通常，开发 ASP .NET程序的第一步就是创建一个新网站。

如果选择"文件→新建网站"，打开一个"新建网站"对话框，进入图 1-6 所示的画面。选择"ASP .NET网站"，在文本框中输入网站的文件夹位置，然后单击"确定"按钮，Visual Studio 将创建一个网站项目，并自动生成一个 Default.aspx 的网站默认主页。

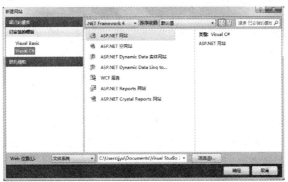

图 1-6　"新建网站"对话框

从"网站"菜单中选择"添加新项"，然后选择"Web 窗体"，则添加一个 ASP .NET页面。单击"添加"按钮，进入图 1-7 所示的 Visual Studio 集成开发环境（IDE）主窗口。

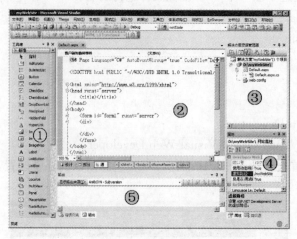

图 1-7　IDE 主界面

在 IDE 主界面中，可分为 5 部分，图中用编号①～⑤进行标注。各部分的窗口界面都会按照用户的选择进行移动、悬靠和叠加，下面逐一说明。

(1)区域①为"工具箱"，悬靠在 IDE 的左边，用于选取控件。

(2)区域②为"代码区"，位于 IDE 的中间部分，可选择不同的视图设计源代码和页面代码。

(3)区域③为"解决方案资源管理器"，一般悬靠在 IDE 的右上部分，分不同选项卡进行显示。解决方案资源管理器用于显示项目中的文件。

(4)区域④为"属性窗口"，一般悬靠在 IDE 右下部，用于设置区域②里面选中控件的属性。

(5)区域⑤为"输出窗口"，悬靠在 IDE 下部，用于输出项目的编译信息。

在上述页面中，通过拖拽工具箱中不同的控件，以及编写 Web 页面的执行代码，就可以对 Web 页面进行自由设计了。

1.3.3　SQL Server 数据库系统的安装

微软目前主推 SQL Server 2008 R2 系统安装。其实，在安装 Visual Studio 2010 的过程中，如果选择"完全安装"，那么它会自动安装 SQL Server 2008 的 Express SP1 版，这个版本只能通过 VS 2010 来访问使用，不能独立使用。

在数据库引擎配置中，最重要的就是"身份验证模式"的选择。

身份验证模式包括两种：Windows 身份验证模式和混合模式。

(1) Windows 身份验证模式。该模式要求访问 SQL Server 的用户必须是经过 Windows 系统身份验证的用户。

(2) 混合模式(Windows 身份验证和 SQL Server 身份验证)。既可以由 Windows 系统进行身份验证，也可以由 SQL Server 本身负责身份验证。当采用 SQL Server 验证方式登录数据库时，需要提供有效的账号和登录密码。

建议用户在安装时设定为混合模式，这样便于进行分布式访问。

1.4　开始编写 ASP .NET程序

1.4.1　Web 窗体代码模型

ASP .NET页面可以用两种不同方式去创建：单文件模式和后台代码模式。

1)单文件模式

单文件模式类似 ASP 一样，一个页面对应一个文件。它将 HTML 代码和服务器端代码混合写在一个 *.aspx 的文件里。单文件模式具有方便修改、管理简单的优点，但当代码量非常大时，将大大降低代码的可读性，维护起来十分不便。因此，单文件模式适合于代码量较小的项目。

2)后台代码模式

在 Visual Studio 环境中创建的 ASP .NET页面通常为后台代码模式，即一个页面对应两个文件：*.aspx 和 *.aspx.cs 文件。前者只包含 HTML 和服务器控件标签，后者包含服务器执行的后台代码。这种模式充分体现了"页面和代码分离"(code behind)的特点。

1.4.2　ASP .NET网页设计实例

下面我们通过一个简单的例子来说明 ASP .NET网页的设计过程。

1. 创建一个 ASP .NET网站

启动"Visual Web Developer"，选择"文件→新建网站"，在弹出的"新建网站"对话框中选择"ASP .NET网站"，单击"确定"按钮，此时自动创建一个默认的 Default.aspx 网站主页和一个空的数据目录。

2. 创建 Web 窗体

设计一个新的 ASP .NET页面，选择"网站→添加新项→Web 窗体"，取消选择"将代码放在单独的文件中"复选框，单击"添加"按钮，这时会自动创建 Default1.aspx 和 Default1.aspx.cs 两个文件。*.aspx 文件是对 Web 窗体的页面布局进行设计，*.aspx.cs 文件是对程序代码进行设计。

3. 设计 Web 窗体的页面(*.aspx)

图 1-8 所示为 Web 窗体的设计页面。单击"设计"标签页，从工具箱中拖拽一个 TextBox 控件、一个 Button 控件、一个 Label 控件到设计窗口中，则看到当前页面的外观。单击"源"标签页，可看到该页面的 XHTML 设计代码，即 Default.aspx 文件的内容。

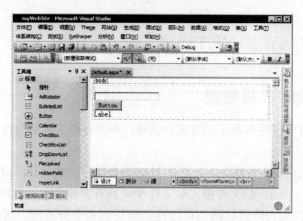

图 1-8　Web 页面的"设计"标签页

4. 编写程序代码(∗.aspx.cs)

在图 1-8 的页面中，当双击 Button 控件，则打开 Default.aspx.cs 的设计页面，该页呈现了系统自动生成的默认代码内容。修改单击事件 Button1 _ Click，最后得到的代码如下：

```
using System;
using System.Collections.Generic;
using System.Linq;
using System.Web;
using System.Web.UI;
using System.Web.UI.WebControls;
public partial class_Default : System.Web.UI.Page  {
    protected void Page_Load(object sender,EventArgs e) {
    }
    protected void Button1_Click(object sender,EventArgs e){
        Label1.Text= "你好!! " +  TextBox1.Text;
    }
}
```

5. 运行程序

代码设计完成后，按 F5 键编译并运行应用程序。在文本框中输入内容，然后单击"OK"按钮，在 Label 上将显示程序的运行结果，如图 1-9 所示。

图 1-9　页面运行结果

1.5　习题与上机练习

1. 简答题

(1)简述.NET Framework 的作用和组成。

(2)Web 页面的生命周期包括哪几个阶段？

(3)什么是 code behind 技术？

(4)解决方案和项目之间有什么样的关系？

(5)简述 ASP .NET页面的处理过程，为什么第一次执行时，ASP .NET程序执行很慢？

2. 上机练习

(1)使用.NET Web 窗体技术编写一个简单的个人主页。

(2)创建一个 Web 页面，用于显示当前服务器时间。

第 2 章   C♯ 语言基础

Visual C♯ 是 Microsoft 对 C♯ 语言的实现。Visual C♯ 和 .NET Framework 的结合，使得程序设计人员可以创建 Windows 应用程序、XML Web services、分布式组件、数据库应用程序等。Visual Studio 通过功能齐全的代码编辑器、编译器、项目模板、设计器、调试器等工具，实现对 Visual C♯ 的支持。

2.1   C♯概述

2.1.1   C♯的特点

C♯是一种简单的、面向对象和类型安全的编程语言，它是 Microsoft 专门为生成在 .NET Framework 上运行的各种应用程序而设计的。C♯ 从 C 和 C++衍生而来，它继承了 C++ 最好的功能，比 C++ 更简洁、高效。C♯的类型就是.NET框架所提供的类型，C♯本身并无类库，而是直接使用.NET框架所提供的类库。另外，类型安全检查、结构化异常处理也都是交给 CLR 处理的。因此，C♯是最适合开发.NET应用的编程语言。

默认情况下，C♯代码在.NET框架提供的受控环境下运行，不允许直接操作内存。它带来最大的变化是C♯没有了C和C++中的指针。与此相关的，那些在C++中被大量使用的指针操作符已经不再出现。C♯只支持一个"."。同样，C♯区分大小写且每条语句后面必须用分号结尾。

C♯具有面向对象编程语言所应有的一切特性，如封装、继承和多态。在 C♯ 的类型系统中，每种类型都可以看作一个对象。但 C♯ 只允许单继承，即一个类不会有多个基类，从而避免了类型定义的混乱。

C♯没有了全局函数、全局变量和全局常量。所有都必须封装在一个类中。因此，用C♯编写的代码具有更好的可读性，而且减少了发生命名冲突的可能。

2.1.2   创建一个简单的 C♯ 程序

我们先看一个简单的 C♯ 程序，对 C♯ 程序有一个初步的认识。

图 2-1　新建一个控制台应用程序

在菜单中选择"文件→新建项目"。在"新建项目"对话框中选择"Visual C♯"和"控制台应用程序",然后填写程序的保存路径,如图 2-1 所示,单击"确定"按钮,系统将自动创建一个控制台程序的框架"Program. cs"。

代码如下:

```
using System;
using System. Collections. Generic;
using System. Linq;
using System. Text;
namespace ConsoleApplication1 {
    class Program {
        static void Main(string[] args) {
        }
    }
}
```

C♯用分号";"作为分隔符来终止每条语句。与 C 和 C++一样,C♯是大小写敏感的。在 C♯中,程序的执行总是从 Main()方法开始的。Main()方法必须且只能包含在一个类中。如果出现一个以上,编译器就会报错。Main()方法的返回类型可以是 void(表示没有返回值)或 int(返回代表应用程序错误级别的整数)。

代码的第 1~4 行是引入命名空间。"using"指令的作用就是引入命名空间,"System""System. Collections. Generic"等就是名字空间。引入命名空间后,就可以直接使用它们的方法和属性了。建立一个控制台应用程序时,IDE 会自动引入常用的命名空间。

代码第 5 行 namespace ConsoleApplication1 是声明这个程序使用的命名空间。

第 6~10 行是用 {} 括起来的 C♯代码块。其中的"class Program"就是声明类名。一般类名和 .cs 文件名相同,如果更改了 .cs 文件名,IDE 会自动更新类名。类里面包含一个静态的 Main()方法,它是程序执行的起点和终点。

2.1.3　程序的输入输出

Console 是 System 名字空间下的一个类,C♯程序的输入和输出通过调用 Console 来实现。使用 WriteLine()方法输出信息,利用 ReadLine()方法可以接受屏幕信息的输入。

每一个 C♯程序都会包含一个 Main()方法，我们在 Main()里面输入如下代码：

```
Console.Write("请输入:");  //输出信息,不换行
string strEdit=Console.ReadLine();  //读入信息,读完换行
Console.WriteLine("{0}",strEdit);    //输出信息,输完换行
```

运行程序，这里的 Console 就是 System 命名空间下的类，WriteLine、ReadLine 是 Console 类的方法。如果前面没有"using System"引入语句，则需要在 Console 前面加上 System，如写成如下形式：

```
System.Console.WriteLine("欢迎使用物流信息管理系统!");
```

ReadLine()方法从输入设备中读取一串字符串并把值给变量 str。显示的时候，用 WriteLine()方法的参数表中紧跟的变量来替换 {0}。

通常，运行程序有两种方式：调试运行（按 F5 键），不调试运行（按[Ctrl＋F5]键）。按 F5 键启动调试，程序运行结束后会立即关闭，如果发生异常能定位异常出现的位置，还可设置断点让程序单步执行。按[Ctrl＋F5]组合键开始执行（不调试），程序运行结束后提示"请按任意键继续…"，如图 2-2 所示，通常这种方式会忽略程序设置的断点。

图 2-2　按[Ctrl＋F5]组合键运行程序

2.1.4　C♯注释

C♯属于 C 语系，行注释用"//"，块注释用"/＊（注释的内容）＊/"。程序注释是每个程序设计人员应该具备的良好习惯。

[例 2-1]　C♯中行注释和块注释方法示例（Hello.cs）。

```
using System;
class Hello{
static void Main(){
/* 声明一个 DateTime 变量 t 并将当前日期赋给 t*/
DateTime t= DateTime.Today;
string str_Time;//声明一个字符串变量 str_Time
str_Time=t.ToLongDateString();
Console.WriteLine("当前日期是:{0}",str_Time);
}
}
```

上面程序用来读取系统的时间，并把时间转化为长日期字符串形式，并把结果显示到控制台。结果如图 2-3 所示。

图 2-3　注释的使用

2.2　C♯ 基本语法

2.2.1　C♯ 常量与变量

C♯是大小写敏感的，即大写和小写字母认为是不同的字母。命名变量名要遵守如下的规则：

- 不能是 C♯ 关键字。
- 第一个字符必须是字母或下划线。
- 不要太长，一般不超过 31 个字符为宜。
- 不能以数字开头。
- 中间不能有空格。
- 变量名中不能包含 ".；，＋－" 之类的特殊符号。实际上，变量名中除了能使用 26 个英文大小写字母和数字外，只能使用下划线 "_"。
- 变量名不要与 C++中的库函数名、类名和对象名相同。
- 变量通常具有描述性的名称。变量有两种典型的命名方法：骆驼表示法和匈牙利表示法。骆驼表示法，以小写字母开头，以后的单词都以大写字母开头。如 myBook，theBoy，numOfStudent。匈牙利表示法，在每个变量名的前面加上若干表示类型的字符，如 iMyCar 表示整型变量。strEdit 表示字符型变量。推荐使用匈牙利表示法。

程序中如果想让变量的内容初始化后一直保持不变，可以定义一个常量。一般定义常量的名称全部用大写字母，同时在定义中加关键字 const，给它规定为常量性质。例如，定义一个常量 PI 为圆周率。

```
public const double PI=3.14159265;
```

2.2.2　C♯ 数据类型

C♯ 中的数据类型分为两大类：值类型(value types)和引用类型(reference types)。值类型和引用类型的区别在于：值类型变量直接包含它们的数据，而引用类型变量则存储对于对象的引用。

1. 值类型

值类型(value types)包含简单数据类型、结构类型和枚举类型。

1)简单数据类型

简单数据类型(simple type)就是.NET系统类型，即整型、浮点型、字符型、布尔型、十进制型。表 2-1 为所有的简单数据类型。

表 2-1 C♯的简单数据类型

类型	关键字	大小/精度	范围	.NET类型	后缀
整型	sbyte	有符号 8 位整数	$-128\sim127$	System. SByte	无
	byte	无符号 8 位整数	$0\sim255$	System. Byte	无
	short	有符号 16 位整数	$-32768\sim32767$	System. Int16	无
	ushort	无符号 16 位整数	$0\sim65535$	System. UInt16	无
	int	有符号 32 位整数	$-21\ 4748\ 3648\sim21\ 4748\ 3647$	System. Int32	无
	uint	无符号 32 位整数	$0\sim42\ 9496\ 7295$	System. UInt32	U 或 u
	long	有符号 64 位整数	$-922\ 3372\ 0368\ 5477\ 5808\sim$ $9223372\ 0368\ 5477\ 5807$	System. Int64	L 或 l
	ulong	无符号 64 位整数	$0\sim0xffff\ ffff\ ffff\ ffff$	System. UInt64	UL
浮点型	float	32 位浮点数，7 位精度	$\pm1.5\times10^{-45}\sim\pm3.4\times10^{38}$	System. Single	F 或 f
	double	64 位浮点数，15～16 位精度	$\pm5.0\times10^{-324}\sim\pm1.8\times10^{308}$	System. Double	D 或 d
字符型	char	16 位 Unicode 字符		System. Char	无
布尔型	bool	8 位空间，1 位数据	true 或 false	System. Boolean	无
十进制型	decimal	128 位数据类型，28～29 位精度	$\pm1.0\times10^{-28}\sim\pm7.9\times10^{28}$	System. Decimal	M 或 m

  C#简单类型使用方法和C、C++中相应的数据类型基本一致。需要注意的是：和C语言不同，无论在何种系统中，C♯每种数据类型所占字节数是一定的。字符型采用Unicode 字符集，一个 Unicode 标准字符长度为 16 位。整数型不能隐式被转换为字符型，例如 char c1＝10 是错误的，必须写成：char c1＝(char)10,char c=′A′,char c=′\x0032′; char c=′\u0032′。当某种类型超出所能表示的范围时，就会出现溢出情况。但是程序并不会报错，超出了范围，自动将最高位舍去。

  布尔型有两个值：false 和 true。不能认为整数 0 是 false，其他值是 true。bool x＝1是错误的，不存在这种写法，只能写成 x＝true 或 x＝false。

  十进制型也是浮点数型，只是精度比较高，一般用于财政金融计算。使用后缀来表明它是一个 decimal 型，如果省略了后缀，则变量被赋值之前将被编译器认作 double 型。

  2)结构类型

  将所有相关的数据项(这些数据项的数据类型可能完全不同，称为域)组合在一起，形成一个新的数据结构，称为结构类型(struct)。

  结构类型的声明格式如下：

```
struct 结构名 {
    public 数据类型 域名;
    … …
};
```

值得说明的是，结构类型不仅可以包含数据成员，还可以包含函数成员，这与类的定义十分类似。因此，结构类型的声明可以细化为如下形式：

```
struct 结构名 {
    public 数据类型 域名;
    … …
    public void 方法名 {
        //方法的实现
    }
};
```

我们来看下面的例子。所有与结构类型 Customer 关联的信息都作为一个整体进行存储和访问。

[例 2-2]　结构类型示例（StructTest.cs）。

```
struct Customer
{
    public string strName;//顾客姓名
    public uint uiAge;//顾客年龄
    public String strPhone;//顾客电话
    public String strAddr;//顾客收货地址
    public double dSal;//货物价钱
    public void show_details()
    {
        Console.WriteLine("该顾客姓名= {0},年龄= {1},电话= {2},价钱合计= {3}",
        strName,uiAge,strPhone,dsal);
        Console.WriteLine("收货地址= {0}",strAddr);
        }//显示顾客信息
    }
    class Test{
        public static void Main() {
        Customer c;//声明结构类型 Customer 的变量 c
        c.strName= "小李";
        c.uiAge= 35;
        c.strPhone= "13381335310";
        c.dSal= 99.99;
        c.strAddr= "北京市朝阳区幸福路 8 号";
        c.show_details();
        Console.WriteLine("成功显示!");
    }
}
```

程序的执行结果如图 2-4 所示。

图 2-4　结构类型示例结果

关于类和结构的主要区别，我们总结如下：

- 结构是比类更简单的对象。与类一样，可以包含各种成员，也可以实现接口。
- 结构适合表示如点、矩形等简单的数据结构，这比使用类更能降低成本、效率更高。
- 结构是"值类型"，而类是"引用类型"，结构不支持继承。
- 结构的实例化可以使用 new，也可以不使用 new（所有的域默认为 0，false，null 等）。而类的实例化必须使用 new。

3）枚举类型

枚举类型（enumeration）是一组已命名的数值常量。使用这种方法，可以把变量的取值一一列出，变量只能在所列的范围内取值。

枚举类型的声明格式如下：

enum 枚举名 {
    //枚举元素列表
};

以下代码定义并使用了一个枚举类型 WeekDay。

［例 2-3］　枚举类型示例（WeekDay.cs）。

```
enum WeekDay {
    Sunday,Monday,Tuesday,Wednesday,Thursday,Friday,Saturday
};//值为 0、1、2、3、4、5、6
class Test {
    static void Main() {
        WeekDay day;//声明 WeekDay 的实例 day;
        int ichoice= (int)WeekDay.Sunday;
        day= WeekDay.Sunday;
        Console.WriteLine("day 的值是{0}",ichoice);
        Console.WriteLine("今天是{0}",day);
    }
}
```

程序的执行结果如图 2-5 所示。

图 2-5　枚举类型示例结果

　　按照系统默认，枚举中每个元素都是 int 型的，而且第一个元素的值为 0，它后面每一个连续的元素的值加 1 递增。在枚举中，也可以给元素直接赋值，如果把 Sunday 的值设为 2，那么后面的元素依次为 3，4，5，…。在初始化过程中可重写默认值。

　　如果你定义了下列枚举。

```
public enum WeekDays {
    Monday,
    Tuesday,
    Wednesday= 20,
    Thursday,
    Friday= 5
}
```

　　那么，Monday 的值是 0，Tuesday 是 1，Wednesday 是 20，Thursday 是 3，Friday 是 5。

2. 引用类型

　　和值类型相比，引用类型(reference types)不存储实际数据，而是存储对实际数据的引用，即存储值的地址。引用类型包括对象、类、指代、接口、数组、字符串等。

　　1)对象

　　在 C# 中，所有的类型都可以看成是对象(object)，对象是一切类型的基类型。对象对应的.NET系统类型是 System. Object。

　　2)类

　　类(class)可以包含数据成员、函数成员和嵌套类型。数据成员为常量、字段和事件。函数成员包括方法、属性、索引、操作符、构造函数和析构函数。

　　一个类可以派生多重接口。

　　3)指代

　　指代(delegate)类型就是定义一种变量来指代一个函数或者一个方法。用户可以在一个指代实例中同时封装静态方法和实例方法。

　　指代的声明格式如下：

　　delegate 返回类型 代理名(参数列表)

　　代理的声明与方法的声明有些类似，这是因为代理就是为了进行方法的引用，但代理是一种类型。例如：

```
Public delegate double MyDelegate(double x);
```

　　上述代码声明了一个代理类型，接着下面声明该代理类型的变量。

```
MyDelegate d;
```

对代理进行实例化的方法如下：

```
new 代理类型名(方法名);
```

其中，方法名可以是某个类的静态方法名，也可以是某个对象实例的方法名，但方法的返回值类型必须与代理类型中声明的一致。例如：

```
MyDelegate d1=new MyDelegate(System.Math.Sqrt);
MyDelegate d2=new MyDelegate(obj.myMethod());
```

[例2-4] 代理类型变量并实例化示例（DelegateTest.cs）。

```
delegate int mydelegate(); //名为 mydelegate 的声明一个代理类型
class myclass
{
    public int InstMethod()
    {
        Console.WriteLine("Call the InstMethod.");
        return 0;          //返回值类型为 int
    }
}
class Test
{
    static public void Main()
    {
        myclass p= new myclass(); //声明一个类类型变量 p 并实例化
        mydelegate d= new mydelegate(p.InstMethod);
        //声明一个名为 d 的代理类型变量并实例化,方法名为实例对象的方法名
        d();//指代 p.InstMethod
    }
}
```

程序的执行结果如图 2-6 所示。

图 2-6　指代类型示例结果

4）接口

一个接口（interface）定义一个只有抽象成员的引用类型。该类型不能实例化对象，但可以从它派生出类。接口的声明格式如下：

```
interface 接口名 {
    //接口成员的定义
};
```

[例 2-5]　接口示例（InterfaceTest）。

```
using System;
namespace InterfaceTest
{
    interface IPoint //定义接口 IPoint
    {
        int x
        {
            get;
            set;
        }
        int y
        {
            get;
            set;
        }
    }
    class MyPoint : IPoint //继承接口
    {
        private int myX;
        private int myY;
        public MyPoint(int x, int y)
        {
            myX= x;
            myY= y;
        }
        public int x //重写接口中的方法
        {
            get
            {
                return myX;
            }
            set
            {
                myX= value;
            }
        }
        public int y
        {
            get
            {
                return myY;
```

```
            }
            set
            {
                myY= value;
            }
        }
    }
    class Test
    {
        static void Main(string[] args)
        {
            MyPoint p= new MyPoint(2,3);
            Console.Write("My Point: ");
            PrintPoint(p); //调用类中的静态方法
        }
        private static void PrintPoint(IPoint p)
        {
            Console.WriteLine("x= {0},y= {1}",p.x,p.y);
        }
    }
}
```

程序的执行结果如图 2-7 所示。

图 2-7　接口示例结果

5）数组

数组（array）是一组类型相同的有序数据。数组可以存储整数对象、字符串对象或任何一种用户提出的对象。

声明数组时并不需要明确指定其大小，这样反而会出现编译错误。声明多维数组时每一维之间要用逗号隔开。例如：

```
string [] myarray={"ab","aa","c","ddd"};        //一维数组
string [,] twarray;                             //二维数组
```

使用 new 关键字新建数组时，若指定了数组的大小，则花括号 { } 中指定的元素个数必须相符，否则出错。若未指定大小，则根据 { } 中元素个数自动分配大小。

[**例** 2-6]　一维数组和二维数组示例（ArrayTest.cs）。

```
class ArrayTest
{
    static void Main()
```

```
{
    int[] arr1={4,3}; //定义一个一维数组并初始化
    int[] arr2=new int[]{1,2,3};
    int[,] arr3=new int[2,3]; //定义一个二维数组
    for(int i=0;i<arr1.Length;i++)
    {
        for(int j=0;j<arr2.Length;j++)
        {
            arr3[i,j]=arr1[i]* arr2[j];
            Console.Write("arr3[{0},{1}]={2}",i,j,arr3[i,j]);
        }
        Console.WriteLine();     //相当于换行
    }
}
}
```

程序的执行结果如图 2-8 所示。

图 2-8　数组示例结果

6）字符串

字符串（string）类型就是 string 类型。它是由一系列字符组成的。所有的字符串都是写在双引号中的。例如，"this is a book."和"hello"都是字符串。

" A"和'A'有本质的不同，前者是 string 类型，后者是 char 类型。

2.2.3　运算符和表达式

表达式由操作数和运算符组成。表达式的类型由运算符的类型决定，且每个表达式都产生唯一的值。在 C♯ 中，可以进行以下类型的运算，即算术运算、比较运算、（字符串）连接运算和逻辑运算等。

1. 算术运算符

算术运算符（mathematical operators）作用于整型或浮点型数据的运算。表 2-2 给出了算术运算符。

表 2-2　算术运算符（op：操作数）

运算符	说明	表达式
＋	加法运算（若操作数是字符串，则为字符串连接符）	op1＋op2
－	减法运算	op1－op2
*	乘法运算	op1 * op2

运算符	说明	表达式
/	除法运算	op1/op2
%	求余数	op1%op2
++	将操作数加 1	op++，++op
——	将操作数减 1	op——，——op
~	将一个数按位取反	~op

2. 赋值操作符

表 2-3 给出了赋值操作符(assignment operators)。

表 2-3　赋值运算符(op：操作数)

运算符	说明	表达式
=	给变量赋值	op1=op2
+=	运算结果 op1=op1+op2	op1+=op2
—=	运算结果 op1=op1—op2	op1—=op2
*=	运算结果 op1=op1 * op2	op1 * =op2
/=	运算结果 op1=op1/op2	op1/=op2
%=	运算结果 op1=op1%op2	op1%=op2

3. 比较运算符

比较运算符(relational operators)用于将表达式两边的值进行比较,其返回值为逻辑值 True 或 False。

C# 有 6 个比较运算符,即等于(==)、不等于(! =)、小于(<)、大于(>)、小于等于(<=)、大于等于(>=)。

4. 逻辑运算符

逻辑运算符(logical operators)对布尔值 true 和 false 进行逻辑比较。共有 3 个逻辑运算符(见表 2-4)。逻辑运算的返回值是 true 或 false。

表 2-4　逻辑运算符

运算符	描述
&&	逻辑与(AND)
||	逻辑或(OR)
!	逻辑非(NOT)

5. 条件运算符

C# 只有一个条件运算符,即三元操作符(? :),它是 if-else 语句的缩写。形式如下：

条件表达式? 语句 1:语句 2

如果条件表达式的值为真，则执行语句 1，否则执行语句 2。

6. 位运算符

位运算符对二进制位(0 或 1)进行比较和操作，共有 6 种运算符(见表 2-5)。注意区分位运算与逻辑运算。"位与"运算用 1 个 & 符号，而"逻辑与"运算使用 2 个 & 符号。

表 2-5　位运算符

运算符	描述	运算符	描述
&	位与	~	位非
|	位或	<<	左移
^	位异或	>>	右移

对于位与运算(&)来说，比较两位二进制数，如果都是 1 的话，就返回 1，否则，返回 0。如表 2-6 所示。

表 2-6　位与运算的结果

位 1	位 2	位 1 & 位 2
0	0	0
0	1	0
1	0	0
1	1	1

类似地，对于其他位运算符，其运算结果有这样的规律：

- 位或运算(|)比较两位，只要其中一位为 1，就返回 1；否则，就返回 0。
- 位异或运算(^)比较两位，只有在其中一位为 1 时，才返回 1；否则，返回 0。
- 如果位是 0 的话，位非运算(~)返回 1；否则，就返回 0。
- 左移运算(<<)把二进制的位向左移动指定的位数。移出左边的数被丢弃，而右边位补 0。
- 右移运算(>>)把二进制的位向右移动指定的位数。移出右边的数被丢弃，而左边位补 0。

下面的例子定义了两个叫 byte1 和 byte2 的变量：

```
byte1=0x9a;        //binary 10011010,decimal 154
byte2=0xdb;        //binary 11011011,decimal 219
```

注意，byte1 被设置为十六进制的 9a(十六进制数以 0x 开头)，用二进制表示，9a 就是 10011010，用十进制表示就是 154。同样，byte2 被设置为十六进制的 db，也就是二进制的 11011011，十进制的 219。这些二进制和十进制数都显示在 byte1 和 byte2 赋值后的注释中。

设置字节变量 result 存储变量 byte1 和 byte2 的位运算结果。

result=(byte)(byte1 & byte2);

结果变量设为 10011010(十进制 154)。为什么这样？看一下二进制数：

byte1=10011010　(154)

& byte2=11011011　(219)

result＝10011010　　　（154）

byte1 和 byte2 的每一位进行与运算。相应位的运算结果列在了下面。可以看到，最后的结果为二进制数 10011010，也就是十进制数 154。位运算综合示例如下：

〔例 2-7〕　位运算符（ByteTest.cs）。

```
class Test
{
    public static void Main()
    {
        byte byte1=0x9a;    //binary 10011010,decimal 154
        byte byte2=0xdb;    //binary 11011011,decimal 219
        byte result;
        System.Console.WriteLine("byte1="+byte1);
        System.Console.WriteLine("byte2="+byte2);
        result=(byte)(byte1 & byte2);    //与运算
        System.Console.WriteLine("byte1 & byte2="+result);
        result=(byte)(byte1 | byte2);    //或运算
        System.Console.WriteLine("byte1 | byte2="+result);
        result=(byte)(byte1^byte2);    //异或运算
        System.Console.WriteLine("byte1^byte2="+result);
        result=(byte)~byte1;    //逻辑非
        System.Console.WriteLine("~byte1="+result);
        result=(byte)(byte1<<1);    //左移一位
        System.Console.WriteLine("byte1<<1="+result);
        result=(byte)(byte1>>1);    //右移一位
        System.Console.WriteLine("byte1>>1="+result);
    }
}
```

结果如图 2-9 所示。

图 2-9　位运算符综合示例结果

7. 运算符优先级

当一个表达式包含多个运算符时，将按照运算符的优先级顺序进行计算。表 2-7 列出了 C# 运算符优先级，每个组中的运算符具有相同的优先级，优先级为 1 的级别最高。

在一个复杂的表达式中，具有高优先级的运算符先于低优先级的运算符进行计算。如果表达式包含多个相同优先级的运算符，则按照从左到右或从右到左的方向进行运算。

例如，加运算符是从左到右进行计算，而赋值运算符和三元运算符是从右到左进行运算。

表 2-7　运算符优先级

优先级	类别	运算符
1	基本	(x)　x.y　f(x)　a[x]　x++　x−−　new　typeof　sizeof　checked　unchecked
2	单目	+　−　!　~　++x　−−x　(type)x
3	乘法与除法	*　/　%?
4	加法与减法	+　−
5	移位	<<　>>
6	关系和类型检测	<　>　<=　>=　is　as
7	相等	==　!=
8	位与	&
9	位异或	^
10	位或	|
11	逻辑与	&&
12	逻辑或	||
13	三元	?:
14	赋值	=　*=　/=　%=　+=　−=　<<=　>>=　&=　^=　|=

2.2.4　程序控制结构

在程序编写过程中，通常要根据条件的成立与否来改变代码的执行顺序，这就需要使用控制结构。C♯ 的程序控制语句包括 3 类：分支语句、循环语句和跳转语句。

1. 分支语句

在分支语句中，可以根据一个条件表达式的值进行判断，并根据判断的结果执行不同的程序代码块。C♯ 主要有两个分支结构，一个是实现双向分支的 if 语句，另一个是实现多分支的 switch 语句。

1) if 语句

格式一：是 if 最简单的格式，如果条件成立，就执行后面的语句。

```
if(条件)
  单条语句;
```

格式二：if else 语句，可构成多分支结构，也支持嵌套。如果 if 条件成立，就执行后面的语句，否则执行 else 后面的语句。

```
if(条件 1){
语句块(多条语句);
}
else{
语句块(多条语句);
  }
```

[**例** 2-8]　if 语句示例。

```
class Hello {
```

```
    public static void Main() {
      int ihour=DateTime. Now. Hour;
  if(ihour<12){
        Console. WriteLine("上午好!");
  }
  if(ihour<18) {
        Console. WriteLine("下午好!");
  }
  else{
        Console. WriteLine("晚上好!");
    }
  }
}
```

上述代码定义了一个 int 型变量 ihour,保存当前小时数,后面的 if 语句判定是上午、下午还是晚上。

结果如图 2-10 所示。

图 2-10　if分支语句的使用

2)switch 语句

与 JavaScript 中的 switch 语句相同,其语法格式如下:

```
switch(表达式){
    case 常量 1:语句 1;break;
    case 常量 2:语句 2;break;
    ……
    case 常量 n:语句 n;break;
    default:语句 n+1;break;
}
```

[例 2-9]　switch 语句示例(SwitchTest. cs)。

```
class SwitchTest{
public static void Main() {
        Console. Write("请输入你的年龄:");
        int myage= Int32. Parse(Console. ReadLine()); //将得到的 String 类型转换为 int
        型
        string mystr;
        switch(myage) {
          case 10: mystr= "是小孩,在上小学吧!";break;
          case 15: mystr= "应该是个初中生吧!";break;
```

```
        default: mystr= "可能在上学,也可能已经不上学啦!";break;
        }
    Console.WriteLine("Hello,你{0}",mystr);
    }
}
```

结果如图 2-11 所示。

图 2-11 switch 语句示例结果

2. 循环语句

C# 中的循环语句主要有 4 种：while 语句、do-while 语句、for 语句、foreach 语句。

- while 语句：当条件为 True 时执行循环。
- do-while 语句：直到条件为 True 时执行循环。
- for 语句：指定循环次数，使用计数器重复运行语句。
- foreach 语句：对于集合中的每项或数组中的每个元素，重复执行。

1）while 循环

while 语句的格式如下：

```
while(< 条件>) {
    < 循环体>
}
```

[例 2-10] while 循环。

```
using System;
class Sample {
    public static void Main() {
        int sum= 1;
        int i= 1;
        Console.Write("请输入一个正整数:");
        int inum= Int32.Parse(Console.ReadLine());
        while(i< = inum) {
            sum* = i;
            i+ + ;
        }
        Console.WriteLine("该数的阶乘是{0}",sum);
    }
}
```

结果如图 2-12 所示。

图 2-12　while 循环的使用

2) do-while 循环

do-while 语句的格式为：

```
do {
    < 循环体>
}
while(< 条件> );
```

[例 2-11]　do-while 循环。

```
using System;
class test{
    public static void Main()    {
        int sum=0;    //初始值设置为 0
        int i=1;      //加数初始值为 1
        do {
            sum+ =i;
            i+ + ;
        } while(i< =100);
        Console. WriteLine("从 0 到 100 的和是{0}",sum);}
}
```

do-while 循环，每次开始会先执行一遍循环体然后再判断条件是否符合。程序结果如图 2-13 所示。

图 2-13　do-while 循环的使用

3) for 循环

for 循环表示的格式为：

```
for(循环变量赋初值;循环条件;循环变量增值)
{
    < 执行语句> ;
}
```

[例 2-12]　for 循环。

```
using System;
class test{
```

```
public static void Main() {
    int sum=0;
    for(int i=1;i < =100;i+ + ) {
        sum + =i;
}
    Console.WriteLine("从 0 到 100 的和是{0}\n",sum);
    }
}
```

结果同上图 2-13。

4)foreach 循环

foreach 循环通过一个指定数据类型的变量，循环访问数组或集合中的元素。其基本语法格式如下：

```
foreach(type 变量名 in 集合)
{
    //循环体
}
```

[例 2-13]　foreach 循环。

```
using System;
class test_foreach {
    public static void Main() {
        int[]myArray={6,7,8,9};
        foreach(int x in myArray)
        {
            Console.WriteLine("x=" +x);
        }
    }
}
```

结果如图 2-14 所示。

图 2-14　foreach 循环的使用

3. 跳转语句

常见的跳转语句是 break 语句和 continue 语句。其他的有 return 和 goto 语句。

1)break 语句

break 语句跳出包含它的 switch，while，do，for 或 for-each 语句。

[例 2-14]　break 语句。

```
using System;
class test{
    public static void Main() {
        int sum=0;
        int i=1;
        while(true) {
            sum+=i;
            i+ + ;
            if(i>100)break;    //如果 i 大于 100,则退出循环
        }
        Console.WriteLine("从 0 到 100 的和是{0}",sum);
    }
}
```

上述代码中，如果没有 break 语句，while 循环将不会停止。在这个程序中，当 i 大于 100 时，则跳出循环，程序执行循环之后的下一个语句。

2)continue 语句

continue 语句用于结束本次循环，继续下一次循环，但是并不退出循环体。

[例 2-15]　continue 语句。

```
using System;    class continueTest
    {
        public static void Main(){
        Console.WriteLine("100~ 200之间既是素数又能被 3 整除的数是:");
        int inum=0;
        for(int i=101;i< 200;i+ =2){
            bool b=false;
            for(int j=2;j< =Math.Sqrt(i);j++)
            {
                if(i%j==0){b=false;break;
            }  else{b=true;}
            }
            if(b==true)
            {
                if(i%3==0)continue;
            }else {
                inum+ + ;
                Console.Write("第{0}个:{1}",inum,i);
```

```
        if(inum%2==0)Console.WriteLine();
    }
}
}
```

上述代码中，当 i 不是素数时，if 语句中的 break 将被执行，循环将跳出内循环。当 i 是素数且是 3 的整数倍时，if 语句中的 continue 将被执行，这样立即跳出本次循环而开始了下一次循环。结果如图 2-15 所示。

图 2-15　continue 语句的使用

2.3　异常处理

C♯ 的异常可能由两种方式导致：一种是 throw 语句无条件抛出异常；另一种是 try 语句捕捉执行过程中发生的异常。try 语句有 3 种基本格式：try-catch、try-finally 和 try-catch-finally 。

2.3.1　try-catch 结构

try 字句后面可以跟一个或者多个 catch 字句。如果执行 try 字句中的语句发生了异常，那么程序将按顺序查找第一个能处理该异常的 catch 字句。并将控制权转移到 catch 字句执行。

［例 2-16］　使用 try-catch 结构。

```
class Sample{public static void Main(string[] args) {
    long factorial=1;
    long num=Int64.Parse(args[0]);
    try {
    checked {
        //计算数 num 的阶乘
        for(long cur=1;cur< =num;cur+ + )
        factorial* =cur;
    }
    }
    catch(OverflowException oe) {
    Console.WriteLine("计算{0}的阶乘时引发溢出异常",num);
```

```
      Console.WriteLine("{0}",oe.Message);
      return;
    }
    Console.WriteLine("{0}的阶乘是{1}",num,factorial);
    }
}
```

因为长整型的数超过范围时会溢出但是不出现异常，程序中有个关键字"checked"，该关键字的功能是不让其溢出而报出异常，程序的执行结果如图 2-16 所示。

图 2-16　try-catch 结构结果示例

2.3.2　try-finally 结构

try 子句后跟一个 finally，不管 try 语句是如何退出，程序最后都会执行 finally 语句，如例 2-17 所示。

〔例 2-17〕　使用 try-finally 结构。

```
public class Sample {
  public static void Main() {
    try {
      Console.WriteLine("执行 try 子句!");
      goto leave;//跳转到 leave 标签
    }
    finally {
      Console.WriteLine("执行 finally 子句!");
    }
    leave:
      Console.WriteLine("执行 leave 标签!");
    }
}
```

程序的执行结果如图 2-17 所示。

图 2-17　try-finally 结构结果示例

2.3.3　try-catch-finally 结构

try 字句后面跟一个或者多个 catch 语句及一个 finally 语句。

［**例** 2-18］　使用 try-catch-finally 语句。

```
class Sample{
    public static void Main() {
        try {
            throw(new ArgumentNullException());    //引发异常
        }
        catch(ArgumentNullExceptione) {
            Console.WriteLine("Exception:{0}",e.Message);
        }
        finally {
            Console.WriteLine("执行 finally 子句");
        }
    }
}
```

程序的执行结果如图 2-18 所示。

图 2-18　try-catch-finally 结构结果示例

2.4　类和对象

在程序中使用类和对象的好处，是可以模型化现实世界中的对象，即把对象的属性和行为封装在一个类中，这样可以减少解决复杂问题的难度。C♯ 是面向对象的程序设计语言，它使用类和结构来实现类型。典型的 C♯ 应用程序由程序员自定义的类和.NET Framework 提供的类组成。

2.4.1　类和对象的创建

类是相似对象的一个组，类定义对象的属性和行为。类可以认为是一个模板，通过它创建了对象。在 C♯ 中，属性保存在叫作"域"的变量中，行为则用"方法"来描述，两者都是类的成员。

类是一种数据结构，它包含数据成员(变量、域和事件)和函数成员(方法、属性、构造函数和析构函数)。类的数据成员反映类的状态，而类的函数成员反映类的行为。

要创建一个类，在菜单中选择"文件→新建项目"，接着选择"Visual C♯"和"类库"，如图 2-19 所示，单击"确定"按钮，系统将自动创建一个类库的命名空间"Class-Library1"，并建立一个类文件名为"Class1.cs"。

在新建的类文件 Class1.cs 中，默认的内容如下：

```
using System;
using System.Collections.Generic;
using System.Linq;
using System.Text;
namespace ClassLibrary1
{
    public class Class1 {
    }
}
```

上述代码中，使用 class 关键字定义了一个类，类名为 Class1。此时可以在类体中定义类的数据成员和函数成员。

图 2-19　创建类

1. 类的声明

类的定义格式如下：

[访问权限符]class 类名 [:基类名] {
　　<实例变量>
　　<方法>
　　}

在这里，[访问权限符] 可以定义类的成员被其他类使用的权限。表 2-8 列出了常用的访问权限符，public 是访问权限最大的，private 是访问权限最小的。

表 2-8　访问权限符

访问权限符	说明
public	完全公开，可以被所有的类所访问
internal	内部成员，只有本程序中的成员能够访问
protected	只有该类的派生类可访问，对其他类是隐藏的
private	只有该类的成员可以访问，任何别的类（包括派生类）都不能访问

下面的语句定义了一个名为 Car 的类。

```
public class Car {
//定义域(类的数据成员)
```

```
public string model;
......
//定义方法(类的函数成员)
public void Start() {
        System.Console.WriteLine(model + "started");
}
}
```

在类 Car 的定义中，每个域都有一个访问权限符，一般用 public 声明，表示对其存取无限制。方法也用 public 定义，表示对它的调用无限制。void 关键字表示不返回值。

2. 创建对象

1)创建和访问对象

类是创建对象的模板，一旦创建了类，就可以创建那个类的对象。下面的语句创建了一个 Car 对象。

```
Car myCar;
myCar=new Car();
```

第 1 个语句声明了一个叫 myCar 的 Car 对象的引用，用来保存实际的 Car 对象的内存地址。第 2 个语句在计算机内存中实际创建 Car 对象。new 操作符为 Car 对象分配内存，Car()方法创建对象(也叫构造函数)。

还有一种简化的写法来创建对象。

```
Car myCar=new Car();
```

访问对象的域和方法使用点操作符(.)。例如：

```
myCar.color="red";          //给 color 域赋值
myCar. Start();          //调用方法 Start()
```

2)空值

当定义一个对象的引用时，其初始设置为 null(也可以当作"无引用")，它并不是内存中的一个实际对象。例如，下面的语句声明了一个叫 myOtherCar 的对象的引用：

```
Car myOtherCar;
```

在这里，myOtherCar 初始设置为 null，它没有引用实际的对象(或者说，没有赋值)，此时，下面的行编译时会出错。

```
System.Console.WriteLine(myOtherCar.model);
```

也可以把 null 直接赋给一个对象引用。例如：

```
myOtherCar=null;
```

它的意思是 myOtherCar 不再引用一个对象。程序不能使用 myOtherCar 对象，该对象将在资源回收的过程中被移出内存。

3)默认域值和初始值

当用类创建一个对象时，对象就将获得自己的类中声明的域拷贝。表 2-9 显示了各种类型的默认值。

表 2-9　默认域值

类型	默认值
所有数字类型	0
布尔型	false
字符型	'\0'
串	null

在声明一个类时，每个域都有一个系统默认值，可以通过赋初始值来设置域的默认值。下面来看一个完整的类的定义和使用。

[例 2-19]　类的定义和使用。

```
using System;public class Car {
    public string model;   //定义域
    public string color;
    public int yearBuilt;
    public void Start() {   //定义方法
        System.Console.WriteLine(model+"started.");
    }
    public void Stop() {
        System.Console.WriteLine(model+"stopped.");
    }
}
public class Tester {
    static void Main() {
    Car myCar;              //声明一个叫 myCar 的 Car 对象的引用
    myCar=new Car();        //创建 Car 对象,将它的内存地址保存到 myCar 中
    myCar.model="Toyota";       //给 Car 对象的域赋值
    myCar.color="red";
    myCar.yearBuilt=2010;
    System.Console.WriteLine("myCar.model="+myCar.model);
    System.Console.WriteLine("myCar.color="+myCar.color);
    System.Console.WriteLine("myCar.yearBuilt="+myCar.
    yearBuilt);
    myCar.Start();
    myCar.Stop();
    }
}
```

在上述代码中，我们设计了一个类 Car，同时实现了主类 Tester，这里通过 Main() 函数定义了程序运行的入口。最后，这个程序的输出如图 2-20 所示。

图 2-20　类的定义和使用

2.4.2　属性和方法

1. 类的数据成员和属性

在声明类的数据成员时，必须指明其访问级别，缺省的访问级别是 private。若要使某些数据成员对外公开，则可由属性来实现。

属性的定义通过 get 和 set 关键字来实现，get 用来定义读取属性时的操作，set 用来定义设置属性时的操作。

我们来看下面的代码：

```
public class Car{
private string model;      //私有的数据成员
public string color;
public string Model{      //公有的属性
get {return model; }      //获取属性(提供读的权限)
    set { return model=value;} //设置属性(提供写的权限)
}
……
    }
```

如果一个属性同时具备了 get 和 set 操作，则该属性为读写性质的属性；如果只有 set 操作，则为只写属性；如果只有 get 操作，则为只读属性。

2. 类的方法

方法是执行一个任务的一组语句。在声明方法时，需要指定访问权限、返回值类型、方法名、使用的参数等。

1) 方法的定义

声明方法的语句如下：

［访问权限符］　［返回值类型］方法名(参数列表)

｛方法体｝

方法通过 return 语句来返回值。如果方法没有返回值，则使用 void 关键字。

在前面定义的 Car 类中，只有两个无返回值的 start() 和 stop() 方法。下面的代码定义了一个带返回值的 Age() 方法。

```
public class Car{
public int yearBuilt;
```

```
public int Age(int currentYear) {  //Age()方法计算并返回 Car 的已使用年限
    int age=currentYear - yearBuilt;
    return age;
}
}
```

2)方法的重载

通过方法的重载，可以在类中定义方法名相同而参数不同的方法。参数不同指的是参数的个数不同，或参数的类型不同。当一个重载方法被调用时，C♯会根据调用该方法的参数自动调用具体的方法来执行。

注意，在C♯中，方法的重载不关心返回值。也就是说，C♯不允许在一个类中存在两个方法名和参数列表相同，但返回值不同的方法。

[例 2-20] 方法的重载。

```
using System;
class Overload{
    public void show() {
        Console.WriteLine("nothing" );
    }
    public void show(int x ) {
        Console.WriteLine(x );
    }
    public void show(string x, string y ) {
        Console.WriteLine(x, y );
    }
    public static void Main(string[] args ) {
        Overload myOverload=new Overload();
        myOverload. show();
        myOverload. show(3);
        myOverload. show("hello","world");
    }
}
```

上面代码中，第 1 个方法 show()没有参数，第 2 个方法 show()有 1 个 int 型参数，第 3 个方法 show()有 2 个 string 型参数。

2.4.3 构造函数和析构函数

构造函数在类被创建时自动执行(使用 new 语句时)，析构函数在销毁类的时候被自动执行。

1. 构造函数

类的构造函数(constructor)是这样的一种机制：通过它，用户可以在创建类的对象时赋予数据成员的值。构造函数是一种特殊的类成员函数，与类名相同，但不能有返回值。

构造函数用于执行类的实例的初始化。每个类都提供一个默认的构造函数。

使用构造函数请注意以下几个问题：

- 一个类的构造函数通常与类名相同。
- 构造函数不声明返回类型。
- 构造函数总是 public 类型。
- 构造函数可以重载。

[例 2-21] 构造函数。

```
using System;
class Point {
    public double x,y;
public Point() {
this.x=0;
this.y=0;
}
public Point(double x,double y) {
    this.x=x;
    this.y=y;
    }
}
class Test {
static void Main() {
    Point a=new Point();
    Point b=new Point(3,4);   //用构造函数初始化对象
}
}
```

上述代码声明了一个类 Point，它提供了两个重载的构造函数：一个是没有参数的 Point 构造函数，另一个是包含 2 个 double 参数的 Point 构造函数。如果类中没有提供这些构造函数，那么 C#（更确切地说是 CLR）会自动创建一个缺省的构造函数。注意，一旦类中提供了自定义的构造函数，如 Point() 和 Point(double x，double y)，则缺省构造函数将不会提供。

2. 析构函数

析构函数（destructor）是实现销毁一个类的实例的方法成员。析构函数不能有参数，不能加任何修饰符而且不能被调用。由于析构函数的目的与构造函数相反，就加前缀"～"以示区别。虽然 C# 提供了一种新的内存管理机制——自动内存管理机制（automatic memory management），资源的释放是可以通过"垃圾回收器"自动完成的，一般不需要用户干预，但在有些特殊情况下还是需要用到析构函数，如在 C# 中非托管资源的释放。

以下的例子综合使用了构造函数和析构函数。

［例 2-22］ 构造函数和析构函数。

```
using System;
class Desk {
    public Desk() {      //构造函数和类名一样
        Console.WriteLine("Constructing Desk");
        weight=6;
        high=3;
        width=7;
        length=10;
        Console.WriteLine("{0},{1},{2},{3}",weight,high,width,length);
    }
    ~Desk() {      //析构函数,前面加~
        Console.WriteLine("Destructing Desk ");
    }
    protected int weight,high,width,length;
    public static void Main() {
        Desk aa=new Desk();
        Console.WriteLine("back in main() ");
    }
};
```

2.4.4　继承和多态

1. 类的继承性

继承(inheritance)的机制定义了类与类之间的父子关系。父类又称基类(base class),子类又称派生类(derived class),父类和子类之间形成了继承的层次体系。

在 C# 中,派生类从它的直接基类中继承成员:方法、域、属性、事件、索引指示器。除了构造函数和析构函数,派生类隐式地继承了直接基类的所有成员,并在此基础上进行局部更改或扩充。

下面我们通过一个例子来认识基类与派生类的继承关系。

［例 2-23］ 类的继承。

```
using System;
class Vehicle {   //定义汽车类
int wheels;   //定义公有成员(轮子个数)
protected float weight;   //定义保护成员(重量)
public Vehicle(){;}   //构造函数
public Vehicle(int w,float g) {   //重载的构造函数
wheels=w;
weight=g;
}
```

```
public void Speak() {
Console.WriteLine("the w vehicle is speaking!");
}
};
class Car:Vehicle {    //定义轿车类,即汽车类的派生类
int passengers;    //定义私有成员(乘客数)
public Car(int w,float g,int p):base(w,g) {    //使用 base 保留字代表基类成员
wheels=w;
weight=g;
passengers=p;
}
}
class Test {
    public static void Main(string[]args) {
    Car myCar=new Car();
    myCar.Speak();    }
}
```

上述代码中，Vehicle 作为基类，体现了汽车实体具有的公共性质：汽车都有轮子和重量。Car 类继承了 Vehicle 的这些性质并且添加了自身的特性：搭载的乘客数。

C# 中的继承符合下列规则：

• 继承是可传递的。如果 A 是基类，B 从 A 中派生，C 从 B 中派生，那么 C 不仅继承了 B 中声明的成员，同样也继承了 A 中的成员，Object 类作为所有类的基类。

• 派生类是对基类的扩展，它可以添加新的成员，但不能除去已经继承的成员的定义。

• 构造函数和析构函数不能被继承。

• 派生类如果定义了与继承而来的成员同名的新成员，就可以覆盖已继承的成员。

2. 类的多态性

通过继承实现的不同对象调用相同的方法，表现出不同的行为，称为多态(polymorphism)。

C# 支持两种类型的多态性：编译时的多态，运行时的多态。

• 编译时的多态是通过重载来实现的，如方法重载和操作符重载。

• 运行时的多态是直到系统运行时，才根据实际情况决定实现何种操作。

编译时的多态性为我们提供了运行速度快的特点，而运行时的多态性则带来了高度灵活和抽象的特点。

2.5　字符串

2.5.1　使用字符串

在程序中经常需要存储一系列的字符。通常使用 Unicode 格式的字符串来描述字符。Unicode 是为世界上绝大多数书写语言编码的标准，它使用 16 位来表示一个单词。

1. 创建字符串

下面的语句创建了一个名为 myString 的字符串：

```
String myString="Hello World";
```

2. String 类的属性和方法

字符串实际上是 System. String 类的对象，可以在程序中使用其包含的属性和方法来操作字符串。表 2-10 给出了 String 类的属性和方法。

表 2-10　String 类的属性和方法

属性和方法	描述
Chars 属性	字符串索引器，获取当前 String 对象中位于指定字符位置的字符
Length 属性	字符串中的字符个数(只读)
Clone()	返回对此 String 实例的引用
CompareOrdinal(String，String)	通过计算每个字符串中字符的数值来比较两个 String 对象
Compare(String，String)	比较两个指定的字符串，并返回一个整数
CompareTo(Object)	将此实例与指定的 Object 进行比较
Concat(String，String，String)	连接一个或多个字符串，构建一个新字符串
String1. Contains(String2)	判断字符串 String2 是否出现在字符串 String1 中，返回一个布尔值
Copy(String)	复制一个字符串 String
EndsWith(String)	确定字符串的结尾是否与指定字符串匹配
Equals(String，String)	判断两个字符串是否相等
Format(String，Object)	格式化字符串，即将字符串 String 的每项按 Object 的对应项替换
IndexOf(Char)	报告指定字符 Char 在字符串中第一次出现处的索引
Insert(int，String)	在字符串的指定起始位置(int)插入一个指定的 String 实例
Intern(String)	检索系统对指定 String 的引用
IsInterned()	返回一个对指定 String 的引用
Join(String，String[])	串联字符串数组的所有元素，在每个元素之间使用指定的分隔符
LastIndexOf(Char)	报告指定字符或字符串在此字符串中最后出现处的索引位置
Normalize()	返回一个新字符串，其二进制表示形式符合特定的 Unicode 范式

续表

属性和方法	描述
PadLeft(Int32)	返回一个新字符串，该字符串通过在字符左侧填充空格来达到指定的总长度，从而实现右对齐
PadRight(Int32)	返回一个新字符串，该字符串通过在此字符串中的字符右侧填充空格来达到指定的总长度，从而使这些字符左对齐
Remove(Int32)	从当前字符串中删除指定数量的字符，并返回新字符串
Replace(Char，Char)	在当前字符串中，用指定字符(或字符串)替换另一个字符(或字符串)，返回新字符串
Split(Char[])	返回的字符串数组包含此实例中的子字符串(由指定 Unicode 字符数组的元素分隔)
StartsWith(String)	确定字符串的开头是否与指定的字符串 String 匹配
Substring(Int32)	从指定的字符位置开始检索一个子字符串
ToCharArray()	从当前字符串复制字符到一个字符数组
ToLower()	字符串转换为小写形式
ToUpper()	字符串转换为大写形式
ToString()	将此实例的值转换为 String
Trim() 或 Trim(Char[])	从当前 String 对象的开始和结尾移除所有的空格或一组指定字符
TrimEnd()	功能同 Trim()类似，但仅仅移除尾部的所有空格或指定字符
TrimStart()	功能同 Trim()类似，但仅仅移除开头的所有空格或指定字符

下面简单介绍几个最常用的属性和方法。

(1)使用 Length 属性从字符串中读取单个字符。

String 类有一个 Length 属性，表示字符串中的字符个数，返回一个 int 值。

通过指定一个字符在字符串中的位置(字符索引从 0 开始)，从字符串中读取单个字符。例如，myString 字符串被设置为 "Hello World"，则 myString[0]为 H。

下面的例子使用一个 for 循环来读取一个字符串的全部字符。

```
for(int count=0;count<myString.Length;count++) {
    Console.WriteLine("myString["+count+"]="+myString[count]);
}
```

(2)使用 ToString 方法把数据转换成字符串。

ToString 方法可以应用于任何.NET FrameWork 所提供的数据类型，将之转换成字符串。一般来说，数据类型在转换时都是直接使用 ToString()方法，不带任何参数。但 DateTime 类型除外，它需要在 ToString()中添加参数以选择输出日期的格式。此外，数字要想格式化输出，也要添加参数。

例如：

```
int age=25;
string strAge=age.ToString();  //整型转换成字符串
```

- 使用 ToString 方法格式化数字

常用的参数及其含义如下：

C，c——货币，可指定小数点后位数；

F，f——定点计数法，指定小数位的位数；

X——十六进制。

例如：

```
double a=17688.658
string str=a.ToString("C")      //返回 ￥17688.658
str=a.ToString("C2")            //返回 ￥17688.65
str=a.ToString("F2")            //返回 17688.65
```

把字符串变量转变成其他类型的变量需要使用 Convert 类，常用的方法如表 2-11 所示。

表 2-11　Convert 重要方法列表

函数	功能
Convert.ToBoolean()	转换成为 bool 型，字符串必须为 true 或者 false
Convert.ToChar()	转换成为 char 型
Convert.ToDateTime()	转换成为日期型
Convert.ToDecimal()	转换成为 Decimal 型
Convert.ToInt32()	转换成为 int 型

- 使用 ToString 方法格式化日期和时间

常用的参数及其含义如下：

D——长日期,d——短日期；

T——长时间,t——短时间；

F——长日期和时间,f——短日期和时间；

M,m——月和日；

Y,y——月和年。

例如：

```
DateTime dt=DateTime.Now
t=dt.ToString("D")    //返回 Thursday,September 22,2011
t=dt.ToString("d")    //返回 9/22/2011
t=dt.ToString("T")    //返回 9:32:34 AM
t=dt.ToString("t")    //返回 9:32 AM
t=dt.ToString("f")    //返回 Thursday,September 22,2011 9:26 PM
t=dt.ToString("yyyy年MM月dd日")   //返回 2011年09月22日
```

（3）使用 Compare() 方法比较两个字符串。

使用 Compare()方法的语法格式如下：

```
String.Compare(string1,string2)
```

这里，string1 和 string2 是要比较的字符串，分别返回一个 int 值 1、0、-1 来指明第一个字符串大于、等于或小于第二个字符串。例如：

```
int result1=String.Compare("bbc","abc");   //Compare()返回 1
int result2=String.Compare("abc","bbc");   //Compare()返回-1
```

（4）IndexOf 方法的功能是取字符在字符串中的位置。使用方法：

```
string mystr1="abABccDD";
Console.WriteLine({0},mystr1.IndexOf("a"));//输出为 0
```

（5）Substring 方法被系统重载了，功能分别为：

· Substring(int)；检索子字符串。子字符串从指定的字符位置开始。

· Substring(int，int)；检索子字符串。子字符串从指定的字符位置开始且具有指定的长度。

例如：

```
String myString="abc";
bool test1=String.Compare(myString.Substring(2,1),"c")==0;   //为真
bool test2=String.Compare(myString.Substring(3,0),String.Empty)
        ==0;   //为真
```

[例 2-24]　字符串使用实例。

```
namespace Programming_CSharp　{
using System;
public class StringTester {
static void Main(    ) {
  //定义 3 个字符串
  string s1="abcd";
  string s2="ABCD";
  string s3=@"Liberty Associates,Inc.
  provides custom .NET development,
  on- site Training and Consulting";
  int result;   //保存比较结果

  result=string.Compare(s1,s2);   //比较两个字符串,区分大小写
  Console.WriteLine("compare s1:{0},s2:{1},result:{2}\n",s1,s2,result);

  //重载 compare 方法,取布尔值"ignore case"为(true=ignore case)
  result=string.Compare(s1,s2,true);
  Console.WriteLine("compare 大小写不敏感\n");
  Console.WriteLine("s4:{0},s2:{1},result:{2}\n",s1,s2,result);

  string s6=string.Concat(s1,s2);   //字符串连接方法
  Console.WriteLine("s6 concatenated from s1 and s2:{0}",s6);

  string s7=s1+s2;   //重载操作符+
  Console.WriteLine("s7 concatenated from s1+s2:{0}",s7);

  string s8=string.Copy(s7);   //字符串 copy 方法
  Console.WriteLine("s8 copied from s7:{0}",s8);
```

```
    string s9=s8;  //使用重载后的操作符
    Console.WriteLine("s9=s8:{0}",s9);


    //使用 3 种方法进行比较
    Console.WriteLine("\nDoes s9.Equals(s8)?:{0}",s9.Equals(s8));
    Console.WriteLine("Does Equals(s9,s8)?:{0}",string.Equals(s9,s8));
    Console.WriteLine("Does s9==s8?:{0}",s9==s8);


    //两种有用的属性：索引和长度
    Console.WriteLine("\nString s9 is{0}characters long.",s9.Length);
    Console.WriteLine("The 5th character is{1}\n",s9.Length,s9[4]);

    //返回子串的索引值
    Console.WriteLine("\nThe first occurrence of Training ");
    Console.WriteLine("in s3 is {0}\n",s3.IndexOf("Training"));
    //在"training"之前插入单词 excellent
    string s10=s3.Insert(11,"excellent");
    Console.WriteLine("s10:{0}\n",s10);
    }
}
}
```

上述代码输出结果如图 2-21 所示。

图 2-21　String 的使用

2.5.2　创建动态字符串

使用 System.Text.StringBuilder 类可以创建动态字符串。同 String 对象的一般字符串不同，动态字符串的字符可以被直接修改。String 对象是不可改变的，修改的总是字符串的拷贝。每次使用 System.String 类中的方法时，都要在内存中新建一个 String 对象，这就需要为新对象分配空间，增加了系统开销。如果要修改字符串而不创建新的对象，则可以使用 System.Text.StringBuilder 类提升性能。

因此，当进行频繁的字符串操作或操作很长的字符串时，使用 StringBuilder 类就比 String 类在效率上高很多。

1. 创建 StringBuilder 对象

下面的语句创建了一个名为 myStringBuilder 的 StringBuilder 对象。

```
StringBuilder myStringBuilder= new StringBuilder();
```

默认情况下，StringBuilder 对象初始可存储最多 16 个字符，但随着加入对象，其容量将自动增加。可以通过构建函数传递一个 int 参数来指定 StringBuilder 对象的初始容量；或者传递两个 int 参数，其中第 2 个参数指定 StringBuilder 对象的最大容量。例如：

```
int capacity=50;
StringBuilder myStringBuilder2=new StringBuilder(capacity);   //指定初始容量
int maxCapacity=100;
StringBuilder myStringBuilder3=new StringBuilder(capacity,maxCapacity);   //最大
容量
```

StringBuilder 对象的最大容量是 2147483647(这也是 StringBuilder 对象的默认容量)。

可以通过传递一个字符串给构建函数来设置 StringBuilder 对象的初始字符串：

```
string myString="To be or not to be";
StringBuilder myStringBuilder4=new StringBuilder(my String);
```

2. 使用 StringBuilder 对象的属性和方法

StringBuilder 类提供了许多属性和方法。如表 2-12 和表 2-13 所示。

可以看到，操作动态字符串的方法比操作一般字符串的方法少。

以下语句是错误的：

```
StringBuilder sb="hello world!";   //不合法,不能这样初始化一个字符串
sb="change the content";          //不合法,不能直接把 String 转换成 StringBuilder
```

我们来看下面几个合法语句：

```
StringBuilder sb=new StringBuilder("Hello World! "); //初始化字符串 sb
sb. Insert(6,"Beautiful ");       //将字符串"Beautiful "添加到当前指定位置
Console. WriteLine(sb);           //输出"Hello Beautiful World! "
sb. Remove(0,sb. Length);         //移除整个字符串
sb. Append("Test for string change!");   //追加一个新字符串
int myInt=25;
myStringBuilder. AppendFormat("...{0:C} ",myInt);
//将一个设置为货币值格式的整数值放到 StringBuilder 的末尾
```

表 2-12　StringBuilder 类的属性

属性	类型	描述
Capacity	int	获取或设置 StringBuilder 对象中可以存储的最大字符数
Length	int	获取或设置 StringBuilder 对象中的字符数
MaxCapacity	int	获取 StringBuilder 对象的最大容量

表 2-13　StringBuilder 类的方法

方法	返回类型	描述
Append()	StringBuilder	在 StringBuilder 对象的结尾处添加字符串
AppendFornat()	StringBuilder	在 StringBuilder 对象的结尾处添加格式化字符串

方法	返回类型	描述
EnsureCapacity()	int	确定 StringBuilder 对象的当前容量至少等于一个特定值，并返回一个 int 值，其中包括 StringBuilder 对象的当前容量
Equals()	bool	返回布尔值，指定 StringBuilder 对象是否等于一个特定对象
GetHashCode()	int	返回类型的 int 型哈希码
GetType()	Type	返回当前对象的类型
Insert()	StringBuilder	在 StringBuilder 对象的指定位置插入字符串
Remove()	StringBuilder	从 StringBuilder 对象的指定位置开始，删除特定数目的字符
Replace()	StringBuilder	在 StringBuilder 对象中，用字符串或字符代替出现的所有字符串或字符
Tostring()	String	将 StringBuilder 对象转换为一个字符串

　　StringBuilder 类还有一个特性，它的 Length 属性不是 ReadOnly（只读）的，可以手动设置。而在 String 类中，Length 属性是 ReadOnly 的。有这样的一组语句：

```
StringBuilder mysb=new StringBuilder("12345");  //初始化一个字符串 mysb
mysb.Length=7;  //改变 mysb 的 Length 属性
Console.WriteLine("mysb(len=7):{0}\n",mysb);  //输出 mysb 的内容为"12345"
mysb.Length=3;
Console.WriteLine("mysb(len=3):{0}\n",mysb);  //输出 mysb 的内容为"123"
```

2.6　习题与上机练习

1. 填空题

(1)C# 提供一个默认的无参数构造函数，当我们实现了另一个有参数的构造函数，还想保留这个无参数的构造函数。这样应该写＿＿＿＿＿＿＿个构造函数。

(2)类中声明的属性往往具有 get() 和＿＿＿＿＿＿＿两个访问器。

(3)对于方法，参数传递分为值传递和＿＿＿＿＿＿＿两种。

(4)当在程序中执行到＿＿＿＿＿＿＿语句时，将结束所在循环语句中循环体的一次执行。

2. 选择题

(1)下列关于构造函数与析构函数的叙述中错误的是(　　)。

　　A. 均无返回值　　　　B. 均不可定义为虚函数

　　C. 构造函数可以重载，而析构函数不可重载

　　D. 构造函数可带参数，而析构函数不可带参数

(2)在类作用域中能够通过直接使用该类的(　　)成员名进行访问。

　　A. 私有　　　　B. 公用　　　　C. 保护　　　　D. 任何

(3)类的以下特性中，可以用于方便地重用已有的代码和数据的是(　　)。

　　A. 多态　　　　　B. 封装　　　　　C. 继承　　　　　D. 抽象

(4)数据类型转换的类是(　　)。

　　A. Mod　　　　　B. Convert　　　　C. Const　　　　D. Single

3. 问答题

(1)C♯语言中，值类型和引用类型有何不同?

(2)如何访问基类的函数?

(3)构造函数有什么作用? 简述重载构造函数的好处。

(4)结构和类的区别是什么?

4. 读程序题

(1)写出以下程序的运行结果。

```
using System;
class Test {
  public static void Main ( ) {
    int x= 5;
    int y= x+ + ;
    Console. WriteLine ( y ) ;
    y= + + x;
    Console. WriteLine ( y ) ;
  }
}
```

(2)写出下列函数的功能。

```
static float FH ( ) {
  float y= 0, n= 0;
  int x= Convert. ToInt32 ( Console. ReadLine ( ) ) ; //从键盘读入整型数据赋给 x
  while ( x ! = - 1 ) {
    n+ + ; y+ = x;
    x= Convert. ToInt32 ( Console. ReadLine ( ) ) ;
  }
if ( n= = 0 )
return y;
else
return y/n;
  }
```

5. 上机练习

(1)编写一个学生类，用于处理学生信息(学号、姓名、性别、专业)。在创建学生类
　　的实例时，把学生信息作为构造函数的参数输入，然后将学生信息在浏览器输出。

(2)编写一个控制台应用程序，输出 1 到 5 的平方值，要求:

    ①用 for 语句实现。

    ②用 while 语句实现。

    ③用 do-while 语句实现。

（3）编写一个类，输入矩形的长和宽，计算矩形的面积。

（4）编写一个控制台应用程序，完成下列功能。

    ①创建一个类，用无参数的构造函数输出该类的类名。

    ②增加一个重载的构造函数，带有一个 string 类型的参数，在此构造函数中将传递的字符串打印出来。

    ③在 Main 方法中创建属于这个类的一个对象，不传递参数。

    ④在 Main 方法中创建属于这个类的另一个对象，传递一个字符串"This is a string."。

    ⑤在 Main 方法中声明类型为这个类的一个具有 5 个对象的数组，但不要实际创建分配到数组里的对象。

第3章 ASP.NET常用控件

为了提高 Web 开发的效率，ASP.NET应用了"基于控件的可视化界面设计"和"事件驱动的程序运行模式"。通过使用 ASP.NET提供的大量控件，将这些控件拖放到 Web 窗体中，可以轻松地进行 ASP.NET页面设计。

ASP.NET支持三种控件：Web 页面控件、HTML 页面控件和用户自定义控件。Web 服务器端控件是.NET推荐使用的控件。验证控件是一类特殊的 Web 服务器端控件，使用比较广泛。

3.1 ASP.NET页面的生命周期

ASP.NET网页一般由两部分组成，即可视界面和处理逻辑。
- 可视界面：由 HTML、标记、ASP.NET服务器控件等组成，即.aspx 文件。
- 处理逻辑：包含事件处理程序和代码，如 C♯代码，即.cs 文件。

ASP.NET页面运行时，页面将经历一个生命周期，在生命周期内，该页面将执行一系列的步骤，包括控件的初始化、控件的实例化、还原状态和维护状态等，以及通过 IIS 反馈给用户呈现 HTML。

一般来说，Web 页面的生命周期要经历如下阶段：

页面请求→开始→初始化→页面加载控件→验证→回发事件处理→呈现→卸载。

(1)页面请求(page request)。页面请求发生在 Web 页面生命周期开始之前。当用户请求一个 Web 页面时，ASP.NET将确定是否需要分析或者编译该页面，或者是否可以在不运行页的情况下直接请求缓存响应客户端。

(2)开始(start)。发生了请求后，页面就进入开始阶段。在该阶段，页面将确定请求是回发请求还是新的客户端请求，并设置 IsPostBack 属性。

(3)初始化(page initialization)。在页面开始后，进入初始化阶段。初始化期间，页面可以使用服务器控件，并为每个服务器控件进行初始化，即设置每一个控件的 UniqueID 属性。

(4)页面加载控件(page load controls)。如果当前请求是回发请求，则页面里各个控件的新值和 ViewState 将被恢复或设置。

(5)验证(validation)。在验证期间，页面中验证控件调用自己的 Validate 方法进行验证以便设置自己的 IsValid 属性，因为验证控件是在客户端和服务器端都要进行验证的。

(6)回发事件处理(postback event handling)。如果请求是回发请求，则调用所有事件的处理程序。

(7)呈现(rendering)。在呈现之前，会保存所有控件的 ViewState 视图状态。呈现期间，页会调用每个控件的 Render 方法，将各个控件的 HTML 文本输出写到 Response 的 OutputStream 属性中。

(8)卸载(unload)。完全呈现页面后，将页面发送到客户端、准备丢弃该页时，将调用卸载。此时，将卸载页面的属性并执行清理，资源被释放。

3.2　服务器控件概述

通常情况下，服务器控件都包含在 ASP .NET页面中，能够被服务器端的程序代码访问和操作。

服务器控件都是 ASP .NET页面上的对象，采用事件驱动的编程模型，客户端触发的事件在服务器端来处理。所有的服务器控件事件都传递两个参数，如按钮单击事件 Button _ Click(object sender，EventArgs e)。其中，第一个参数 sender 表示引发事件的对象，以及包含任何事件特定信息的事件对象。第二个参数 e 是 EventArgs 类型，对于某些控件来说是特定于该控件的类型。

3.2.1　理解服务器控件

每个服务器控件都有一个 id 属性和 runat＝" server" 属性。其中，id 属性是服务器控件的唯一标识，供服务器端代码进行访问。

因此，定义一个服务器控件的基本语法为：

<asp:控件 id="控件标识" runat="server" 属性 1=值 1,...,属性 n=值 n />

服务器控件的属性既可以通过属性页窗口来设置（如图 3-1 所示），也可以通过 HTML 代码来实现。

服务器端控件的执行过程是：先在服务器执行，将执行的结果一次性发给客户端浏览器，在 ASP 和 JSP 中，没有服务器端控件，只能依靠单纯的 HTML 控件实现交互操作。用程序例 3-1 来说明。

［例 3-1］　服务器端动态页面(test3 _ 1.aspx)。

图 3-1　服务器控件的属性页

```
<%@ Page Language="C#"%>
<form method="post" runat="server">
    输入一个数字:<asp:textbox id="Number" runat="server"/>
    <asp:button text="求平方" onclick="Button_Click" runat="server"/>
    <asp:label id="Message" runat="server"/>
</form>
```

该页面包括 3 个服务器控件：即"asp：textBox"文本控件、"asp：button"按钮控件和"asp：label"标签控件。其中，asp：button 控件的 onclick 属性声明了单击事件的处理程序名。页面对应代码如下。

```
protected void Button_Click(object sender,EventArgs e)
{
        //获取输入并转换为 int 计算出乘积后再转换为 String
    String result=
Math. BigMul ( Convert. ToInt32 ( Number. Text ), Convert. ToInt32 ( Number.    Text ))
. ToString();
    Message. Text= "该数的平方是:" + result;
}
```

结果如图 3-2 所示。

图 3-2　服务器端动态页面结果

上述代码定义了一个按钮的 Click 事件处理程序 Button＿Click。当输入数字并点击按钮，会显示出该数的平方数。

可以看出，包含 Web 服务器控件的代码分成两部分，一部分是 HTML 代码，另一部分是程序代码。其代码的文件存储形式有两种，一种是全部保存在一个 . aspx 文件里，另一种是分成两个文件，即页面代码在 . aspx 文件，程序代码在 . cs 文件。

这些控件都有相同的 runat 属性，将属性设置为 "server"，表示它们都是在服务器端处理的。这些服务器控件必须被包含在一个服务端 form 元素中。程序被服务器解释完毕以后，将以纯 HTML 代码的形式发送给客户端浏览器。

3.2.2　服务器控件的分类

ASP .NET服务器控件主要分为四大类，即 HTML 控件、Web 服务器控件、验证控件和用户控件。

(1)HTML 服务器控件(HTML server controls)：这是对 HTML 标记的扩展，每个 HTML 控件都和原来的 HTML 标记一一对应。通常，ASP .NET 文件中的 HTML 元素默认作为文本进行处理。为了使这些元素可编程化，需要添加 runat＝" server" 属性，指示 HTML 元素应作为服务器控件进行处理。

(2)Web 服务器控件(Web server controls)：Web 服务器控件是服务器可理解的特殊 ASP .NET 标签。功能更加强大、使用更加灵活的 Web 服务器控件，不一定对应到某个 HTML 元素。

(3)验证控件(validation controls)：用于验证用户输入。如果没有通过验证，将向用户显示一条错误消息。一般与 HTML 控件或者 Web 控件结合使用。

(4)用户控件(user controls)：由用户创建，可以嵌入到 Web 窗体中的控件。

3.2.3 服务器控件的共有事件

服务器控件的事件用于当服务器进行到某个时刻引发从而完成某些任务。例如事件的回发会导致页面的 Init 事件和 load 事件等。在一个 ASP .NET页面有一些事件是被 Web 服务器自动调用的，也有一些事件是需要被激发的。比较常用的页面事件为：

（1）Page _ Load()：在页面被加载的时候，自动调用该事件。

（2）控件事件：由用户在客户端浏览器上触发的各种事件。

（3）Page _ Unload()：当页面从内存中被卸载的时候，自动调用该事件。

通常可在 Page _ Load()事件中放页面的初始化代码，如数据库的连接等。另外，还可用 IsPostBack 属性来判断用户是否第一次访问该页面，如例 3-2 所示。服务器控件共有的事件如表 3-1 所示。

表 3-1 服务器控件共有的事件

事件	说明
DataBinding	当控件上的 DataBind 方法被调用，并且该控件被绑定到一个数据源时被激发
Disposed	从内存中释放一个控件时激发
Init	控件被初始化时激发
Load	把控件装入页面时会激发，该事件在 Init 后发生
PreRender	控件准备生成它的内容时激发
Unload	从内存中卸载控件时激发

[例 3-2] 判断用户页面是否被提交过(test3 _ 2. aspx)。

```
<%@ Page Language="C#"%>
<html>
<head id="Head1" runat="server">
    <title>判断用户页面是否被提交过</title>
    <script language="C#" runat="server">
        protected void Page_Load(Object sender,EventArgs e){
            if(!IsPostBack) {   //判断页面是否是第一次加载
                lblMessage.Text="第一次访问!";
            }
            else{
                lblMessage.Text="页面被提交了!";
            }
        }
        void SubmitBtn_Click(Object sender,EventArgs e) {}
    </script></head>
<body>
    <form id="Form1" runat="server">
    <asp:button id="btnSubmit" Text="提交" OnClick="SubmitBtn_Click" runat="
    server"/>
    <asp:Label id="lblMessage" runat="server"/>
    </form>
```

```
</body></html>
```

当程序第一次被执行和被点击按钮以后执行，结果是不一样的。在 ASP .NET中，只要触发一个控件事件，页面就将被提交。图 3-3(a)为首次执行结果，图 3-3(b)为点击提交按钮后的执行结果。

(a)首次执行结果　　　　　　　　　(b)点击提交按钮后的执行结果

图 3-3　执行结果

3.2.4　页面指示符

ASP .NET提供了 8 个页面指示符。这些页指示符指明 Web 页面(.aspx 文件)和用户控件(.ascx 文件)的编译设置。页面指示符可以位于 .aspx 和 .ascx 文件的任何位置，一般放在开始位置，页面指示符如表 3-2 所示。

表 3-2　ASP .NET页面指示符

指示符	说明
@Page	定义页面特性，只能在 .aspx 文件中
@Control	定义用户控件特性，只能在 .ascx 文件中
@Import	导入名字空间，使用名字空间中定义的类
@Implements	指定当前页面实现的.NET框架接口
@Register	用来注册用户控件
@Assembly	用来引用.NET组件
@OutputCache	用来设置输出缓冲的特性
@Reference	定义当前页运行时要动态编译和连接的页面和用户控件

比如，定义当前页面使用的编程语言为 C#，用 "<%@Page Language="C#"%>"。引入命名空间 System.Data.OleDb，用 "<% @ Import Namespace=" System.Data.OldDb"%>"。

3.3　HTML 服务器端控件

HTML 服务器控件就是在原有的 HTML 标记的基础上，加上 "runat=" server""属性即可。

HTML 服务器端控件直接对应标准的 HTML 标记。其对应关系如表 3-3 所示。

表 3-3　相关类及其说明

类	说明
HtmlAnchor	HTML 的 <a> 标记
HtmlButton	HTML 的 <button> 标记
HtmlForm	HTML 的 <form> 标记
HtmlImage	HTML 的 <img> 标记
HtmlInputButton	HTML 的<input type＝button>、<input type＝submit> 和 <input type＝reset>
HtmlInputCheckBox	HTML 的<input type＝checkbox> 标记
HtmlInputControl	HTML 的<input type＝text>、<input type＝submit> 和 <input type＝file> 等标记
HtmlInputFile	HTML 的<input type＝file>标记
HtmlInputHidden	HTML 的 <input type＝hidden>标记
HtmlInputImage	HTML 的<input type＝image>标记
HtmlInputText	HTML 的<input type＝text> 和<input type＝password> 标记
HtmlSelect	HTML 的 <select>标记
HtmlTable	HTML 的 <table.>标记
HtmlTableCell	TableRow 中的 <td> 和 <th> 标记
HtmlTableRow	HtmlTable 控件中的 <tr> 标记
HtmlTextArea	HTML 的<textarea>元素

使用 ASP .NET进行编程，可以将注意力全部集中到服务器端，这是 ASP .NET相对 ASP 和 JSP 的一个优势。

下面将简单介绍几个比较常用的控件：

（1）HtmlInput 控件包括：HtmlInputButton 控件、HtmlInputCheckBox 控件、HtmlInputRadioButton 控件、HtmlInputText 控件和 HtmlSelect 控件等。

（2）HtmlAnchor 控件对应 HTML 的<a href＝"" ></a>标记，用于超级链接的定义。

（3）HtmlInputFile 控件可以实现文件上传。功能是将客户端的文件，上传到服务器的某个目录下。

（4）HtmlImage 控件对应 HTML 的<image>标记，用于图像的定义。主要功能是向客户端输出图像。

［例 3-3］　HTML 服务器端控件的使用（test3 _ 3. aspx）。

```
<%@ Page Language="C#" %>
<html>
<head id="Head1"  runat="server">
   <title> Html 标签综合使用</title>
      <script language="C#"  runat="server">
        void Page_Load(object sender, EventArgs e)
        {
           anchor1. InnerText="点击登录物流信息管理系统";
           anchor1. HRef="http://117.34.17.62:92/# ";
```

```
            anchor1.Target="_blank";//在新的窗口加载链接
        }
        void SubmitBtn_Click(Object sender,EventArgs e){
        Message.InnerHtml=Name.Value+ ",您好！欢迎使用物流信息系统！<br/> ";
        Message.InnerHtml+="您的默认站点是:"+logAddr.Value+"
        <br/> 支付方式:";
        if(cash.Checked) Message.InnerHtml+="现金支付  
         ";
        if(zzpay.Checked) Message.InnerHtml+="转账支付  
         ";
        if(webbank.Checked) Message.InnerHtml+="网银支付;";
        Message.InnerHtml+ ="<br> "+ "感谢您的参与!";
        if(Suggestion.Value! ="")Message.InnerHtml+="特别说
        明:"+ Suggestion.Value;
        }
    </script></head>
<body>
<img id="imgxatu" src="image/admin.png" alt="加载失败" width="600"height="150"
runat="server"/><br/>
<a id="anchor1" runat="server"></a>
<h2> 物流系统注册</h2><hr/>
<form id="Form1" runat="server">
姓名:<input id="Name" type="text" maxlength="20" runat="server"/><br/>
性别:<input id="Male" type="radio" name="sex" runat="server"/>男
<input id="Female" type="radio" name="sex" runat="server"/>女<br/>
登录站点:<select id="logAddr" runat="server">
<option value="西安"> 西安</option>
<option value="蒲城"> 蒲城</option>
<option value="铜川"> 铜川</option>
</select><br/>
支持付款方式:<input id="cash" type="checkbox" runat="server"/> 现金支付
<input id="zzpay" type="checkbox" runat="server"/> 转账支付
<input id="webbank" type="checkbox" runat="server"/> 网银支付<br/>
特别说明:<textarea id="Suggestion" cols="50" rows="4" runat="server"name="S1"/>
<br/>
<input id="Submit1" type="submit" value="提交" OnServerClick="SubmitBtn_Click"
runat="server"/>
<input id="Reset1" type="reset" value="重置" runat="server"/><br/>
<span id="Message" runat="server"/>
</form></body></html>
```

程序中使用 "Message.InnerHtml" 向＜span＞标记中写字符串。"OnServerClick"
用于处理 HTML 服务器端控件的点击事件，而对于 "＜asp：button＞" 这类的按钮使
用的是 "OnClick" 事件。程序执行的结果如图 3-4 所示。

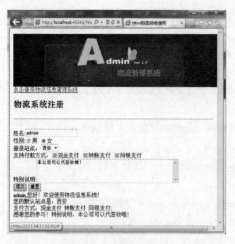

图 3-4　HTML 服务器端控件的使用结果

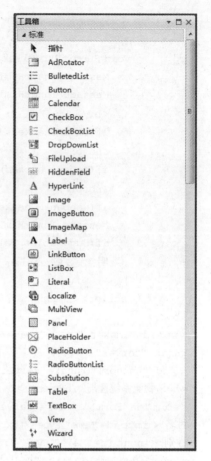

图 3-5　Web 服务器控件

3.4　标准的 Web 服务器控件

相对 HTML 服务器端控件，Web 服务器端控件提供的功能更加广泛，几乎覆盖了 HTML 服务器端所有控件的功能。在.NET开发中，推荐使用 Web 服务器端控件。Web 服务器控件位于 System. Web. UI. Web-Controls 命名空间中，是从 WebControl 基类直接或间接派生出来的。

所有 Web 服务器端控件的基本格式为：

<asp:名称　属性列表/>

Web 服务器控件的标准控件如图 3-5 所示。下面对较常用的控件进行介绍。

3.4.1　文本输入与显示控件

文本输入控件即文本控件(TextBox)。

显示控件包括：显示文本的标签控件(Label)、静态文件控件(Literal)和显示图片的图像控件(Image)。

下面分别对它们加以介绍。

1. 文本控件

文本控件(TextBox)控件用于提供文本编辑能力。TextBox 控件支持多种模式，可以用来实现单行输入、多行输入和密码输入。表 3-4 为文本控件的属性列表。

表 3-4　TextBox 控件的属性

属性	说明
AutoPostBack	在文本修改以后，是否自动重传。默认为 False，当设置为 True 时，用户更改内容后触发 TextChanged postback 事件

续表

属性	说明
Columns	文本框的宽度
EnableViewState	控件是否自动保存其状态以用于往返过程
MaxLength	用户输入的最大字符数
ReadOnly	是否为只读
Rows	作为多行文本框时所显式的行数
Text	获取或设置 TextBox 控件中的数据
TextMode	显示模式，取值为 SingleLine(默认)、MultiLine 或 Password

2. 标签控件

标签控件(Label)控件用于在页面中显示只读的静态文本或数据绑定的文本。当触发事件时，某一段文本能够在运行时更改。表 3-5 显示了标签控件的属性和事件。

表 3-5　Label 控件的属性和事件

属性/事件	说明
Text 属性	获取或设置 Label 控件中的数据
TextChanged 事件	用户输入信息后离开 TextBox 控件时，引发程序员可以处理的此事件

［例 3-4］　文本控件(TextBox)和标签控件(Label)的使用(test3 _ 4. aspx)。

```
<%@ Page Language="C#"%>
<html>
<head id="Head1" runat="server">
    <title>文本控件的使用</title>
    <script language="C#" runat="server">
        private void txtUid_TextChanged(object sender, System. EventArgs e)
        {
            Label1. Text=txtUid. Text;
        }
    </script></head>
<body>
 <form id="Form1"runat="server">
 <b>用户名:</b>
 <asp:TextBox id="txtUid" OnTextChanged="txtUid_TextChanged" runat="server"/>
 <br/>
 <b>您的用户名为:</b>
 <asp:Label id="Label1" runat="server"/>
 </form></body></html>
```

上述代码声明了一个文本输入框、一个标签控件，并将该控件的 ID 属性设置为默认值 Label1，用于显示文本框中的值。由于这两个控件是服务器端控件，所以包含 runat＝ "server"属性。结果如图 3-6 所示，当输入完成后按回车键，会触发 OnTextChanged 事件。

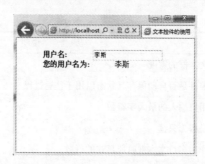

图 3-6　文本控件(TextBox)和标签控件(Label)用例结果

3. 静态文本控件

静态文本控件(Literal)用于在页面上显示静态文本。使用 Literal 控件的好处是可以编程操作静态文本。例如：

```
<asp:Literal id="Literal1" Text="欢迎使用物流信息管理系统!" runat="server"/>
```

4. 图像控件

图像控件(Image)用来在 Web 窗体中显示图片或图像，图像控件常用的属性如表 3-6 所示。

表 3-6　Image 控件的属性

属性	说明
AlternateText	在图像无法显示时显示的替换文字
DescriptionUrl	包含更详细的图像说明的 URL
GenerateEmptyAlternateText	当未指定替换文字时，是否生成空的替换文字属性，默认为 False
ImageAlign	图像的对齐方式
ImageUrl	要显示图像的 URL
ToolTip	把鼠标放在控件上时显示的工具提示

当图片无法显示的时候，图片将被替换成 AlternateText 属性中的文字，ImageAlign 属性用来控制图片的对齐方式，而 ImageUrl 属性用来设置图像链接地址。图像控件具有可控性的优点，可以通过编写 HTML 来控制图像控件。例如，图像控件声明代码如下。

```
<asp:Image ID="Image1" runat="server" AlternateText="图片加载失败" ImageAlign
="center"
width="300"height="200"  ImageUrl="xatu.jpg"/>
```

上述代码设置了一个宽为 300 像素，高为 200 像素的图片，当图片失效的时候提示图片加载失败，设置图片的对其方式为居中对齐。

注意：当双击图像控件时，系统并没有生成事件所需要的代码段，这说明 Image 控件不支持任何事件。

3.4.2　控制权转移控件

控制权转移控件包括 4 种类型。

- Button 控件：显示标准 HTML 窗体按钮。
- LinkButton 控件：在按钮上显示超文本链接。
- ImageButton 控件：显示图像按钮。
- Hyperlink 控件：在某些文本上显示超文本链接。

1. 按钮控件

Button、LinkButton 和 ImageButton 为按钮控件，它们能够触发事件，或将网页中的信息回传给服务器，它们的作用基本相同，主要是表现形式不同。其声明代码如例 3-5 所示。

［例 3-5］　按钮控件的使用(test3 _ 5. aspx)。

```
<%@ Page Language="C#"%>
<form runat="server">
 <asp:Button ID="Button1" runat="server" Text="物流信息管理系统"/><br/><br/>
 <asp:LinkButton ID="LinkButton1" runat="server"> 物流信息管理系统</asp:Link-
 Button><br/><br/>
 <asp:ImageButton ID="ImageButton1" runat="server" ImageURL="adminButton.png"
 width="200"
 Height="100"/>
</form>
```

程序运行结果如图 3-7 所示。

图 3-7　三种按钮类型(Button、LinkButton、ImageButton)

按钮控件用于事件的提交，它们通常包含一些公共的属性和事件，表 3-7 和表 3-8 分别显示了按钮控件的公共属性和特殊属性，表 3-9 显示了它们的公共事件。

值得一提的是，最常用的按钮事件是 Click 单击和 Command 命令事件。Click 事件不能传递参数，处理的事件相对简单。而 Command 事件可以传递参数，负责传递参数的是 CommandArgument 属性和 CommandName 属性。

当按钮同时包含 Click 事件和 Command 事件时，通常情况下会执行 Command 事件。通过判断按钮的 CommandArgument 属性和 CommandName 属性值，可以执行不同的方法。这样就实现了同一个按钮根据不同的值进行不同的处理和响应，或者多个按钮与一个处理代码相关联。相比 Click 单击事件而言，Command 命令事件具有更高的可控性。

表 3-7　Button，LinkButton，ImageButton 的公共属性

属性	说明
CausesValidation	按钮是否导致激发验证，默认为 True
CommandArgument	与此按钮关联的命令参数
CommandName	与此按钮关联的命令
Enabled	控件的已启用状态，默认为 True
EnableViewState	控件是否自动保存其状态以用于往返过程，默认为 True
OnClientClick	在客户端 OnClick 上执行的客户端脚本
ValidationGroup	当控件导致回发时应验证的组
ViewStateMode	确定该按钮是否启用了 viewstate（默认为从父代继承）

表 3-8　Button，ImageButton，LinkButton 的特殊属性

控件名称	属性	说明
Button	UseSubmitBehavior 属性	指示按钮是否呈现为提交按钮
	Text 属性	在按钮上显示的文本
ImageButton	ImageAlign 属性	图像的对齐方式
	PostBackURL 属性	单击按钮时所发送到的 URL
	AlternateText 属性	在图像无法显示时显示的替换文字
	ImageURL 属性	要显示的图像的 URL
LinkButton	Text 属性	要为该链接显示的文本
	PostBackURL 属性	单击按钮时所发送到的 URL

表 3-9　Button，LinkButton，ImageButton 的公共事件

事件	说明
Click	单击按钮时会引发该事件
Command	在单击按钮并定义关联的命令时激发
DataBinding	在要计算控件的数据绑定表达式时激发
Disposed	在控件已被释放后激发
Init	在初始化页后激发
Load	在加载页后激发
PreRender	在呈现该页前激发
Unload	在卸载该页时激发

2. 超链接控件

超链接控件(Hyperlink)相当于实现了 HTML 代码中的 "＜a href＝URL 地址＞＜/
a＞" 效果。当拖动一个超链接控件到页面时，系统会自动生成控件声明代码。使用 Hy-
perLink 控件的主要优点是可以用服务器代码设置链接的属性，示例代码如下所示。

```
< asp: HyperLink ID =" hyperLink1 " ImageUrl =" xatu. jpg" NavigateUrl =" http://
www.baidu.com"
Text="欢迎使用百度搜索"Target="_blank" runat="server"/>
```

表 3-10 是 Hyperlink 控件的属性。

表 3-10　Hyperlink 的属性

属性	说明
Text	要为该链接显示的文本
ImageURL	要显示图像的 URL
NavigateURL	定位到 URL
Target	NavigateUrl 的目标框架

3.4.3　选择控件

顾名思义，选择控件就是在一组选项中选出一项或多项。它通常包括四大类型。

- 单选控件(RadioButton)：用于在一个选项列表中选择一个选项，使用时通常会与其他 RadioButton 控件组成一组，以提供一组互斥的选项。
- 复选框控件(CheckBox)：用于在选中和清除这两种状态间切换。
- 下拉列表控件(DropdownList)：允许用户从预定义的列表中选择一项。
- 列表控件(ListBox)：允许用户从预定义列表中选择一项或多项。

下面分别对这几种控件加以介绍。

1. 单选控件和单选组控件

1)单选控件

单选控件(RadioButton)可以为用户选择某一个选项，单选控件的常用属性和事件如表 3-11 所示。

表 3-11　RadioButton 的属性和事件

属性/事件	说明
AutoPostBack 属性	当单击控件时，自动回发到服务器，默认为 False
CausesValidation 属性	该控件是否导致激发验证，默认为 False
Checked 属性	控件的已选中状态，默认为 False
GroupName 属性	此单选控件所属的组名
Text 属性	显示的文本标签
TextAlign 属性	文本标签相对于控件的对齐方式，默认为 Right
CheckedChanged 事件	在更改控件的选中状态时激发

单选控件通常需要 Checked 属性来判断某个选项是否被选中，多个单选控件之间可能存在着某些联系，这些联系通过 GroupName 进行约束和联系，示例代码如例 3-6 所示。

［例 3-6］　单选控件的使用(test3_6.aspx)。

```
<form id="form1" runat="server">
<asp:RadioButton ID="RadioButton1" runat="server" GroupName="chos" Text="Choose1"
AutoPostBack="true" OnCheckedChanged="RadioButton1_Checked Changed"/>
<asp: RadioButton ID =" RadioButton2" runat =" server" GroupName =" chos" Text ="
Choose2"
```

```
AutoPostBack="true" OnCheckedChanged="RadioButton2_Checked Changed"/>
<asp:RadioButton ID="RadioButton3" runat="server" GroupName="chos"Text="Choose3"
AutoPostBack="true" OnCheckedChanged="RadioButton3_Checked Changed"/>
<asp:Label ID="Label1" runat="server"Text=""/></form>
```

上述代码声明了 3 个单选控件，并将 GroupName 属性都设置为"chos"。单选控件中最常用的事件是 CheckedChanged，当控件的选中状态改变时，则触发该事件，示例代码如下。

```
using System;
using System. Collections. Generic;
using System. Linq;
using System. Web;
using System. Web. UI;
using System. Web. UI. WebControls;
public partial class _Default : System. Web. UI. Page {
    protected void Page_Load(object sender,EventArgs e) {
    }
    protected void RadioButton1_CheckedChanged(object sender,
    EventArgs e) {
        Label1. Text="第一项被选中";
    }
    protected void RadioButton2_CheckedChanged(object sender,
    EventArgs e) {
        Label1. Text="第二项被选中";
    }
    protected void RadioButton3_CheckedChanged(object sender,
    EventArgs e) {
        Label1. Text="第三项被选中";
    }
}
```

上述代码中，当选中状态被改变时，则触发相应的事件，显示第几项被选中。如图 3-8 所示。

图 3-8　单选控件的使用

与 TextBox 文本框控件相同的是，单选控件不会自动进行页面回传，必须将 Auto-PostBack 属性设置为 true 时才能在焦点丢失时触发相应的 CheckedChanged 事件。

2）单选组控件

单选组控件(RadioButtonList)也是只能选择一个项目的控件，而与单选控件不同的是，单选组控件没有 GroupName 属性，但却能列出多个单选项目。另外，单选组控件所

生成的代码也比单选控件实现的相对较少。单选组控件添加项如图 3-9 所示。实现结果
与例 3-6 结果相同。

图 3-9 单选组控件添加项

添加项目成员后，系统自动在 .aspx 页面声明服务器控件代码，代码如下所示。

```
<asp:RadioButtonList ID="RadioButtonList1" runat="server"
    SelectedIndexChanged="RadioButtonList1_SelectedIndex
    Changed">
    <asp:ListItem>Choose1</asp:ListItem>
    <asp:ListItem>Choose2</asp:ListItem>
    <asp:ListItem>Choose3</asp:ListItem>
</asp:RadioButtonList>
```

上述代码使用了单选组控件。单选组控件的属性和事件如表 3-12 所示。

表 3-12 RadioButtonList 的属性和事件

属性/事件	说明
AutoPostBack 属性	当选定内容更改后，自动回发到服务器，默认为 False
DataMember 属性	用于绑定的表或视图
DataSourceID 属性	将被用作数据源的 DataSource 的控件 ID
DataTextFiled 属性	数据源中提供项文本的字段
DataTextFormatString 属性	应用于文本字段的格式。例如，"｛0：d｝"
DataValueField 属性	数据源中提供项值的字段
Items 属性	列表中项的集合
RepeatColumns 属性	用于布局项的列数，初值为 0
RepeatDirection 属性	项的布局方向，默认为 Vertical
RepeatLayout 属性	项是否在某个表或者流中重复
SelectedIndexChanged 事件	在更改选定索引后激发
TextChanged 事件	在更改文本属性后激发

同单选控件一样，双击单选组控件时，系统会自动生成 SelectedIndexChanged 事件
的声明，可以在该事件中编写代码。当选定一项内容时，示例代码如下所示。

```
protected void RadioButtonList1_SelectedIndexChanged(object sender,EventArgs e)
{
    Label1.Text= RadioButtonList1.Text;      //文本标签的值等于选择的控件的值
}
```

2. 复选框控件和复选组控件

1）复选框控件

同单选框控件一样，复选框也是通过 Check 属性判断是否被选择。不同的是，复选框控件(CheckBox)没有 GroupName 属性，以下代码声明了两个复选框控件。

```
<form id="form2" runat="server">
<asp:CheckBox ID="CheckBox1" runat="server" Text="Check1" AutoPostBack="true"/>
<asp:CheckBox ID="CheckBox2" runat="server" Text="Check2" AutoPostBack="true"/>
</form>
```

当双击复选框控件时，系统会自动生成 CheckedChanged 事件的声明。当复选框控件的选中状态被改变后，会激发该事件。示例代码如下所示。

```
protected void CheckBox1_CheckedChanged(object sender,EventArgs e) {
        Label1.Text="选框 1 被选中";        //当选框 1 被选中时
}
protected void CheckBox2_CheckedChanged(object sender,EventArgs e) {
        Label1.Text="选框 2 被选中";        //当选框 2 被选中时
        Label1.Font.Size=FontUnit.XXLarge;
}
```

上述代码分别为两个选框设置了事件，设置了当选择选框 1 时，则文本标签输出"选框 1 被选中"。当选择选框 2 时，则输出"选框 2 被选中"。

对于复选框而言，用户可以在复选框控件中选择多个选项，所以就没有必要为复选框控件进行分组。也就是说，复选框控件没有 GroupName 属性。

2）复选组控件

同单选组控件相同，.NET服务器控件中同样包括了复选组控件(CheckBoxList)，拖动一个复选组控件(CheckBoxList)到页面可以添加复选组列表。添加在页面后，系统生成代码如下所示。

```
<asp:CheckBoxList ID="CheckBoxList1" runat="server" AutoPostBack="True"
        SelectedIndexChanged="CheckBoxList1_SelectedIndex
        Changed">
        <asp:ListItem Value="Choose1"> Choose1</asp:ListItem>
        <asp:ListItem Value="Choose2"> Choose2</asp:ListItem>
        <asp:ListItem Value="Choose3"> Choose3</asp:ListItem>
</asp:CheckBoxList>
```

复选组控件最常用的是 SelectedIndexChanged 事件。当控件中某项的选中状态被改变时，则会触发该事件。示例代码如下所示。

```
protected void CheckBoxList1_SelectedIndexChanged(object sender,EventArgs e) {
    if(CheckBoxList1.Items[0].Selected) { //判断某项是否被选中
        Label1.Font.Size=FontUnit.XXLarge; //更改字体大小
    }
    if(CheckBoxList1.Items[1].Selected) {//判断是否被选中
```

```
        Label1. Font. Size=FontUnit.XLarge; //更改字体大小
    }
    if(CheckBoxList1. Items[2]. Selected) {
        Label1. Font. Size=FontUnit. XSmall;
    }
}
```

上述代码中，Item 数组是复选组控件中项目的集合，其中 Items[0]是复选组中的第一个项目。CheckBoxList1. Items[0]. Selected 用来判断是否被选中。上述代码用来修改 Label 标签的字体大小。

注意：复选组控件与单选组控件不同的是，不能够直接获取复选组控件某个选中项目的值，因为复选组控件返回的是第一个选择项的返回值，只能够通过 Item 集合来获取选择某个或多个选中的项目值。

3. 列表控件

列表控件主要包括两种：下拉列表控件（DropDownList）和多项选择列表控件（List-Box）。

1）下拉列表控件

使用 DropDownList 下拉列表控件，可以有效避免用户输入无效或错误的信息。当用户从下拉列表框选择一项的时候，将触发 SelectedIndexChanged 事件。可以用 Selected-Index 属性获得所选项的索引，用 SelectedItem 属性获得所选项的内容。下拉列表控件的属性和事件如表 3-13 所示。

表 3-13　**DropDownList 的属性和事件**

属性/事件	说明
AppendDataBoundItems 属性	将数据绑定项追加到静态声明的列表项上，默认为 False
AutoPostBack 属性	当选定内容更改后，自动回发到服务器，默认为 False
DataMember 属性	用于绑定的表或视图
DataSourceID 属性	将被用作数据源的 DataSource 的控件 ID
DataTextFiled 属性	数据源中提供项文本的字段
DataTextFormatString 属性	应用于文本字段的格式。例如，" {0：d}"
DataValueField 属性	数据源中提供项值的字段
Items 属性	列表中项的集合
SelectedIndexChanged 事件	在更改选定索引后激发
TextChanged 事件	在更改文本属性后激发

［**例** 3-7］　下拉列表控件 DropDownList 的使用（test3 _ 7. aspx）

```
<%@ Page Language="C#"%>
<script language="C#" runat="server">
    void Image_Changed(Object Sender,EventArgs e) {
        lblUid. Text=lstAddr. SelectedItem. Value;
```

```
    } </script>
<form runat="server">
    切换站点:<asp:DropDownList id="lstAddr" AutoPostBack="True" runat="server"
    OnSelectedIndexChanged="Image_Changed">
    <asp:ListItem value="玉祥门" selected="true">玉祥门</asp:ListItem>
    <asp:ListItem value="朱宏路">朱宏路</asp:ListItem>
    <asp:ListItem value="大明宫">大明宫</asp:ListItem>
    </asp:DropDownList>
    <asp:Label id="lblUid" runat="server"/>
</form>
```

结果如图 3-10 所示。

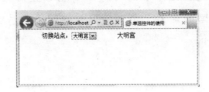

图 3-10　下拉列表控件 DropDownList 的使用结果

2) 多项选择列表控件

相对于 DropDownList 控件而言,多项选择列表控件(ListBox)可以通过 Selection-Mode 属性指定用户是否允许多项选择。

[例 3-8]　ListBox 控件的使用(test3 _ 8. aspx)。

```
<asp:ListBox ID="ListBox1" runat="server" AutoPostBack="True"
    onselectedindexchanged="ListBox1_SelectedIndexChanged">
    <asp:ListItem> 第 1 项</asp:ListItem>
    <asp:ListItem> 第 2 项</asp:ListItem>
    <asp:ListItem> 第 3 项</asp:ListItem>
    <asp:ListItem> 第 4 项</asp:ListItem>
</asp:ListBox>
```

<asp: Label ID=" Label1" runat =" server" Text =" 你所选的项目为:" > </asp: Label>

ListBox 控件的属性与 DropDownList 控件基本上相同,只增加了两个属性,如表 3-14所示。

表 3-14　ListBox 控件比 DropDownList 控件增加的属性

属性	说明
Rows	要显示的可见行的数目
SelectionMode	列表的选择模式,默认为 Single

设置 SelectionMode 属性为 Single 时,表明只允许用户从列表框中选择一个项目;如果设置 SelectionMode 属性为 Multiple 时,用户可以按住 Ctrl 键或者使用 Shift 组合键,从列表中选择多个数据项。

同样,SelectedIndexChanged 也是 ListBox 控件中最常用的事件,可以对事件编码如下。

```
protected void ListBox1_SelectedIndexChanged(object sender,EventArgs e)  {
    Label1.Text="你选择了"+ ListBox1.Text;}
```

上面的程序实现了与 DropDownList 同样的效果。但是，当用户需要选择 ListBox 列表中的多项时，即 SelectionMode 属性为 Multiple，编写的事件代码如下所示。

```
protected void ListBox1_SelectedIndexChanged(object sender,EventArgs e)  {
Label1.Text + ="< br> 你选择了"+ ListBox1.Text;}
```

上述代码使用了"＋＝"运算符，当用户每多选一项的时候，都会触发 SelectedIndexChanged 事件，如图 3-11 所示。

图 3-11 ListBox 控件的多选效果

3.4.4 容器控件

有两种类型的容器控件。

- 面板控件(Panel)：可用作静态文本和其他控件的父级控件。
- 占位控件(PlaceHolder)：存储动态添加到网页上的服务器控件的容器。

下面对这两个控件加以介绍。

1. 面板控件

面板控件(Panel)可以作为一组控件的容器，它对应 HTML 的＜div＞标记。通过 Visible 属性来设置面板控件内的所有控件是显示还是隐藏。当创建一个面板控件时，系统生成的 HTML 代码如下。

```
<asp:Panel ID="Panel1" runat="server">  </asp:Panel>
```

面板控件的常用功能就是显示或隐藏一组控件，其 Visible 属性的默认值为 True。

［例 3-9］ 面板控件的使用(test3 _ 9.aspx)。

```
<form id="form1" runat="server">
  < asp: Button ID="Button1" runat="server" Text="点击显示" OnClick="Button1_
Click"/>
  <asp:Panel ID="Panel1" runat="server" Visible="False">  //Panel 控件初始显示不
可见
      <br/>The controls in a Panel are in follows.
      <br/>
      <asp:Label ID="Label1" runat="server" Text="Hello"></asp:Label>
      <asp:TextBox ID="TextBox1" runat="server"></asp:TextBox>
  </asp:Panel>
</form>
```

上述代码创建了一个 Panel 控件，初始状态为不可见。在 Panel 控件外有一个 Button 控件。当用户单击 Button 控件时，将显示 Panel 控件。cs 代码如下所示。

```
protected void Button1_Click(object sender,EventArgs e) {
    Panel1.Visible=true;                        //Panel 控件显示可见
}
```

当页面初次被载入时，Panel 控件以及 Panel 控件内的全部控件都为隐藏，如图 3-12 所示。当用户单击 Button 时，则 Panel 控件及其内部的控件都为可见，如图 3-13 所示。

图 3-12　Panel 控件隐藏

图 3-13　Panel 控件被显示

Panel 控件还包含一个 GroupingText 属性，当 Panel 控件的 GroupText 属性被设置时，Panel 将会被创建一个带标题的分组框，代码如下，效果如图 3-14 所示。

```
<asp:Panel ID="Panel1" runat="server" Visible="False" GroupingText="Panel 控件">
</asp:Panel>
```

图 3-14　Panel 控件的 GroupingText 属性

2. 占位控件

与面板控件 Panel 控件相同的是，占位控件（PlaceHolder）也是控件的容器，用于在页面上保留一个位置，以便运行时在该位置动态放置其他的控件。但是在 HTML 页面呈现中本身并不产生 HTML，创建一个 PlaceHolder 控件代码以及用户动态添加控件的代码如例 3-10 所示。

［例 3-10］　PlaceHolder 控件的使用（test3_10.aspx）。

```
<%@ Page Language="C#"%>
<script language="C#" runat="server">
  void Page_Load(Object sender,EventArgs e) {
    Literal literal1=new Literal();  //创建一个 Literal 静态文本控件
    literal1.Text="<b> 你好! </b> ";
    PlaceHolder1.Controls.Add(literal1);  //在占位控件中动态添加 Literal 控件
    TextBox text=new TextBox();  //创建一个 TextBox 控件
    text.Text="张三";  //添加文本
```

```
    PlaceHolder1.Controls.Add(text);  //在占位控件中动态添加 TextBox 控件
  }
</script>
<form runat="server">
  <asp:PlaceHolder id="PlaceHolder1" runat="server"/>    //创建一个 PlaceHolder 控件
    </form>
```

运行效果如图 3-15 所示。

图 3-15　PlaceHolder 控件的使用

开发人员不仅能够通过编程在 PlaceHolder 控件中添加控件，同样可以在 Place-Holder 控件中拖动相应的服务器控件进行控件呈现和分组。

3.4.5　表格控件

表格控件(Table)用于创建表格，与表格相关的控件有 TableRow 控件和 TableCell 控件。TableRow 控件用于创建表格的行，TableCell 控件用于创建表格中的单元格。

［例 3-11］　Table 控件的使用(test3＿11.aspx)。

```
<%@ Page Language="C#"%>
<script language="C#" runat="server">
    void Page_Load(Object sender,EventArgs e)
    {  //从选择列表获得行数
      int numrows=Convert.ToInt32(TabRows.SelectedItem.Text);
      //从选择列表获得列数
      int numcells=Convert.ToInt32(TabCells.SelectedItem.Text);
      //动态生成表格行和列
      for(int j=0;j<numrows;j++ ) {
          TableRow r=new TableRow();
          for(int i=0;i<numcells;i++ ) {
            TableCell c=new TableCell();
                c.Controls.Add(new LiteralControl("行"+ j.ToString()+", 列"+
i.ToString()));
                r.Cells.Add(c);
          }
          DyTab.Rows.Add(r);
      }
    }
</script>
```

```
<h3><font face="Verdana"> 动态生成表格</font></h3>
<form id="Form1" runat="server">
    <asp:Table id="DyTab" CellPadding="5" CellSpacing="0" Border="1"
        BorderColor="black" runat="server"/>
    <p> 行数：
    <asp:DropDownList id="TabRows" runat="server">
        <asp:ListItem>1</asp:ListItem>
        <asp:ListItem>2</asp:ListItem>
        <asp:ListItem>3</asp:ListItem>
        <asp:ListItem>4</asp:ListItem>
        <asp:ListItem>5</asp:ListItem>
    </asp:DropDownList>
    <br/>列数：
    <asp:DropDownList id="TabCells" runat="server">
        <asp:ListItem>1</asp:ListItem>
        <asp:ListItem>2</asp:ListItem>
        <asp:ListItem>3</asp:ListItem>
        <asp:ListItem>4</asp:ListItem>
        <asp:ListItem>5</asp:ListItem>
    </asp:DropDownList>
    <asp:Button ID="Button1" Text="创建" runat="server"/></p>
</form>
```

结果如图 3-16 所示。

图 3-16　Table 控件的使用

3.4.6　广告栏控件和日历控件

1. 广告栏控件

AdRotator 控件用于制作广告条。AdRotator 控件在每次打开或重新加载网页时在页面上放置一幅新的广告。显示的广告取决于 AdRotator 配置文件，该文件是一个 XML 格式的文件，包含显示图像和链接信息显示频率，如程序 Ad. XML 所示。

```
AdRotator 配置文件 Ad3_12. xml:
    <Advertisements>
        <Ad>
        <ImageUrl> image/admin.png</ImageUrl>
```

```
  <NavigateUrl> http://117.34.17.62:92/</NavigateUrl>
  <AlternateText> Admin online</AlternateText>
  <Keyword> Good</Keyword>
  <Impressions> 60</Impressions>
 </Ad>
 <Ad>
  <ImageUrl> image/sina.gif</ImageUrl>
  <NavigateUrl> http://www.sina.com.cn</NavigateUrl>
  <AlternateText> sina online</AlternateText>
  <Keyword> Better</Keyword>
  <Impressions> 80</Impressions>
 </Ad>
</Advertisements>
```

在 ASP .NET文件引用该配置文件的时候，AdRotator 控件使用 AdvertisementFile 属性来指定与其相关的 AdRotator 配置文件，如程序例 3-12 所示。

[**例** 3-12]　广告栏控件的使用(test3 _ 12. aspx)。

```
<form ID="Form1" runat="server">
<asp:AdRotator ID="AdRotator1" Target="_blank" AdvertisementFile="Ad3_12.xml"
runat="server"/>
</form>
```

结果如图 3-17 所示，左边为广告栏控件，右边是点击此控件后打开的相应链接。

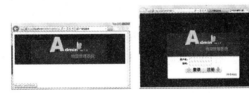

图 3-17　广告栏 AdRotator 的使用

当点击此广告栏就会打开所对应的连接，每次刷新的时候，都可能显示不同的图片，显示的比重用 Ad3 _ 12. xml 中<Impressions>标记来设置。

2. 日历控件

Calendar 控件用于创建一个日历，以便用户可以选择日期并在前后月之间移动。

[**例** 3-13]　日历控件的使用(test3 _ 13. aspx)。

```
<script language="C#" runat="server">
  protected void Date_Selected(object sender,EventArgs e){
    switch(Calendar1.SelectedDates.Count){
    case(0):
      Label1.Text="没有选择日期!";break;
    case(1):
    Label1.Text="选择的日期是"+Calendar1.SelectedDate.ToShortDateString();
      break;
```

```
    case(7):
    Label1.Text="周开始的日期是"+Calendar1.SelectedDate.ToShortDateString();
        break;
    default:
    Label1.Text="月开始的日期是"+Calendar1.SelectedDate.ToShortDateString();
        break;
    }
  }
</script>
<form id="Form1"runat="server">
  <asp:Calendar id="Calendar1" OnSelectionChanged="Date_Selected"Font-Name="
Verdana"
  Font-Size="12px" SelectionMode="DayWeekMonth" NextPrevFormat="ShortMonth"
  SelectWeekText="周" SelectMonthText="月" runat="server">
  <TodayDayStyle Font-Bold="True"/>
  <DayHeaderStyle Font-Bold="True"/>
  </asp:Calendar><p>
  <asp:Label id="Label1"runat="server"/>
</form>
```

当选择一个日期的时候，下面会自动显示出日期。程序显示的结果如图 3-18 所示。

3.5　验证控件

Visual Studio 2010 提供了强大的数据验证控件，它可以验证用户的输入，并在验证失败的情况下显示错误消息。在 Visual Studio 的工具箱中见到的验证控件如图 3-19 所示。

图 3-18　日历控件的使用　　　　　图 3-19　工具箱中的验证控件

注意，验证控件本身并不接受用户的输入，它们需要与其他控件(如 TextBox)相配合完成验证数据的工作，可以使用验证控件的 ControlToValidate 属性将验证控件与被验证控件关联起来。验证控件属于 Web 服务器端控件，HTML 服务器端控件不提供验证控件。ASP .NET共有六种验证控件，每个验证控件的功能说明见表 3-15。

表 3-15　验证控件的功能说明

验证控件	功能说明
RequiredFieldValidator	确保用户不跳过输入
CompareValidator	使用比较运算符(大于，小于，等于)将输入控件与一个固定值或另一个输入控件进行比较
RangeValidator	与 CompareValidator 非常相似，只是它用来检查输入是否在两个值或其他输入控件的值之间
RegularExpressionValidator	检查用户的输入是否与正则表达式定义的模式相匹配。允许检查可预知的字符序列，如电话号码、邮政编码、社保号等
CustomValidator	允许用户编写自己的验证逻辑检查用户的输入。通常用于奇偶验证
ValidationSummary	验证总结。以摘要的形式显示页上所以验证程序的验证错误

3.5.1　必须输入验证控件

必须输入验证控件(RequiredFieldValidator)检查目标控件是否有值，如在用户填写表单时，有一些项目是必填项，例如用户名和密码。使用 RequiredFieldValidator 能够要求用户在特定的控件中必须提供相应的信息，否则就提示错误信息。RequiredFieldValidator 控件的格式如下：

```
<asp:RequiredFieldValidator id="控件名称" runat="server"
ControlToValidate="要检查的控件名称"  ErrorMessage="出错信息"
Display="Dynamic | Static | None"  />
   占位符
</asp: RequiredFieldValidator >
```

[例 3-14]　必须输入验证控件的使用(test3 _ 14.aspx)。

```
<form id="form1" runat="server">
  <div>
    <p>用户名:<asp:TextBox ID="uName" runat="server"></asp:TextBox>
    < asp: RequiredFieldValidator ID="Validator1" runat="server" ControlToVali-
date="uName" ErrorMessage="* 用户名不能为空" Display="Static"></asp:Required-
FieldValidator></p>
    <p>密    码:<asp:TextBox ID="uPsw" TextMode="Password" runat="serv-
er"></asp:TextBox>
    < asp: RequiredFieldValidator ID="Validator2" runat="server" ControlToVali-
date="uPsw" ErrorMessage="* 密码不能为空" Display="Static"></asp:RequiredField-
Validator></p>
  <asp:Button ID="submit" runat="server" Text="登录"/>
  <asp:Button ID="reset" runat="server" Text="取消"/><br/>
  </div>
</form>
```

上述代码中，RequiredFieldValidator 控件通过它的 ControlToValidate 属性绑定了一个文本控件 uName(要验证的控件)；Display ：错误信息的显示方式；Static 表示控件的错误信息在页面中占有确定的位置，如果没有出现也占位置。Dymatic 表示控件错误信息出现时才占用页面位置；None 表示错误出现时不显示。当输入用户名为空且单击登录按钮时，则提示错误信息"用户名不能为空"，如图 3-20 所示。此时，用户的所有页面输入都不会提交。只有将必填项都填写完成，页面才会向服务器提交数据。

图 3-20　RequiredFieldValidator 验证控件

值得注意的是，RequiredFieldValidator 控件的 Initialvalue 属性（表示要验证的字段的初始值）默认值为空串。因此，当用户什么都不输入而直接单击提交按钮时将显示出错。仅当输入控件失去焦点，而且用户在此输入控件中输入的值等于 Initialvalue 属性的值时，RequiredFieldValidator 控件才认为其数据不能通过验证。

3.5.2　比较验证控件

比较验证控件（CompareValidator）用于比较两个控件的输入是否符合程序设定。例如，在修改密码时，通常需要在两个文本框中分别输入一次新密码，并对两次输入的密码进行比对。

CompareValidator 控件的格式如下：

```
<asp:CompareValidator id="控件名称"　runat="server"
ControlToValidate="要验证的控件 ID"　ControlToCompare="要比较的控件 ID"
Type="String|Integer|Date|Double|Currency"
Operator="Equal|NotEqual|
        GreaterThan|GreaterThanEqual|LessThan|LessThanEqual|DataTypeCheck"
ErrorMessage="出错信息"Display="Dynamic|Static|None"　/>
占位符
</sap:CompareValidator>
```

CompareValidator 控件的属性见表 3-16。

注意，也可以直接将与 CompareValidator 控件相关联的输入控件的值与某个特定值进行比较，只需将 CompareValidator 控件的 ValueToCompare 属性设定为要比较的特定值即可。在这种情况下，不需要另外指定 ControlToCompare 属性。

表 3-16　比较验证控件的属性

属性	说明
ControlToValidate	要验证的控件 ID
ControlToCompare	用于进行比较的控件 ID
Type	表示要比较的两个值的数据类型，取值有 5 种： String，Integer，Date，Double，Currency

续表

属性	说明
Operator	表示要使用的比较运算符，有 7 种
ErrorMessage	出错提示信息
Text	当验证的控件无效时显示的验证程序文本
Display	验证程序的显示方式。取值包括以下 3 种 Dynamic：不出错的时候该控件不占用页面位置 Static：不出错的时候该控件占用页面位置 None：不显示出错信息
SetFocusOnError	控件无效时，验证程序是否在控件上设置焦点。默认为 False
ValueToCompare	用于进行比较的值

[例 3-15] 比较控件的使用(test3 _ 15. aspx)。

```
<form id="form3" runat="server">
  <div>
  <p>
      用户名:<asp:TextBox ID="Uname" runat="server"></asp:TextBox>
     <asp:RequiredFieldValidator ID="Validator" runat="server" ControlToVali-
date="Uname"
ErrorMessage="* 用户名不能为空" Display="Static"></asp:RequiredFieldValidator>
  </p>
  <p>
      原密码:<asp:TextBox ID="Oldpsw" runat="server"
TextMode="Password"></asp:TextBox>
  </p>
  <p>
      新密码:<asp:TextBox ID="Newpsw1" runat="server"
TextMode="Password"></asp:TextBox>
     <asp:CompareValidator ID="Validator1" runat="server" ControlToValidate="
Newpsw1"
ControlToCompare="Oldpsw" Type="String" Operator="NotEqual" Display="static"
ErrorMessage="* 新密码和旧密码不能一样">
     </asp:CompareValidator>
  </p>
  <p>
     确认密码:<asp:TextBox ID="Newpsw2" runat="server" TextMode="Password"></
asp:TextBox>
     <asp:CompareValidator ID="Validator2" runat="server" ControlToValidate="
Newpsw2"
ControlToCompare="Newpsw1" Type="String" Operator="Equal" Display="static"
ErrorMessage="* 新密码两次输入不一致">
     </asp:CompareValidator>
   
</p>
```

```
<asp:Button ID="subBtn" runat="server" Text="确定"/>
<asp:Button ID="resBtn" runat="server" Text="取消"/>
</div>
</form>
```

上述代码中，判断新密码和旧密码不能相同，比较类型为 String，比较运算符为 NotEqual，判断两个新密码输入框 Newpsw1 和 Newpsw2 中的输入值是否一致，比较类型为 String，比较运算符为 Equal，因此，如果不相等则提示出错。如图 3-21 所示。

图 3-21　CompareValidator 验证控件

3.5.3　范围验证控件

范围验证控件(RangeValidator)用于验证输入的值是否在一定范围之内，范围用最大值(MaximumValue)和最小值(MinimunVlaue)来确定。RangeValidator 控件的格式如下：

```
<asp:RangeValidator id="控件名称" runat="Server" type="Integer|String"
controlToValidate="要验证的控件 ID"
MinimumValue="最小值" MaximumValue="最大值" errorMessage="错误信息"
Display="Static|Dymatic|None">
占位符
</asp:RangeValidator>
```

通常情况下用于检查数字、日期、货币等。其常用属性如表 3-17 所示。

表 3-17　范围验证控件的属性

属性	说明
ControlToValidate	要验证的控件 ID
MaximumValue	指定有效范围的最大值
MinimumValue	指定有效范围的最小值
Type	要比较的值的数据类型，取值有 5 种：String，Integer，Date，Double，Currency
ErrorMessage	出错提示信息

【例 3-16】　范围验证控件的使用(test3 _ 16. aspx)。

```
<form id="form3"runat="server">
  <div> 请输入生日(输入形式:年/月/日 ;要求:30 岁以下的成年人)<br/>
  <asp:TextBox ID="TextBox1" runat="server"></asp:TextBox>
<asp: RangeValidator ID="RangeValidator1" runat="server" ControlToValidate="
TextBox1"
  ErrorMessage="* 超出规定范围" Type="Date"
```

```
    MaximumValue="1997/1/1" MinimumValue="1984/1/1">
  </asp:RangeValidator>
  <br/>
  <asp:Button ID="Validate3" runat="server" Text="验　证 "/>
  </div>
</form>
```

上述代码中，要求用户输入生日的日期，MinimumValue 属性和 MaximumValue 属性分别指定了输入范围的下限和上限，比较类型为日期型，当用户输入超出范围时，则提示错误，如图 3-22 所示。

图 3-22　RangeValidator 验证控件

3.5.4　正则表达式验证控件

在实际的验证过程中，经常需要对用户输入进行一些复杂的格式验证。例如，要求用户按照"(区号)电话号码"的格式输入电话号码，或者按照电子邮件、身份证号的格式进行输入等，这就需要用到正则表达式验证控件(RegularExpressionValidator)。其格式为：

```
<asp:RegularExpressionValidator id="控件名" runat="Server"
ControlToValidate="要验证控件名"
ValidationExpression="正则表达式"
errorMessage="错误信息"
display="Static">
占位符
</asp:RegularExpressionValidator>
```

其中，ValidationExpression 是验证用的正则表达式，在 ValidationExpression 中，不同的字符表示不同的含义。例如：

```
[a- zA- Z]{3,6}[0-9]{6}
```

该正则表达式表示可以输入 3～6 个任意字母和 6 个数字。其中的限定符含义参见表 3-18 所示。

表 3-18　正则表达式中的限定符

限定符	说明
[]	表示可以输入的字符表达式
a—z	表示所有的小写字母
A—Z	表示所有的大写字母
0-9	表示所有的数字

续表

限定符	说明
{n}	表示限定的表达式必须出现 n 次
{n,}	表示限定的表达式至少出现 n 次
{n, m}	表示限定表达式必须出现 n 到 m 次
{}	表示 1 个字符
.{0,}	表示任意个字符
*	表示所限定的表达式出现 0 次或多次
?	表示所限定的表达式出现 0 次或 1 次
+	表明一个或多个元素将被添加到正在检查的表达式
|	表示"或者"
^	表示限定表达式的开头
$	表示限定表达式的结尾
\	匹配限定符本身
\ d	指定输入的值是一个数字
\ w	表示允许输入任何值

使用正则表达式能够实现强大的字符串格式匹配验证工作，RegularExpressionValidator 控件的功能就是确定输入控件的值是否与某个正则表达式所定义的模式相匹配。在该控件的属性列表中，选择 ValidationExpression 属性，可以看到系统提供的常用正则表达式。如图 3-23 所示。

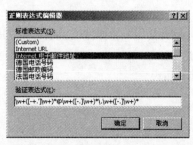

图 3-23　系统提供的正则表达式

当在系统提供的正则表达式中进行了选择，并指定了要验证的控件后，系统自动生成的 HTM 代码。同样，开发人员也可以自定义正则表达式来规范用户的输入。例如，比较常用的正则表达式有：

- 只许输入数字：^[0-9]＊$
- 只许输入 n 位的数字：^\ d{n} $
- 只能输入至少 n 位的数字：^\ d{n,} $
- 只能输入 n～m 位的数字：^\ d{n, m} $
- 只能输入 0 和非 0 开头的数字：^(0｜[1-9][0-9]＊)$
- 只能输入有 2 位小数的正实数：^0｜[1-9]＋(.[0-9]{2})?$
- 只能输入长度为 3 的字符：^.{3} $
- 只能输入由 26 个字母组合成的字符串：^[A－Za－z]＋$

- 只能输入由数字和 26 个字母组成的字符串：^[A－Za－z0-9]＋$
- 只能输入由数字、字符串或下划线组成的字符串：^\w＋$
- 验证注册的用户名：^[a－zA－Z]\w{5，17}$。正确格式为：以字母开头，长度为 6～18，只能包含字符、数字和下划线。
- 验证 E-mail 格式：\w+([－+.']\w+)＊@\w+([－.]\w+)＊\.\w+([－.]\w+)＊
- 验证身份证号码格式：\d{17}[\d|X]|\d{15}

RequiredFieldValidator 控件通常与文本框控件一起使用，以检查电子邮件 ID、电话号码、信用卡号码、用户名和密码等是否有效。

需要注意的是，当用户输入为空时，除了 RequiredFieldValidator 验证控件外，其他的验证控件都会验证通过。所以，在验证控件的使用中，通常需要同 RequiredFieldValidator 控件一起使用。

[例 3-17]　正则表达式验证控件的使用(test3 _ 17. aspx)。

```
<form id="form3" runat="server">
  <div>
    <b>用户名:请数字开头后接一个大写字母</b>
    <asp:TextBox id="Name" runat="server"/>
    <asp:RegularExpressionValidator id="rev1" ControlToValidate="Name"
    ValidationExpression="\d[A-Z]* "Display="Dynamic"runat="server">
     输入错误
    </asp:RegularExpressionValidator>
  </div>
  <div>
    <b>请输入电子邮件地址:</b>
    <asp:TextBox ID="Email" runat="server"></asp:TextBox>
    < asp:RegularExpressionValidator ID="rev2" runat="server" ControlToValidate
="Email"
      ErrorMessage="格式不匹配"
      ValidationExpression="\w+ ([- +.']\w+ )* @ \w+ ([- .]\w+ )* \.\w+ ([- .]\w
+ )* ">
    </asp:RegularExpressionValidator>
    <br/>
    <asp:Button ID="Validate3"runat="server"Text="验 证 "/>
  </div>
</form>
```

上述代码是对用户名和电子邮件地址的验证，属性 ValidationExpression 指定正则表达式，程序运行后，当用户单击按钮时，如果输入的信息与正则表达式不匹配，则提示错误信息，如图 3-24 所示。

图 3-24　RegularExpressionValidator 验证控件

3.5.5　验证总结控件

验证总结控件(ValidationSummary)本身并不提供任何验证，而是用于收集本页所有
验证错误，并将它们组织起来显示。也就是说，当前页面有多个错误发生时，Valida-
tionSummary 控件能够同时捕获多个验证错误并呈现给用户，其显示的错误信息摘要都
是由该页面的其他验证控件的 ErrorMessage 属性提供的。使用格式如下：

```
<asp:ValidationSummary id="控件名"  runat="Server"
HeaderText="头信息"  ShowSummary="True|False"
DiaplayMode="List|BulletList|SingleParagraph">
</asp: ValidationSummary>
```

其中，HeadText 是头信息；DisplayMode 表示错误信息显示方式：List（列表）、
BulletList（项目符号列表）、SingleParagraph（单一段落）；ShowSummary 表示是否在页
面上显示错误摘要，默认为 True；还有一个属性是 ShowMessageBox，表示是否在弹出
消息框中显示错误摘要，默认为 Falsh。

值得一提的是，Page. IsValid 属性检查页面中的所有验证控件是否均已成功进行验
证。该属性为 Web 窗体页中的一个属性，如果页面验证成功，则将具有值 True，否则
将具有值 False。例如，有如下代码。

```
private void ValidateBtn_Click(Object Sender, System. EventArgs e) {
if(Page. IsValid==true) {
lblMessage. Text="页面有效";
    }
    else {
lblMessage. Text="页面中存在一些错误";
    }
}
```

[例 3-18]　验证总结控件的使用(test3 _ 18. aspx)。

```
<%@ Page clienttarget=downlevel Language="C#"%>
<h2> 请填写您的运单信息:</h2><hr/>
<form id="Form1" runat="server">
    <b> 运单号:</b>
    <asp:TextBox id="Name" MaxLength="20" runat="server"/>
    <asp:RequiredFieldValidator id="rfv1" ControlToValidate="Name"
ErrorMessage="运单号必须填写" Display="Static" runat="server"> *
    </asp:RequiredFieldValidator><br/>
    <b>的站点:</b>
```

```
    <asp:DropDownList id="lstAddr" AutoPostBack="True" runat=
"server">
    <asp:ListItem value="">请选择</asp:ListItem>
    <asp:ListItem value="玉祥门">玉祥门</asp:ListItem>
    <asp:ListItem value="朱宏路">朱宏路</asp:ListItem>
    <asp:ListItem value="大明宫">大明宫</asp:ListItem>
    </asp:DropDownList>
    <asp:RequiredFieldValidator id="rfv2" ControlToValidate="lstAddr"
ErrorMessage="没有选择目的站点" Display="Static" runat="server">*
    </asp:RequiredFieldValidator>
    <asp:Button id="Submit" Text="提交" runat="server"/>
    <asp:ValidationSummary id="vs" DisplayMode="BulletList"
HeaderText="必须做以下输入或选择：" runat="server"/>
</form>
```

当不输入运单号和不选择目的站点时，点击提交按钮。总结控件将信息全部收集并显示出来。如图 3-25 所示。

图 3-25　验证总结控件

3.5.6　自定义验证控件

前面讲述的数据验证控件已经提供了许多验证功能，然而有时还需要特殊的数据验证。例如，网上购物时需要验证用户提供的银行账户中是否有足够的余额可供支付货款，等等。为了满足这种数据验证的需要，可以使用自定义验证控件(CustomValidator)。

CustomValidator 控件的使用方法与其他验证控件的使用方法基本一致，也有 ControlToValidate 和 ErrorMessage 等属性。其特殊之处在于它提供了一个 ServerValidate 事件，可以在此事件中编写完成数据验证的代码。定义的格式为：

```
<asp:CustomValidator id="Validator_ID" RunAt="Server"
controlToValidate="要验证的控件"  onServerValidateFunction="验证函数"
errorMessage="错误信息"  Display="Static|Dymatic|None">
占位符
</asp: CustomValidator >
```

其中，"onServerValidateFunction"表示用户必须定义一个函数来验证输入。下例 3-19 通过用户自定义函数来实现对输入密码的验证。

[例 3-19]　自定义验证控件的使用(test3＿19. aspx)。

```
<script language="C#" runat="server">
    protected void CustomValidator1_ServerValidate(object source, ServerValida-
teEventArgs args)
```

```
    {
        string strVal=args.Value.ToUpper();//转换为大写
        if(strVal.Equals("ADMIN"))  {
            args.IsValid=true;
        }
        else {
            args.IsValid=false;
        }
    }
    protected void btnLogin_Click(object sender,System.EventArgs e)
    {
        if(CustomValidator1.IsValid)  {
            lblmessage.Text="密码验证通过!";
        }
    }
</script>
<form id="form4"runat="server">
<div> 请输入系统密码:
<asp:TextBox id="passwd4" TextMode="Password" runat="server"/>
<asp:CustomValidator id="CustomValidator1" runat="server"
    ControlToValidate="passwd4" ErrorMessage="输入的密码不正确"
    onservervalidate="CustomValidator1_ServerValidate">
</asp:CustomValidator>
<br/>
<asp:Button id="btnLogin" runat="server" text="登  录"onclick="btnLogin_Click"/
>
<asp:Label ID="lblmessage" runat="server" Text=""></asp:Label>
</div>
</form>
```

上述程序运行后,将输入转换为大写后,与"ADMIN"相等,则密码输入正确,页面显示结果如图 3-26 所示;若不相等,则提示"输入的密码不正确"。

图 3-26　CustomValidator 控件

此外,要特别注意一下当数据为空时的处理方法。默认情况下,如果相关联的输入控件为空,CustomerValidator 控件将不进行数据验证的工作。如果需要处理输入为空的情况,可将 ValidateEmptyText 属性设置为 True,此时,如果单击"登录"按钮,将显示 CustomerValidator 控件设定的出错信息,即"输入的密码不正确"。

3.6　用户控件

用户控件是一种自定义的、可复用的组合控件，通常由系统提供的可视化控件组合而成。程序员可以将一些反复使用的部分用户界面(既包括页面代码，也包括事件处理程序)封装成一个控件，然后可以像使用普通 Web 控件一样使用该控件。

3.6.1　用户控件概述

1. 用户控件的基本特点

要理解用户控件，需要明确如下几点：

(1)用户控件是实现代码与内容分离、代码重用的技术。

(2)用户控件体现了部分用户界面的可重用性。

(3)可以像设计 Web 窗体一样设计用户控件。

(4)用户控件可以像其他 Web 控件一样设置其属性和方法。

(5)用户控件可以单独编译，但不能单独运行，必须嵌入到 Web 页面中才能运行。

(6)用户控件可以在第一次请求时被编译并存储在服务器内存中，从而缩短以后请求的响应时间。

2. 用户控件与 Web 页面的比较

用户控件与普通 Web 页面非常相似，都具有自己的用户界面和程序代码。创建用户控件所采用的方法与创建 Web 页面的方法基本相同。程序员可以使用任何文本编辑器创作用户控件，或者使用代码隐藏类开发用户控件。

用户控件与普通 Web 页面之间也存在一些不同：

(1)用户控件的文件扩展名为 .ascx 和 .ascx. cs，ASP .NET页面的文件扩展名是 . aspx 和 . aspx. cs。

(2)用户控件不包含<html>、<body>和<form>标记。

(3)用户控件不含@Page 指令，而是@Control 指令。

(4)不能独立地请求用户控件，用户控件必须包括在 WEB 窗体页内才能使用。

3.6.2　创建用户控件

用户控件是封装成可复用控件的 Web 窗体，可以使用标准 Web 窗体页面上相同的 HTML 元素和 Web 控件来设计用户控件。要创建一个用户控件，有两种方式：一种是直接创建用户控件，一种是将已经设计好的 Web 窗体改为用户控件。

1. 直接创建用户控件

在 Visual Studio 2010 环境中直接创建用户控件。步骤如下：

(1)添加一个新的用户控件。

打开解决方案资源管理器，鼠标右键单击项目名称，选择"添加新项"，则出现如图 3-27 所示的添加新项对话框，选择"Web 用户控件"，默认的用户控件名称为 "WebUserControl. ascx"，假设我们修改名称为"myControl. ascx"，然后单击"添加" 按钮，则该用户控件会添加到解决方案资源管理器的项目列表中。

图 3-27　添加新项对话框

此时，我们可以看到该用户控件默认包含了一行代码：

```
<%@ Control Language="C#" AutoEventWireup="true"
CodeFile="myControl.ascx.cs"
Inherits="myControl"%>
```

说明：

- @Control 指令用来标识用户控件，正如@page 指令用来标识 Web 窗体一样。
- Language="C#" 用于指定用户控件的编程语言是 C#。
- AutoEventWireup="true" 指定指示控件的事件与处理程序可以自动匹配。
- CodeFile="myControl. ascx. cs" 指定所引用的控件代码文件的路径。
- Inherits="myControl" 指定用户控件是从 myControl 类派生的。

(2)向用户控件的设计页面(myControl. ascx)中添加各种 Web 控件并修改其属性。

例如，我们创建一个用户控件 myControl. ascx，如图 3-28 所示。它里面包括了三个 Web 控件：Label 控件、Textbox 控件和 Button 控件。

图 3-28　用户控件示例

上述用户控件的页面代码如下：

```
<%@ Control Language="C#" AutoEventWireup="true" CodeFile="myControl.ascx.
cs" Inherits="myControl"%>
<p> 请输入验证码
```

```
<asp:TextBox ID="TextBox1" runat="server"></asp:TextBox></p>
<p><asp:Button ID="Button1" runat="server" Text="确定"/></p>
```

（3）在代码文件（myControl. ascx. cs）窗口中，给该控件的子控件编写事件响应代码。

在 myControl. ascx. cs 文件的编辑窗口，可以编写所有子控件的事件处理代码，例如，按钮单击事件“Button1_Click”等等。

```
protected void Button1_Click(object sender,EventArgs e) {
    ……
}
```

至此，一个用户控件就创建完成了。

2. 将已有的 Web 窗体页面改为用户控件

步骤如下：

（1）重命名控件使其文件扩展名为 .ascx。

（2）从该页面中移除 html、body 和 form 等标记。

（3）将 @Page 指令更改为 @Control 指令。

（4）移除 @Control 指令中除 Language、AutoEventWireup（如果存在）、CodeFile 和 Inherits 之外的所有属性。

（5）在代码文件 cs 中定义的类的基类由 Page 类改为 UserControl 类。

（6）在 @Control 指令中包含 className 属性。这允许将用户控件添加到页面时对其进行强类型化。

值得注意的是，由于用户控件不能作为一个独立的网页来显示，创建了用户控件后，必须添加到其他 Web 窗体页面中才能显示运行。因此，用户控件不能设置为“初始页面”。

3.6.3　用户控件的使用

将用户控件添加到 Web 窗体页面中，也有两种方法，一种是向 Web 窗体页面添加该控件的@Register 指令和标记；另一种方法是通过编程方式向页面体添加用户控件。

1. 直接在 Web 窗体页面添加用户控件

（1）在包含 ASP.NET 网页中，创建一个注册该控件的@Register 指令，格式如下：

```
<% @ Register  TagPrefix="namespace"  TagName="controlname" Src="control-
path"%>
```

· TagPrefix 标记前缀，定义控件的命名空间。

· TagName 标记名称，定义所使用控件的名字。

· Src 指向控件的资源文件，使用相对路径（" control. ascx" 或 " /path/control. as-cx"），不能使用物理路径（" C：\ path \ control. ascx. "）。

（2）在网页主体中，在 form 元素内部使用标记的形式声明用户控件元素。即用注册的 tagprefix 前缀名和 tagname 控件名形成的一个标记，并为该控件指定 ID 和 runat 属性。其形式如下：

```
<TagPrefix:TagName  ID="controlID"  runat="server"/>
```

例如，要在 Web 页面中使用在 3.6.2 节中创建的用户控件 myControl. ascx，则需要在 . aspx 文件中编写如下代码：

```
<%@Register  TagPrefix="myPre"  TagName="myName"  Src="myControl. ascx"%>
<myPre:myName  ID="myCon"  runat="server"/>
```

一个页面可以放置同一种用户控件的多个实例，只需要保证其 ID 不同即可。

2. 通过编程方式动态添加用户控件

(1)使用@Reference 指令注册该用户控件。
(2)使用 LoadControl 方法添加该控件。
(3)使用 Page 类的 Controls. Add()方法将该控件加载到该页面。
例如：

```
<%@Reference control="myControl. ascx"%>
Control c1=LoadControl("myControl. ascx");
Page. Controls. Add(c1);
```

3. 6. 4　用户控件实现注册界面

在自定义控件文件中，不仅可以包含 HTML 代码，也可以包含其他控件和 C♯ 函数。

[**例** 3-20]　利用用户控件实现用户注册 3-20. ascx。

```
<%@Control className="UcLogin"%>
<script language="C#" runat="server">
  void RegBtn_Click(Object sender,EventArgs e){
    Message. Text="<br>";
    Message. Text+="<b> 用户名是:</b>"+Name. Text+"<br>";
    Message. Text+="<b> 密码是:</b>"+Pass. Text+"<br>";
  }
</script>
<b> 用户名:</b><ASP:TextBox id="Name" runat="server"/>
<b> 密码:</b>
<ASP:TextBox id="Pass" TextMode="Password" runat="server"/>
<ASP:Button Text="注册" OnClick="RegBtn_Click" runat="server"/>
<ASP:Label id="Message" runat="server"/>
```

用户控件不能单独执行，必须包含在 ASP .NET页面中。程序 Test3-20. aspx 调用了 3-20. ascx 文件。Test3-20. aspx 如下：

```
<%@Register TagPrefix="ucasp" TagName="Login" Src="login. ascx"%>
<form runat="server">
<ucasp:Login id="Login1" runat="server"/>
</form>
```

显示结果如图 3-29 所示。

图 3-29　利用用户控件实现注册页面

3.7　服务器端控件的动态数据绑定

ASP.NET支持服务器端的数据绑定，数据绑定表达式的语法是：

`<%#DataBinding expression%>`

其中，♯号表示要进行数据绑定操作。ASP.NET页面并不会自动执行数据绑定操作，只有在程序中调用 DataBind()方法时，才会执行绑定操作。每个控件都有 DataBind()方法，而且 Page 对象也有 DataBind()方法。当调用 Page 对象的 DataBind()方法时，ASP.NET页面会自动调用页面中每个控件的 DataBind()方法。

〔**例** 3-21〕　数据绑定(test3_21.aspx)。

```
<script language="C#" runat="server">
  DateTime t=DateTime.Now;
  void Page_load(Object sender,EventArgs e){
    Page.DataBind();
  }
</script>
<form id="nform" runat="server">
目前的日期及时间:<asp:Label id="NowTime" runat="server" Text=<%#t%>/><p>
<p></form>
```

程序中利用"<%♯ t %>"将变量 t 的值绑定到 Label 标记上，结果如图 3-30 所示。

目前的日期及时间：2014/12/25 9:50:38

图 3-30　数据绑定的使用

3.8　习题与上机练习

1. 选择题

(1)下列控件中，不能执行鼠标单击事件的是(　　　)。

　　A. ImageButton　　　　　　　　　B. ImageMap

　　C. Image　　　　　　　　　　　　D. LinkButton

(2)下面不属于容器控件的是(　　　)。

　　A. Panel　　　　B. CheckBox　　　　C. Table　　　　D. PlaceHolder

(3)下面对 ASP.NET 验证控件说法正确的是(　　　)。

　　A. 可以在客户端直接验证用户的输入信息并显示错误信息

　　B. 对一个下拉表控件，不能使用验证控件

　　C. 服务器验证控件在执行验证时，必定在服务器端执行

　　D. 对验证控件，不能自定义规则

(4)要将 Textbox 控件设置成多行输入，TextMode 属性须设置成(　　　)。

　　A. Singleline　　　B. Multiline　　　C. Password　　　D. Textarea

(5)下面的(　　　)控件不能对 Web 页上的输入控件进行验证。

　　A. RangeValidator　　　　　　　B. ValidationSummary

　　C. RegularExpressionValidator　　D. CompareValidator

(6)下面对 CustomValidator 控件说法错误的是(　　　)。

　　A. 能自定义的验证函数

　　B. 可以同时添加客户端验证函数和服务器端验证函数

　　C. 指定客户端验证的属性是 clientValidationFunction

　　D. 属性 runat 用来指定服务器端验证函数

(7)如果需要确保用户输入大于 100 的值，应该使用(　　　)验证控件。

　　A. RequiredFieldValidator　　　　B. RangeValidator

　　C. CompareValidator　　　　　　D. RegularExpressionValidator

2. 填空题

(1)所有 Web 服务器控件都位于_____名称空间，而且大多数 Web 服务器控件都是从基类_____直接或间接派生的。

(2)CheckBox 控件的_____属性值指示是否已选中该控件。

(3)使用 ListBox 控件的_____属性获取列表控件项的集合，使用_____属性获取或设置该控件的选择模式。

(4)对于 DropDownList 控件，使用_____属性获取列表控件中选定项的值；当列表控件的选定项在信息发往服务器之间变化时发生_____事件。

(5)设置属性_____可决定 Web 服务器控件是否可用。

(6)如果需要将多个单独的 RadioButton 控件形成一组具有 RadioButtonList 控件的功能，可以将属性_____设置成相同的值。

3. 简答题

(1)如何判断页面是第一次被加载执行？

(2)说明<a>元素、LinkButton 和 HyperLink 控件的区别。

(3)Button、LinkButton 和 ImageButton 控件有何异同？单击这些控件时会发生 Click 事件和 Command 事件，这两个事件有何区别？

4. 上机练习

(1)创建一个 Web 窗体页，并添加一个 Image 控件和一个 Button 控件，要求单击按钮时更改 Image 控件显示的图片。

(2)编写用户注册页面 register.aspx，选择适当的 Web 服务器控件实现如下功能：输入姓名、性别、生日、出生地、联系电话、地址等，必要时用验证控件进行验证。当用户按下"提交"按钮后显示输入的信息。

(3)编写程序 exam.aspx，显示 5 个单项选择题，用户选择答案并提交后给出分数。

第 4 章   ASP .NET的内置对象

.NET Framework 包含一个内置的对象类库。在脚本中，可以不必创建这些对象的实例而直接访问它们的属性、方法和数据集合。通过这些对象，可以实现获取客户端请求、输出响应信息、应用程序会话管理、存储用户信息、保存状态信息等功能。如表 4-1 所示。

表 4-1   ASP .NET内置对象

对象名	功能	ASP .NET 类
Page	用于设置与网页有关的属性、方法和事件	
Request	读取客户端所提交的数据	HttpRequest
Response	发送信息到客户端	HttpResponse
Application	为所有用户提供共享信息	HttpApplicationState
Session	存储特定用户的信息，可以在同一网站的多个页面间共享信息	HttpSessionState
Cookie	在客户端的磁盘上保存用户的数据	HttpCookie
Server	提供服务器端的属性和方法	HttpServerUtility
Context	封装了每个用户的会话、当前 HTTP 请求和请求页的信息	HttpContext
ViewState	在同一个页面的多次请求间保存状态信息	StateBag
Trace	用于对页面进行跟踪	TraceContext

4.1   HTTP 请求处理

4.1.1   Request 对象

Request 对象用于获取从客户端的浏览器提交给服务器的信息。这些信息包括：HTML 表单数据、URL 地址后的附加字符串、客户端的 Cookies 信息、用户认证等。

表 4-2   Request 对象的常用属性

属性	说明
Browser	取得客户端浏览器的信息
ClientCertificate	取得当前请求的客户端安全证书
ContentEncoding	取得客户端浏览器的字符设置
ContentType	取得当前请求的 MIME 类型
Cookies	取得客户端发送的 Cookies 数据

属性	说明
Form	取得客户端利用 POST 方法传递的数据 （页面中定义的窗体变量的集合）
HttpMethod	当前客户端提交数据的方式（Get/Post）
QueryString	取得客户端利用 GET 方法传递的数据 （以名/值对表示的 HTTP 查询字符串变量的集合）
Params	获得以名/值对表示的 QueryString、Form、Cookie 和 ServerVariables 组成的集合
ServerVariables	取得 Web 服务器端的环境变量信息
TotalBytes	从客户端接收的所有数据的字节大小
UserHostAddress	取得客户端主机的 IP 地址
UserHostName	取得客户端主机的 DNS 名称

1. Request 对象的属性

Request 对象的常用属性如表 4-2 所示，包括 4 种常见的数据集合（Collection）：
QueryString 集合、Form 集合、Cookies 集合、ServerVariables 集合。

引用集合的格式为：

Request. 集合名("变量名")

下面根据功能分别对这些集合加以介绍。

1）获取客户端提交的表单数据

客户端通过 HTML 的 Form 表单向服务器提交数据。通常，提交数据有 POST 和
GET 两种方法。

当客户端使用 GET 方法提交，那么服务器就通过 QueryString 集合获取数据。GET
方法将表单数据作为参数直接附加到 URL 地址的后面，附加参数和 URL 地址之间通常
用 "?" 来连接。由于浏览器对地址栏的长度有限制，因此也限定了提交数据的长度。

附加参数的格式为：

URL? Variable=Value

URL? Variable1=Value1 & Variable2=Value2

其中，Variable 是通过 HTTP 传递过来的变量名或 GET 方式提交的表单变量。当有多
个参数变量时，则以 "&" 符号来连接。例如：

http://www. sina. com/news. asp? userid=22306　　//符号?后的 userid 是参数变量

服务器获取数据时采用：

Request. Querystring("userid")　　　　　　//读取表单中 userid 输入域的值

当客户端有大量信息需要输入时，通常使用 POST 方法提交数据。这样服务器就通
过 Form 集合取出用户输入的信息。例如：

Request. Form("userid")

为方便起见，可以省略 Request 后的 Querystring 或 Form 集合名，而直接采用 Re-
quest("变量名")的形式。例如，直接使用 Request（"username"），等价于 Re-

quest.Form("username")或 Request.Querystring("username")的结果。利用 Request
方法,可以读取其他页面提交过来的数据。提交的数据有两种形式:一种是通过 Form
表单提交过来,另一种是通过超级链接后面的参数提交过来,两种方式都可以利用 Re-
quest 对象读取,使用方法如下例 4-1 所示。

[**例** 4-1]　从浏览器获取数据(Test4 _ 1.aspx)。

```
<form action="Act4_1.aspx"method="post">
  <p>姓名:<input type="text" size="20" name="Name"/></p>
  <p>密码:<input type="password" size="20" name="psd"/></p>
  <p><input type="submit" value="提交"/></p>
</form>
```

action="Act4 _ 1.aspx",意思是当用户提交时,由 Act4 _ 1.aspx 来处理,提交的
数据需要利用 ASP.NET的 Request 对象来读取,如程序 Act4 _ 1.aspx 所示。

程序 Act4 _ 1.aspx:

```
<%string strUserName=Request["Name"];
    string strUserLove=Request["psd"];
%>
姓名:<%=strUserName%><br/>
密码:<%=strUserLove%>
```

显示结果如图 4-1 所示。

　　　　(a) 提交前　　　　　　　　(b) 提交后

图 4-1　从浏览器中获取数据

2)读取保存的 Cookie 信息

要从 Cookies 中读取数据,则要使用 Request 对象的 Cookies 集合,其格式为:

Request.Cookies["Cookies 名称"]

例如:

```
//获取 Cookie 对象
HttpCookie MyCookie=Request.Cookies["Username"];
//读取 Cookie 值
string myName=MyCookies.Value;
```

在 BBS 或聊天室中,常常将用户登录时输入的用户名或昵称(如 nickname)保存在
Cookie 中,这样在后面的程序中就可以容易地调用该用户的昵称了。

3)读取服务器端的环境变量

ServerVariables 集合用于获取系统的环境变量信息。使用的语法格式为:

Request.ServerVariables("环境变量名")

或

```
Request("环境变量名")
```

例如，使用下面的语句能够在页面中显示客户端的 IP 地址：

```
Request.ServerVariables("REMOTE_ADDR")
```

表 4-3 是部分的环境变量名，可以得到 ServerVariables 集合内存储的对应的变量值。

表 4-3　ServerVariables 环境变量

环境变量名	说明
ALL _ HTTP	客户端发送的所有 HTTP 标题
CERT _ COOKIE	客户端验证的唯一 ID，以字符串方式返回
CONTENT _ LENGTH	客户端提交的正文长度
CONTENT _ TYPE	正文的数据类型。可用于判断用户提交数据的方法，如 GET、POST 等
HTTP _ ACCEPT _ LANGUAGE	获取客户端所使用的语言
LOCAL _ ADDR	返回接受请求的服务器 IP 地址
PATH _ INFO	获取虚拟路径信息
PATH _ TRANSLATED	获取当前页面的物理路径
QUERY _ STRING	查询 HTTP 请求中问号(?)后的信息
REMOTE _ ADDR	发出请求的远程主机的 IP 地址
REMOTE _ HOST	发出请求的主机名称
REMOTE _ USER	用户发送的未映射的用户名字符串。该名称是用户实际发送的名称，与服务器上验证过滤器修改过后的名称对应
REQUEST _ METHOD	获取表单提交内容的方法，如 GET、POST 等
SCRIPT _ NAME	执行脚本的虚拟路径，或自指定的 URL 路径
SERVER _ NAME	获取服务器主机名、DNS 别名、IP 地址以及自指定的 URL 路径
SERVER _ PORT	发出请求的端口号
SERVER _ PROTOCOL	请求信息协议的名称和修订版本，格式为 protocol/revision
SERVER _ SOFTWARE	服务器运行的软件名称和版本号，格式为 name/version
URL	系统的 URL 路径

2. Request 对象的方法

Request 对象的常用方法如表 4-4 所示。

表 4-4　Request 对象的方法

方法	说明
BinaryRead	执行对当前输入流进行指定字节数的二进制读取
PhysicalApplicationPath	传回目前请求网页在 Server 端的真实路径
MapPath	将请求 URL 中的虚拟路径映射到服务器上的物理路径
GetType	获取当前对象的类型
SaveAs	将 HTTP 请求保存到磁盘
ToString	将当前对象转换成字符串
UserAgent	传回客户端浏览器的版本信息

一般来说，使用 BinaryRead 方法取得服务器端所传递的数据就不能使用 Request 对象所提供的各种数据集合，否则会发生错误。反之，若使用 Request 对象的数据集合取得客户端数据，也不能使用 BinaryRead 方法。因此，BinaryRead 方法并不常用。Request 对象使用方法如下例 4-2。

［例 4-2］　读取客户端的信息（Test4 _ 2. aspx）。

```
<%@ Page Language="C#"%>
客户端浏览器:<%=Request.UserAgent%><br/>
客户端 IP 地址:<%=Request.UserHostAddress%><br/>
当前文件服务端物理路径:<%=Request.PhysicalApplicationPath%><br/>
```

执行结果如图 4-2 所示。

图 4-2　读取客户端的信息

当 Request 从客户端读取数据的时候，利用默认的编码方式对数据进行编码，可以用"ContentEncoding"属性，即 Request. ContentEncoding. EncodingName 得到当前 Request 的编码方式为"Unicode(UTF-8)"，其不支持中文显示，需要修改 ASP .NET的配置文件。

将文件中的语句：

"<globalization requestEncoding="UTF- 8" responseEncoding="UTF- 8" />"修改为如下语句："<globalization requestEncoding="GB2312" responseEncoding="GB2312" /> "即可。

4. 1. 2　Response 对象

Response 对象属于 HttpResponse 类。它主要用于动态响应客户端的请求，包括直接发送信息给客户端、重定向 URL、在客户端设置 Cookies 等。Response 对象将服务器端动态生成的结果以 HTML 格式返回到客户端的浏览器。

1. Response 对象的方法

Response 对象的常用方法见表 4-5。

表 4-5　Response 对象的方法

方法	说明
AppendCookie	将一个 HTTP Cookie 添加到内部 Cookies 集合
AppendToLog	将日志信息添加到 IIS 日志文件中
BinaryWrite	将一个二进制字符串写入 HTTP 输出流
Clear	清除服务器缓存中的所有数据
Flush	把服务器缓存中的数据立刻发送到客户端

续表

方法	说明
End	停止处理当前文件，并返回结果
Redirect	用于页面的跳转，使浏览器重定向到另一个 URL
Write	直接向客户端输出数据
WriteFile	向客户端输出文本文件的内容

2. Response 对象的属性

Response 对象的常用属性见表 4-6。

表 4-6　Response 对象的属性

属性	说明
Buffer	指定页面输出时是否需要缓冲区
Cache	获得网页的缓存策略（过期时间、保密性等）
Charset	设置输出到客户端的 HTTP 字符集
ContentEncoding	获取或设置输出流的 HTTP 字符集
ContentType	获取或设置输出流的 MIME 类型，默认为 text/HTML
Cookies	用于获得 HttpResponse 对象的 Cookie 集合
Expires	设置页面在浏览器中缓存的时限，以分钟为单位
IsClientConnected	表明客户端是否与服务器端连接，其值为 True 或 False
Output	启用到输出 HTTP 响应流的文本输出
Status	服务器返回的状态行的值

下面通过几个简单的示例来说明 Response 对象的属性和方法的应用。

[**例** 4-3]　检查客户端的联机状态（使用 IsClientConnected 属性和 Redirect 方法）。

```
protected void Page_Load(object sender,EventArgs e)  {
//判断客户端是否与服务器连接
if(Response. IsClientConnected)
Response. Redirect("other.aspx");   //跳转到当前目录的另一个页面
else
Response. End();                  //停止执行当前页面的代码
}
```

上述代码中，通过 IsClientConnected 属性指示客户端是否仍连接在服务器上，如果是，则实现页面跳转，否则停止当前页面的执行。利用"Response. Redirect"方法可以实现网页转向，可以转到另外一个网页地址如：Response. Redirect(" other. aspx")，也可以转到一个 URL 地址，比如 Response. Redirect(" http：//jwc. xatu. cn/")。

Response. Write 的功能是向浏览器输出字符串，与 VBScript 或 JavaScript 中的 document. write 的功能相近。两者区别是 Response 是 ASP .NET的对象，被服务器解释执行，输出的方式是从服务器端向客户端浏览器输出，document 是浏览器的对象，被浏览器解释执行。

[例 4-4]　判断向客户端的输出（使用 Buffer 属性和 Flush、Clear、Write 方法等）。

```csharp
<script language="C#"runat="server">
  protected void Page_Load(object sender,EventArgs e)  {
    //设置服务器缓冲为 true
    Response.Buffer=true;
    //获取当前时间的小时数
    int currentHour=DateTime.Now.Hour;
    //满足某个特定条件
    if(currentHour==0)  {
        Response.Write("时间到,服务器将停止输出");
        Response.Flush();        //立即发送缓冲区中的数据
        Response.Clear();        //清除缓冲区中的全部数据
        Response.End();          //停止执行代码
    }else {
        Response.Write("服务器正常工作中......");
    }
}</script>
<form id="form1"runat="server">
    <% Response.Write("服务器还在工作!");%><br/>
    <% ="服务器仍旧在工作!"%>
</form>
```

在实际应用中，服务器可能需要取消向客户端的输出，这时可以先通过 Clear 方法清除缓冲区，然后利用 End 方法停止输出操作。Response 对象首先在"Script"标记中被调用，然后在"<%% >"标记中被调用，如果标记"<%"后面直接根"Response.Write"语句，可以用简写，用"＝"代替"Response.Write"，其他情况不能用这种简写形式，显示结果如图 4-3 所示。

图 4-3　判断向客户端的输出

3. 使用 Response 对象设置 Cookie

Response 对象的数据集合只有一个，那就是 Cookies 集合。利用 Response.Cookies 的 Add 方法可以创建一个新的会话 Cookie，格式如下：

```
Response.Cookies.Add(Cookies 对象名);
```

例如，

```csharp
//创建一个 Cookie
HttpCookie myCookie=new HttpCookie("Username");
```

```
myCookie.Value="张三";
//将新 Cookie 加入 Cookies 集合中
Reponse.Cookies.Add(myCookie);
```

上述代码也可以简化为：

```
Reponse.Cookies["Username"]="张三";
```

4.1.3　Server 对象

Server 对象属于 HttpServerUtility 类。该类包含处理 HTTP 请求的方法。

通过 Server 对象可以访问服务器上的方法和属性。比如，得到服务器上某文件的物理路径、设置某文件的执行期限等。使用 Server 对象可以创建各种服务器组件实例，从而实现服务器上的许多高级功能，如访问数据库、文件输入输出等操作。

1. Server 对象的属性

HttpServerUtility 类是 Server 对象对应的 ASP .NET类。它的属性如表 4-7 所示。

表 4-7　Server 对象的属性

属性	说明
ScriptTimeout	获取和设置脚本文件执行的最长时间（单位为秒）
MachineName	获取服务器的计算机名称

Server 对象的属性 ScriptTimeout 用来表示 Web 服务器响应一个网页请求所需要的时间。如果脚本超过该时间限度还没有执行结束，它将被强行中止，并提交超时错误。这样做主要是用来防止某些可能进入死循环的错误导致服务器过载问题。

如果不对 ScriptTimeout 属性进行设置，则默认为 90 秒。如果将其设置为−1，则永远不会超时。该语句要放在所有 ASP 执行语句之前，否则不起作用。例如：

```
Server.ScriptTimeout=100      //指定服务器处理脚本的超时期限为 100 秒
limit=Server.ScriptTimeout    //将设置过的超时期限存放到一个变量中
```

2. Server 对象的方法

Server 对象的方法及含义如表 4-8 所示。

表 4-8　Server 对象的方法

方法	说明
ClearError	清除前一个异常
CreateObject	创建 COM 对象的一个服务器实例
Execute	停止执行当前网页，转到另一个网页执行，执行完后返回原网页
GetLastError	获得前一个异常，可用于访问错误信息
Transfer	停止执行当前网页，转到新的网页执行，执行完后不返回原网页
MapPath	将指定的虚拟路径映射为物理路径
HTMLEncode	对字符串进行 HTML 编码，并将结果输出

方法	说明
HTMLDecode	对 HTML 编码的字符串进行解码，并将结果输出
UrlEncode	将字符串按 URL 编码规则输出
UrlDecode	对在 URL 中接收的 HTML 编码字符串进行解码，并将结果输出

1）CreateObject 方法

CreateObject 方法用于在 ASP.NET 中创建一个服务器实例。

例如：

```
Server.CreateObject("ADODB.Connection")    //创建 ADO 组件的实例
```

2）Execute 方法和 Transfer 方法

Execute 方法调用一个指定的脚本文件并且执行它，执行完毕后再返回原文件。就像被调用的脚本文件存在于这个主文件中一样，类似于许多语言中的类或子程序的调用。

Execute 方法的语法格式为：

```
Server.Execute(string URL)
```

其中，参数 URL 为指定执行的脚本文件的地址。

Transfer 方法的作用是将一个正在执行的脚本文件的控制权转移给另一个文件执行，执行完毕后不返回原文件。其页面 URL 跳转后仍与跳转前相同。其语法格式为：

```
Server.Transfer(string URL)
```

注意：

Server 对象的 Transfer 方法、Execute 方法和 Response 对象的 Redirect 方法既有相似之处，也有区别。它们都是终止执行当前 Web 页面，转而执行另一个页面。

• 使用 Server.Transfer 和 Server.Execute 方法只能转移到本网站的其他网页。而 Response.Redirect 方法可以转移至任一网站的任一个网页。

• Execute 方法相当于子程序的调用，它执行完被调用程序后，会返回原程序。而 Transfer 方法、Redirect 方法都不再返回原程序执行。

• 使用 Transfer 方法调用另一个文件，会进行控制权的转移，并且所有内置对象的值都一起"转移"，并保留至新的网页。而 Redirect 方法则仅仅转移控制权。

• 使用 Transfer 和 Execute 方法时，客户端与服务器只进行一次通信。而 Redirect 方法在重定向过程中，客户端与服务器进行两次来回地通信。第一次通信是对原始页面的请求，得到一个目标已经改变的应答，第二次通信是请求指向新页面，得到重定向后的页面。

3）MapPath 方法

MapPath 方法将指定的虚拟路径映射到服务器上的物理路径。其引用格式为：

```
Server.MapPath(path)
```

其中，参数 path 是 Web 服务器上的虚拟路径，返回值是与 path 对应的物理文件路径。在虚拟路径中，以字符 "/" 或 "\" 开始的字符串，说明它是一个完整的路径，将返回一个相对于服务器根目录的地址。如果只有字符 "/" 或 "\"，将返回服务器的根目录地址。

[**例** 4-5]　Server 对象的 MapPath 方法（Test4 _ 5. aspx）。

```
<p>
Server.MapPath(".") 传回当前文件所在的物理路径:<br/>
<%=Server.MapPath(".")%></p>
    <p>
Server.MapPath("./") 传回网站的根路径:<br/>
<%=Server.MapPath("./")%></p>
<p>
Server.MapPath("./Default.aspx")传回网站根路径下 Default.aspx 文件的位置<br/>
<%=Server.MapPath("./Default.aspx")%></p>
    <p>
Server.MapPath("./image") 传回网站根路径下 image 目录的位置<br/>
<%=Server.MapPath("./image")%></p>
<p>
Server.MapPath("向客户端输出.aspx")传回当前文件所在目录下"向客户端输出.aspx"文件的位
置<br/>
<%=Server.MapPath("向客户端输出.aspx")%></p>
```

上述代码运行结果如图 4-4 所示。

图 4-4　Server 对象的 MapPath 方法

4）对 HTML 进行编码和解码

HTML 是用标记 "<" 和 ">" 括起来的，通常这些标记被浏览器识别为系统标记，不会显示在浏览器上。利用 Server 对象的 HtmlEncode 和 HtmlDecode 方法可以对 HTML 进行编码和解码。

HtmlEncode 方法对要在浏览器中显示的字符串进行编码。它可以阻止浏览器解释 HTML 语法，从而直接将 "<" 和 ">" 显示在浏览器上。实际上，也就是将 "<" 和 ">" 转义为 "<" 和 ">" 发送到浏览器。

HtmlEncode 方法的引用格式为：

```
Server.HtmlEncode(string s)
Server.HtmlEncode(string s,TextWriter output)
```

其中，s 是要编码的字符串，output 是 TextWriter 输出流，包含已编码的字符串。

HtmlDecode 方法用于对已经进行 HTML 编码的字符串进行解码，是 HtmlEncode 的反操作。其语法定义如下：

```
Server.HtmlDecode(string s)
Server.HtmlDecode(string s,TextWriter output)
```

其中，s 是要解码的字符串，output 是 TextWriter 输出流，包含已解码的字符串。

　　[例 4-6]　Server 对象的 HtmlEncode 和 HtmlDecode 方法(Test4_6.aspx)。

```
protected void Page_Load(object sender,EventArgs e)  {
string enStr=Server.HtmlEncode("<font size=4>输出 HTML 标记</font>");
Response.Write(enStr);
Response.Write("<hr>");
string deStr="&lt;font size=5&gt;输出 HTML 标记 &lt;/font&gt;";
Response.Write("<br>要解码的字符串："+deStr);
Response.Write("<br>解码后："+Server.HtmlDecode(deStr));}
```

　　运行结果如图 4-5 所示。

图 4-5　Server 对象的 HtmlEncode 和 HtmlDecode 方法

　　5)对 URL 进行编码和解码

　　UrlEncode 方法用于编码字符串，以便通过 URL 从 Web 服务器到客户端进行可靠的 HTTP 传输。其引用格式为：

```
Server.UrlEncode(string URL)
Server.UrlEncode(string URL,TextWriter output)
```

其中，参数 URL 为要转换的 URL 地址的字符串，output 是 TextWriter 输出流，包含已编码的字符串。

　　在程序中，有些字符是不能被直接读取的，如空格、特殊的 ASCII 字符等。当字符串以 URL 的形式进行传递时，通常不允许出现这些字符，而根据 URL 规则对字符串进行编码后则可以传输各种字符。UrlEncode 方法将这些 ASCII 字符转换成 URL 中等效的字符。空格用"＋"代替，ASCII 码大于 126 的字符用"％"后跟 16 进制代码进行替换。

　　[例 4-7]　Server 对象的 URLEncode 方法应用。

```
protected void Page_Load(object sender,EventArgs e)  {
String str="http://baidu.com";
Response.Write("<p>执行 UrlEncode 方法前："+str);
String strNew=Server.UrlEncode(str);
Response.Write("<p>执行 UrlEncode 方法后："+strNew);}
```

　　运行结果如图 4-6 所示。

图 4-6　Server 对象的 URLEncode 方法应用

与 UrlEncode 方法相反，UrlDecode 方法用于对字符串进行解码，可以还原被编码的字符串。其引用格式为：

```
Server.UrlDecode(string URL)
Server.UrlDecode(string URL,TextWriter output)
```

4.2　状态信息保存

用户访问 Web 站点时，数据是遵从 HTTP 协议进行传输的。HTTP 是一种无状态协议：服务器对来自客户端的每个请求都视为新请求。也就是说，用户向 Web 服务器发出的每个请求都与它前面的请求无关，服务器无法知道两个连续的请求是否来自同一用户。

一个典型的实例就是网上购物。假定用户访问一个网上商城，当他每次选中商品放入自己的购物车时，就向服务器发出一次单独的 HTTP 请求，如果他连续选购并放入购物车，服务器就必须记住先前放入的商品(即前面的 HTTP 请求)，直到用户结账或取消购物。当用户付款时，需要提供网上银行的账号和密码。此后，商家通过物流系统进行配送。用户在收到商品之前，可以随时查看自己的订单所处的状态。

在这样一个复杂的流程中，有大量的信息需要在各个环节进行保存、更新或查询，因此，任何一个 Web 应用系统都要解决状态信息的保存和共享问题。

下面介绍与 Web 状态信息保存有关的 Application 对象、Session 对象、Cookie 对象和 ViewState 对象等。

4.2.1　Application 对象

当需要在整个 ASP .NET应用程序范围内共享信息时，可以使用 Application 对象。它的用途是记录整个网站的信息。也就是说，Application 对象所存储的数据可以被访问当前 Web 站点的所有用户使用，并且在网站服务器运行期间永久保存。

Application 对象是 HttpApplicationState 类的实例，它存放的是供 ASP .NET应用程序使用的变量，属于此应用程序的所有页面都可以存储并修改同一个 Application 对象(如聊天室和网站计数器)。Application 对象没有生命周期，不论客户端浏览器是否关闭，Application 对象仍然存在于服务器上。

1. Application 对象的键值

Application 对象通过使用用户自定义的数据键值来存取信息。其格式如下：

```
Application["键名"]=值
```

例如，以下代码为 Application 对象添加一个整数。

```
Application["MyVar"]= 2;
```

在页面中，可以通过 Application[" MyVar"] 来读取这一数据。一旦给 Application 对象分配数据之后，它就会持久地存在，并始终占用内存空间，即该对象被保存在服务器上，再新开一个浏览器，该值依然可以读取出来，直到关闭 Web 服务器使得 Application 停止。

如果要删除 Application 对象中的键值，则调用 Remove() 方法，并指定键名。例如：

```
Application.Remove["MyVar"];
```

2. Application 对象的方法

Application 对象的主要方法如表 4-9 所示。

使用 Application 对象的 Add() 方法可以向应用程序状态添加新的项。例如，

```
Application.Add("Title",article board) 或 Application("Title")="Article Board"
```

由于存储在 Application 对象中的数据可以并发访问，就可能造成同一个变量在同一时刻被多个用户写入的情况。故而在存取 Application 对象的值之前，必须先锁定它；然后在使用完后解锁。Application 对象提供了两种方法：Lock 方法和 Unlock 方法，它们必须配对使用。

表 4-9　Application 对象的主要方法

方法	说明
Add()	向 Application 状态添加新对象
Clear()	从 Application 状态中移除所有对象
Remove()	从 Application 集合中按照键名移除项
Lock()	锁定 Application 对象
UnLock()	解除对 Application 对象的锁定

Lock 方法用于锁定 Application 对象，以确保同一时刻仅有一个用户可以修改或存取其数据键值。Unlock 方法用于解除锁定，允许其他用户修改和存取数据键值。

[例 4-8]　简单的聊天室应用(Test4_8.aspx)。

```
<%
    string mywords=Request["mywords"];
    Application.Lock();
    Application["chat_content"]=Application["chat_content"]+"<br> "+mywords;
    Response.Write(Application["chat_content"]);
    Application.UnLock();
%>
```

```
<form action="chartRoom. aspx" method="post">
<input type="text" size="30" name="mywords"/>
<input type="submit" value="发送"/>
</form>
```

因为 Application 是多用户共享的，为了保证在同一时间只有 1 个用户操作 Application 对象，程序利用 "Application. Lock( )" 在操作前对 Application 对象进行锁定，操作完毕后再进行解锁。

多用户通过 HTTP 的方式打开该页面，就可以互相看到对方输入的文字，从而实现聊天功能，执行结果如图 4-7 所示。

图 4-7　简单的聊天室应用

3. Application 对象的事件

Application 对象有两个重要的事件：Application _ OnStart 事件和 Application _ OnEnd 事件。它们的代码放在 Global. asax 文件中。具体将在下节 4. 2. 2 Session 对象中作详细介绍。

Application _ OnStart 事件在创建与服务器的首次会话（即 Session _ OnStart 事件）之前发生。当服务器启动并允许用户请求时，就触发 Application _ OnStart 事件。

Application _ OnEnd 事件在整个 ASP .NET应用程序退出时发生，一般用于回收占用的服务器资源，即释放 Application 变量。

表 4-10 列出了 Application 对象和 Session 对象的所有事件。

表 4-10　Application 对象和 Session 对象的事件

事件	说明
Application _ Start	调用当前应用程序目录（或其子目录）下的第一个 ASP .NET 页面时触发
Application _ End	应用程序的最后一个会话结束时触发
Application _ BeginRequest	每次页面请求开始时触发（理想情况下是在页面加载或刷新时）
Application _ EndRequest	每次页面请求结束时（即每次在浏览器上执行页面时）触发
Session _ Start	每次新的会话开始时触发
Session _ End	会话结束时触发

4. 2. 2　Session 对象

通常来说，用户访问网站就被视为 "用户与服务器进行了一次会话"，Session 就是用于保存会话信息的对象。同一个 Web 服务器可能同时被多个用户访问，每个用户都与服务器建立一个"会话"关系。也就是说，从用户到达某个特定主页开始，一直到关闭浏览器的那段时间，每个用户都会单独获得一个 Session 对象。

Session 对象属于 HttpSessionState 类。Session 对象记载了特定客户的信息，并且这些信息只能由客户自己使用，不能被其他用户访问。换句话说，就是在同一个用户访问的不同页面间可以共享 Session 数据，但是在不同用户间不能共享数据。

为了方便管理，服务器给每个用户都分配一个唯一的标识符，即 SessionID，这样服务器就能够识别来自同一用户的一系列请求了。如图 4-8 所示，当用户第一次请求一个 Web 页面时，服务器创建一个 Session（记录了 Session 变量 name＝William），同时分配给该用户一个 SessionID，并通过 Cookie 发送到客户端。当该用户再次请求另一个页面时，必须同时加载上自己的 SessionID。服务器收到请求后，就搜索与那个 ID 相匹配的 Session，找到请求的 Session 变量返回给用户，这样 Session 就从一个页面传递到下一个页面，服务器也就能够识别来自同一用户的连续请求了。当页面刷新的时候或重新开启一个页面的时候，该值都会变化，而且永远不会重复。

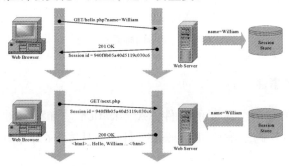

图 4-8   Web 上的 Session 管理

要说明的是，Session 保存在服务器端，Cookies 则保存在客户端，Session 的工作机制要用到 Cookies。如果客户端浏览器不支持 Cookies 或者关闭了 Cookies，Session 也就无法使用了。下面对 Session 对象的属性、方法和事件等进行介绍。

1. Session 对象的属性

Session 对象的主要属性如表 4-11 所示。

表 4-11   Session 对象的属性

属性	说明
SessionID	获取会话的唯一标识符（只读，长整型）
Timeout	获取和设置会话时间的超时时限，默认值为 20 分钟
Count	获取会话状态集合中的项数
Item	获取或设置会话值的名称
IsNewSession	若该会话是由当前请求创建的，该属性将返回值 true

当用户第一次访问一个网站时，服务器就给该用户建立了一个 Session 对象，并分配一个唯一的 SessionID。Session 对象所创建的变量如同全局变量一样，在该用户访问的

每个 Web 页面程序中都可以直接读取。

　　创建一个 Session 对象和给 Session 变量赋值的语法是一样的。第一次给 Session 变量赋值即自动创建 Session 对象，以后再赋值就是修改其中的值了。语法如下：

```
Session["键名"]=值
```

　　Session 对象有自己的有效期。在有效期内，如果客户端不再向服务器发出新请求或刷新页面，该 Session 就会自动结束并释放出占用资源，即 Session 变量的值被清空。通过 TimeOut 属性可以设置 Session 对象的超时时间。例如：

```
Session.Timeout=90   //将有效期设置为 90 分钟
```

　　用 Session 对象的 SessionID 属性，可以得到当前用户的 SessionID，给 Session 的一个属性赋值以后，可以通过超级链接在另外页面读取出来。Session 属性的具体使用方法如例 4-9。

　　[例 4-9]　Session 属性的使用(Test4 _ 9. aspx)。

```
<%@ Page Language="C#"%>
你的自动编号为:<%=Session.SessionID%><br/>    //读取用户的 SessionID
<%
  Session.Timeout=1;   //设置 Session 有效期为 1 分钟
  Session["Greeting"]="欢迎光临!";   //定义一个 Session 属性并赋值
  Response.Write(Session["Greeting"]);   //向页面输出次属性值
%><br/>
<a href="Test4_9transfer.aspx"> 在另外一个页面查看</a>
通过超级链接在页面"Test4_9transfer.aspx"中读取 Session 的属性值,程序代码如下:
Test4_9transfer.aspx:
<%Response.Write("成功跳转!");%><br/>
<%Response.Write(Session["Greeting"]);%>
```

　　显示结果如图 4-9 所示。

　　　　（a）Session4-10. aspx　　　（b）SessionTest. aspx页面

图 4-9　Session 属性的使用

　　Session4-11. aspx 程序中设置 Session 有效期为 1 分钟，所以 1 分钟之后，在 SessionTest. aspx 页面中就访问不到在 Session4-11. aspx 中定义的 Session 属性值了。

2. Session 对象的方法

　　Session 对象的主要方法如表 4-12 所示。

表 4-12　Session 对象的方法

方法	说明
Abandon	清除用户的 Session 对象，释放系统资源。调用改该方法后会出发 session_OnEnd 事件
Add	添加一个新项到会话状态中
Clear	清除当前会话状态的所有值
CopyTo	将当前会话状态值的集合复制到一个一维数组中
Remove	删除会话状态集合中的项
RemoveAt	删除会话状态集合中指定索引处的项
RemoveAll	清除会话状态集合中的所有的键和值

　　用户在一个网站内浏览 Web 页面的整个过程期间，称为一个"Session 期间"。在一个 Session 期间内（未超时之前），如果使用了 Abandon 方法，可以清除存储在 Session 中的所有对象和变量，结束该会话并释放系统资源。如果不使用 Abandon 方法，系统将一直等到 Session 超时才将 Session 中的对象和变量清除。Session 对象方法的使用如下程序：

　　[例 4-10]　Session 属性方法的使用（Test4_10. aspx）。

```
<%
    Session["User"]="郭靖";
    Session["Greeting"]="欢迎!";
    Response.Write(Session["Greeting"]);
    Response.Write(Session["User"]);
    Session.Abandon();
%>
<p><a href="SessionTest.aspx">在另外一个页面查看</a></p>
```

　　结果如图 4-10 所示，因为使用了 Abandon()方法，所以当跳转到另一页面时，得不到 Session 信息。

图 4-10　Session 属性方法的使用

3. Session 对象的事件

　　Session 对象有两个事件：Session_OnStart 事件和 Session_OnEnd 事件。

　　Session_OnStart 事件在用户与服务器创建一个新的会话时触发，服务器在执行请求的页面之前先处理该脚本。可以在该事件中定义所有在页面中需要使用的 Session 变量。

Session_OnEnd 事件在 Session 结束时被调用。当程序调用了 Session 对象的 Abandon 方法或发生超时情况时，触发 Session_OnEnd 事件。Session_OnEnd 事件一般用于清理系统对象或变量的值，释放系统资源。

如 4.2.1 节所示，Application 对象的两个事件和 Session 对象的两个事件的代码都存储在服务器根目录下的 Global.asax 文件中。

下面通过程序"网站统计器例 4-11"，分别介绍 Global.asax 文件以及 Application 对象的事件和 Session 对象的事件的使用。

4. Global.asax 文件

每个应用程序都对应一个 Global.asax 配置文件。Global.asax 文件包含了所有应用程序的配置设置，并存储了所有的事件处理程序。Global.asax 文件存放在应用程序的根目录下。Application 对象和 Session 对象的所有事件都存放在 Global.asax 文件中。

默认 Global.asax 文件内容为：

```
<%@Application Language="C#"%>
<script runat="server">
    void Application_Start(object sender,EventArgs e)
    {
        //在应用程序启动时运行的代码
    }
    void Application_End(object sender,EventArgs e)
    {
        //在应用程序关闭时运行的代码
    }
    void Application_Error(object sender,EventArgs e)
    {
        //在出现未处理的错误时运行的代码
    }
    void Session_Start(object sender,EventArgs e)
    {
        //在新会话启动时运行的代码
    }
    void Session_End(object sender,EventArgs e)
    {
        //在会话结束时运行的代码。
        //注意：只有在 Web.config 文件中的 sessionstate 模式设置为
        //InProc 时，才会引发 Session_End 事件。如果会话模式
        //设置为 StateServer 或 SQLServer,则不会引发该事件
    }
</script>
```

Global.asax 文件中必须用<script>标记来引用事件，不能用"<% %>"符号引用。Global.asax 文件也可以使用其他脚本语言，比如 VB.NET或者 Jscript.NET。

当用户请求启动应用程序并创建新的会话时，首先触发 Application＿OnStart 事件，然后才是 Session＿OnStart 事件。当处理完当前所有请求之后，服务器首先对每个会话调用 Session＿OnEnd 事件，删除所有的活动会话，释放占用的系统资源，然后调用 Application＿OnEnd 事件关闭应用程序。

注意：在事件的处理程序代码中，不能包含任何输出语句，因为 Global.asax 文件只能被调用，不会显示在页面上。且一定要在网站的根目录下添加全局应用程序类"Global.asax"。

5. Global.asax 文件应用实例——网站访问人数统计

在网站的首页上，经常会看到网站统计的当前在线人数。要实现这样的功能很简单，需要在 Global.asax 中为应用程序启动事件添加有关的代码。

[例 4-11]　使用 Global.asax 文件统计在线访问人数。

```
[Global.asax]
<%@Application Language="C#"%>
<script runat="server">
//当应用程序启动时,设置全局变量 VistorCount 为 0
protected void Application_Start(object sender,EventArgs e) {
    Application["VistorCount"]=0;
}
protected void Application_End(object sender,EventArgs e) {
  //应用程序关闭时运行的代码
}
//当会话开始时,在线人数值加 1;并设定会话超时时限为 2 分钟
protected void Session_Start(object sender,EventArgs e) {
    Application.Lock();   //加锁,确保同一时刻仅有一个用户可修改变量
Application["VisitorCount"]=(int)Application["VisitorCount"]+1;
Application.UnLock();
Session.Timeout=2;
}
//当会话结束时,在线人数值减 1
protected void Session_End(object sender,EventArgs e) {
    Application.Lock(    );
    Application["VisitorCount"]=(int)Application["VisitorCount"]-1;
    Application.UnLock(    );
}
</script>
```

本例中，使用全局可访问的 Application 对象存储在线人数，为了避免在同一时间多个用户访问网站并修改计数器值，采用了 Application 对象的加锁和解锁方法。

当任何一个用户登录网站时，在 Session＿OnStart 事件里让在线人数加 1；当用户离开时，在 Session＿OnEnd 事件里在线人数减 1。这样用户无论如何刷新网页，在线人

数都不会改变。这里要注意的是：当一个用户关闭浏览器时，Session＿End 并不会马上发生，而是要等待一个指定的时间（由 Session 对象的 TimeOut 属性指定，默认为 20 分钟）之后才触发 Session＿End 事件。当一个会话超时之后，用户再次访问网站，则会开启一个新的会话。页面代码为：

```
网站统计器程序:(Test4_11.aspx)
<script runat="server">
    protected void Page_Load(object sender,EventArgs e)
    {
        //在线人数的统计
        string info="目前在线人数为:{0}";
        info=string.Format(info,Application["VisitorCount"]);
        lblInfo.Text=info;  //输出在线人数

        //使用 Session 对象统计某一用户的访问次数
    Session["username"]="张三";  //创建 Session 变量 username
    Session["visits"]=Convert.ToInt32(Session["visits"]) +1;
//创建 Session 变量 visits
    String StrName=Session["username"].ToString();
    Response.Write(StrName+"欢迎你的第 "+Session["visits"]+"次访问");
    }
</script>
<!--在程序替 body 中加入以下代码统计网站被访问的次数-->
<%
Application.Lock();
Application["count"]=Convert.ToInt32(Application["count"])+1;
Application.UnLock();
%>
您是光临本站点的第<% =Application["count"]%>位贵宾! <br/>
<asp:label ID="lblInfo"runat="server"/>
```

上述程序，利用 Global.asax 文件中统计在线人数；利用 Application 对象被所有用户共有的属性，存储网页访问计数器的值，当有新用户访问网页时自动增加计数器的值；使用 Session 对象统计某一用户的访问次数。

首次运行结果如图 4-11 所示。

图 4-11 Global.asax 文件及网站统计器应用实例

当首次访问网页时，当前用户的访问次数、网站总访问次数及在线人数均为 1。刷新数次页面，可以看到访问次数每刷新一次都会加 1，而在线人数不改变。在服务器运行状态下，重新打开浏览器可以发现，当前用户访问次数又是 1，而网站总访问次数和在线人数均加 1，如下图 4-12 是刷新一次浏览器，然后关闭重新打开浏览器的结果。

图 4-12　Global. asax 文件及网站统计器应用实例

4. 2. 3　Cookie 对象

Session 对象能够保存用户信息，但是 Session 对象并不能够持久地保存用户信息，当用户在限定时间内没有任何操作时，用户的 Session 对象将被注销和清除，在持久化保存用户信息时，Session 对象并不适用。

使用 Cookie 对象能够持久化地保存用户信息，相比于 Session 对象和 Application 对象而言，Cookie 对象保存在客户端，而 Session 对象和 Application 对象保存在服务器端，所以 Cookie 对象能够长期保存。Web 应用程序可以通过获取客户端的 Cookie 来识别和判断一个用户的身份。

ASP .NET 提供了 HttpCookie 对象来处理 Cookie，该对象是 System. Web 命名空间中的 HttpCookie 类的对象。每个 Cookie 都是 HttpCookie 类的一个实例。

1. Cookie 对象的属性

Cookie 是一个很小的文本文件，由网站服务器在用户第一次访问时生成，发送到客户端的硬盘里，用来存储用户的特定信息。当用户再次访问该站点时，浏览器就会在本地硬盘上查找与该网站相关联的 Cookie。如果存在，就将它与页面请求一起发送到网站服务器，服务器上的 Web 应用程序就可以读取 Cookie 中包含的信息。

一般来说，每个客户端最多能存储 300 个 Cookie，一个站点能为一个单独的用户最多设置 20 个 Cookie。

Cookie 对象的主要属性如表 4-13 所示。

表 4-13　Cookie 对象的主要属性

属性	说明
Domain	获取或设置将此 Cookie 与其关联的域
Expires	获取或设置 Cookie 的过期日期和时间
Name	获取或设置 Cookie 的名称
Path	获取或设置要与当前 Cookie 一起传输的虚拟路径
Secure	指定是否通过 SSL(即仅通过 HTTPS)传输 Cookie
Value	获取或设置 Cookie 的 Value
Values	获取在 Cookie 对象中包含的键值对的集合

2. Cookie 的方法

Cookie 对象的方法如表 4-14 所示。

表 4-14　Cookie 对象的主要方法

方法	说明
Add	增加 Cookie
Clear	清除 Cookie 集合内的变量
Get	通过键名或索引得到 Cookie 的值
Remove	通过 Cookie 的键名或索引删除 Cookie 对象

Cookie 对象需要利用.NET提供的 HttpCookie 类重新定义。使用"Response. Cook-ies. Add"将信息发送并保存到客户端的浏览器。如例 4-12 所示。

［例 4-12］　将信息保存到浏览器(Test4-12. aspx)。

```
<%
HttpCookie MyCookie=new HttpCookie("user");
MyCookie. Value="为人民服务!";
Response. Cookies. Add(MyCookie);
%>
已经成功写入 Cookies<br/>
<a herf="">读取 Cookies</a>
```

显示结果如图 4-13 所示。

图 4-13　Cookie 方法的使用

如果需要在超链接的网页中读取此页中所添加的 Cookies 信息，则只需在那个网页代码体中加入如下代码即可：

```
<%
string mycook=Request. Cookies["user"]. Value;
Response. Write(mycook);
%>
```

3. 访问 Cookie

ASP .NET包含两个内部 Cookie 集合：Request 对象的 Cookies 集合和 Response 对象的 Cookies 集合。其中，Request 对象的 Cookies 集合包含由客户端传输到服务器的 Cookie，这些 Cookie 以 Cookie 标头的形式传输。Response 对象的 Cookies 集合包含一些新的 Cookie，这些 Cookie 在服务器上创建并以 Set-Cookie 标头的形式传输到客户端。

浏览器负责管理用户本地硬盘上的 Cookie。在 ASP .NET页面中，可以通过 Response 对象来创建和设置 Cookie，即向浏览器写入 Cookie。通过 Request 对象可以读取 Cookie。

关于 Cookie 的设置和读取方法，可参见 4.1.1 节和 4.1.2 节的有关内容。

[**例** 4-13]　设置和读取 Cookie 值(Test4 _ 13. aspx)。

```
protected void Page_Load(object sender,EventArgs e) {
DateTime now=DateTime. Now;
//创建了一个 Cookie 对象,名为 LastVistTime
HttpCookie MyCookie=new HttpCookie("LastVistTime");
  //设置 Cookie 值为当前时间
MyCookie. Value=now. ToString();
//设置 Cookie 超时时间为 2 个小时
MyCookie. Expires=now. AddHours(2);
//将新 Cookie 添加到 Response 对象的 Cookies 集合中
Response. Cookies. Add(MyCookie);
//从 Request 对象的 Cookie 集合中读取名为 LastVistTime 的 Cookie 值
  string myVistTime=Request. Cookies["LastVistTime"]. Value;
Response. Write("上次访问时间为:"+myVistTime);
}
上述程序中,创建 Cookie 的代码可以简写为:
HttpCookie MyCookie=new HttpCookie("LastVistTime",now. ToString());
或
Reponse. Cookies["LastVistTime"]=now. ToString();
```

程序的运行结果见图 4-14 所示。

图 4-14　设置和读取 Cookie 值

由于 Cookie 存储在客户端，所以不能在服务器端编程直接修改 Cookie。如果确实需要修改的话，就创建一个同名的 Cookie，然后发送到客户端覆盖原 Cookie。

当删除 Cookie 时，则可以利用 Cookie 的 Expires 属性，创建一个与原 Cookie 同名的 Cookie，设置 Expires 属性为过去的某一天，将其发送到客户端覆盖原 Cookie。这样的话，当浏览器检查 Cookie 的失效日期时，就会删除这个过期的 Cookie。

4.2.4　ViewState 对象

在针对同一页面的多次请求间，可以使用 ViewState 对象保存服务器控件的状态信息。简单地说，ViewState 就是用于维护页面的 UI 状态的。

与 Session 对象相比较，Session 对象保存在服务器内存，大量使用 Session 会使得服务器负担加重。而 ViewState 对象将数据存入到页面隐藏控件里，不占用服务器资源。

Session 的默认超时时间是 20 分钟，而 ViewState 则永远不会超时。ViewState 只能在同一个页面的多次回发间保存状态信息，它不能解决在多个页面间共享状态信息的问题，而后者可通过 Session 对象解决。

跟隐藏控件相似，ViewState 在同一个页面的多次请求间进行值传递。这是因为一个事件发生之后，页面可能会刷新，如果定义全局变量会被清零，而使用 ViewState 对象则可以保存数据。因此，所有 Web 服务器控件都使用 ViewState 在页面回发期间保存自己的状态信息。如果某个控件不需要在回发期间保存状态，最好关闭它的 ViewState，避免不必要的资源浪费。通过给@Page 指令添加"EnableViewState=false"属性可以禁止整个页面的 ViewState。

ViewState 对象保存数据采用"键 Key-值 Value"对的形式。格式如下：

```
ViewState["键名"]=数据值；
```

可以用 ViewState[" 键名"] 取出保存在 ViewState 对象中的数据。注意，这时取出的数据类型为 Object，必要时往往要转换成特定的数据类型。

[例 4-14] 用 ViewState 记录同一个页面中按钮被单击的次数(Test4 _ 14. aspx)。

```csharp
<script language="C#"runat="server">
protected void btnClick_Click(object sender,EventArgs e)  {
    int counter;  //计数器
    if(ViewState["Counter"]==null) {
        //如果是第一次单击按钮
        counter=1;
    }
    else {
        //从 ViewState 对象中取出上次保存的 counter 变量值，并累加 1
        counter=(int)ViewState["Counter"]+1;
    }
    ViewState["Counter"]=counter;  //将 counter 变量值保存到 ViewState 对象中
    lblInfo.Text="您单击了"+counter.ToString()+"次按钮。";
</script>
<form runat="server">
  <asp:Button ID="button"text="点我!"onclick="btnClick_Click" runat="server"/>
<br/>
  <asp:Label ID="lblInfo"runat="server"/>
</form>
```

上述代码中，使用变量 counter 作为按钮单击次数的计数器，并将 counter 变量值保存到 ViewState[" Counter"]中。在同一个页面中多次单击按钮，运行结果如图 4-15 所示。

图 4-15　用 ViewState 记录同一个页面中按钮被单击的次数

4.3　Trace 对象

ASP.NET允许直接在代码中编写调试语句，这些调试语句以后被部署到服务器中的时候，不需要将这些调试语句删除，这种功能叫跟踪（Trace）。ASP.NET提供两个级别的跟踪调试服务：页面级跟踪和应用程序级跟踪。

使用"@Page"指令的 Trace 属性控制是否启用或禁用页面级跟踪，默认的情况下禁用跟踪。设置"<%@Page Trace=" true"%>"就启用了页面级跟踪。使用方法如例 4-15 所示。

[例 4-15]　设置页面级跟踪（Test4 _ 15. aspx）。

```
<%@Page Language="C#" Trace="true" TraceMode="SortByCategory"%>
<%
Response.Write("使用 Trace");
 %>
```

程序执行的结果如图 4-16 所示。

图 4-16　设置页面级跟踪

程序中，"TraceMode=" SortByCategory""表示将跟踪信息按照类别进行排序，还可以设置"TraceMode=" SortByTime""按照时间进行排序。

程序中使用 Trace. Warn 语句和 Trace. Write 语句输出跟踪信息，Trace. Warn 语句输出为红色。方法同上例，主要程序代码如下所示：

```
<%@Page Language="C#" Trace="true" TraceMode="SortByTime"%>
<%
Trace.Write("使用 Trace.Write");
Trace.Warn("使用 Trace.Warn");
 %>
```

4.4　ASP.NET运行配置文件

ASP.NET提供两种类型的配置文件：①机器的配置文件 machine. config——用以机器范围内的设置。②应用程序配置文件 web. config——用以应用程序特定的设置。一般machine. config 文件可以从下面的位置找到：

```
"%SystemRoot%\Microsoft.NET\Framework\V 版本号\CONFIG\machine.config"
```

web. config 文件一般放在 ASP .NET文件所在的目录。

4.4.1　配置文件特点

初始化页面时，首先读取 machine. config 中的信息，然后读取存储在 web 应用程序根目录中的 web. config 文件，接着 ASP .NET继续进入下一级，读取存储在应用程序根目录下的子目录中的 web. config 文件，最后到要执行的 ASP .NET文件所在的目录，就不再向下读子目录。

配置文件具有如下的特征：

（1）有一个唯一的根元素，可以包含所有其他的元素。machine. config 和 web. config 的根元素是＜configuration＞。

（2）这些元素应该封闭在对应的开始＜start＞和结束＜/start＞标记之间。这些标记区分大小写，因此＜Start＞和＜start＞应该区别对待。

（3）任何属性，关键字或值应该封闭在双引号内：＜add key＝" data" ＞＜/add＞。

4.4.2　配置文件结构

在 machine. config 中，它的声明和设置分成了大概 30 个配置块，主要介绍最为常用的三大部分。

1. 普通设置

这部分的配置文件包含了通常的应用程序配置的设置，比如超时、请求最大长度以及在重定向页面时候是否使用完全限制的 URL，都包含在＜httpRuntime＞标记中，配置的语法为：

```
<httpRuntime executionTimeout="180" maxRequestLength="8192">
```

在 ASP .NET取消请求之前，executionTimeout 控制资源执行的时间，以秒为单位，90 秒是默认值。maxRequestLength 指定请求的最大长度，4MB 是默认值。如果请求内容大于 4M 就需要增加这个值。

2. 页面配置

页面设置可以控制 ASP .NET页面的默认行为，比如在发送它之前是否要缓冲输出，或者是否可以在应用程序的页面使用会话状态。信息保存在配置文件的＜pages＞元素中。语法为：

```
<pages buffer="true"enableSessionState="true"/>
```

buffer 表明代码执行的处理模式。当它设置为 true 的时候，会在呈现页面中任何 HTML 数据之前执行所有的代码。enableSessionState 表明是否可以使用服务器的会话变量。默认为 true，就是可以使用。

3. 应用程序设置

应用程序设置允许在配置文件中存储应用程序的详细资料，无须编写定制部分处理程序。比如对数据库连接串的设置：

　　[例 4-16]　web 配置文件(web. config)。

```
<configuration>
<appSettings>
  <add key="connectionstring" value="User ID=sa;Data Source=.;Password=;
  Initial Catalog=test;Provider=SQLOLEDB. 1;"/>
  </appSettings>
</configuration>
```

　　将该配置文件，保存成一个文件，命名为 web. config。和例 4-17 的文件保存到同一个目录中。

　　[例 4-17]　读取配置文件(Test4-17. aspx)。

```
<%@ Page Language="C#"%>
<%
string strData=ConfigurationSettings. AppSettings["connectionstr ing"];
Response. Write(strData);
%>
```

　　程序将存储在 Web. config 中的 DSN 的值读取出来，并且将值传给 strData 变量，然后再利用 Response. Write 显示到浏览器上，显示的结果如图 4-17 所示。

图 4-17　读取配置文件

4. 4. 3　ASP .NET代码隐藏技术

　　在 ASP .NET中提供一种全新的代码分离技术，通过把用户界面和程序逻辑放在不同的文件中，并将两个文件关联，这种技术叫作代码隐藏(Code Behind)，也叫代码后置。在默认的情况下，利用 Visual Studio .NET创建的文件都符合代码隐藏的特点。

　　可以利用 Visual Studio .NET创建一个 ASP .NET Web 应用程序，创建好的 ASP .NET页面前面有如下语句：

　　"<%@ Page language=" c # " Codebehind=" WebForm1. aspx. cs" AutoEventWireup=" false" Inherits=" WebApplication1. WebForm1"%>"

　　其中当前页面的 C#代码都保存在"WebForm1. aspx. cs"文件中。

4. 5　习题和上机练习

1. 填空题

　　(1)Response 对象的＿＿＿＿＿＿＿＿＿方法可以使得浏览器显示另外一个 URL。

(2)Server 对象的_____方法可以将虚拟路径转化为物理路径。

(3)设置 Cookie 采用_____对象，读取 Cookie 采用_____对象。

(4)Server 对象的 ScriptTimeout 属性的默认值是_____，Session 对象的 Timeout 属性的默认值是_____。

(5)Request 对象的_____集合可以用来获取服务器的名称。

(6)_____ 对象在同一个页面的多次回发间保存状态信息，要想在同一网站的多个页面间共享信息，需使用_____对象。

2. 选择题

(1)Request. Form(" username")中的 username 是_____ 。

    A. 表单的名称　　　　　　　　　　B. 网页的名称

    C. 表单元素的名称　　　　　　　　D. 表单按钮的名称

(2)不需要在网页第一行添加＜％ Response. Buffer＝True ％＞的是_____ 。

    A. Response. Redirect　　　　　　B. Response. Clear

    C. Response. End　　　　　　　　D. Response. Flush

(3)有如下 URL：http：//127.0.0.1/test. aspx? user＝aa，如果想接收 user 中的内容，以下正确的是_____ 。

    A. Request. Form(" user")　　　　　B. Request. Querystring(" user")

    C. Request. Cookies(" user")　　　　D. Request. ServerVariables(" user")

(4)如果要获得服务器的 IP 地址，应使用下面哪条语句？ _____

    A. Request. ServerVariables(" LOCAL _ ADDR")

    B. Request. ServerVariables(" REMOTE _ ADDR")

    C. Request. ServerVariables(" REMOTE _ HOST")

    D. Request. ServerVariables(" URL")

(5)如果想在 URL 里带有汉字参数，下面正确的是_____ 。

    A. ＜a href＝test. asp? hz＝＜％＝Server. HTMLencode(" 你好")％＞＞问候＜/a＞

    B. ＜a href＝test. asp? hz＝＜％＝Server. URLencode(" 你好")％＞＞问候＜/a＞

    C. ＜a href＝test. asp? hz＝＜％＝Server. MapPath(" 你好")％＞＞问候＜/a＞

(6)要在网页中输出＜a href＝'http：//www. 163. com'＞网易＜/a＞，正确的是_____ 。

    A. Response. Write(" ＜a href＝'http：//www. 163. com'＞网易＜/a＞")

    B. Response. Write(Server. URLencode(" ＜a href＝'http：//www. 163. com'＞网易＜/a＞"))

    C. Response. Write(Server. HTMLencode(" ＜a href＝'http：//www. 163. com'＞网易＜/a＞"))

    D. 以上都不对

3. 问答题

(1)简述 Application 对象和 Session 对象的区别。

(2)简述 Session 对象和 ViewState 对象的区别。

(3)简述 Session 和 Cookie 的区别。

(4)请分别用 HTML、JavaScript、C♯、ASP .NET语句输出"祝你好运"这句话。

4. 上机练习

(1)设计一个用户登录页面，要求输入账号和密码，并点击"登录"按钮。如果输入
的账号为"abc"，密码是"123word"，则跳转到另一个网页并显示"欢迎访问"；
否则，在当前页面输出"账号或密码不正确"。

(2)将上题稍加修改，在输入正确的账号和密码，输出"你是第 n 次访问本站"，中间
的 n 在刷新网页时也要同时刷新。

第5章 ADO.NET数据库访问技术

目前，大量应用程序都离不开数据库技术的支持，需要频繁地读取、显示以及更新数据。ASP是微软公司最新推出的WEB应用开发技术，着重于处理动态网页和WEB数据库的开发，编程灵活、简洁，具有较高的性能，是目前访问WEB数据库的最佳选择。.NET框架中提供了多种方式来访问数据存储，ADO.NET是最直接的方式，也是最灵活、执行效率最高的方式，使用ADO.NET来连接到这些数据源，并检索和更新数据。本章主要讲解ADO.NET的体系结构以及核心对象的使用。

5.1 ADO.NET体系结构

ADO.NET是一组向.NET程序员公开数据访问服务的类，为创建分布式数据共享应用程序提供了一组丰富的组件，它提供了对关系数据库、XML数据、Office文档数据等多种数据存储的访问方式。

ADO.NET采用多层体系结构，其核心组件结构如图5-1所示。

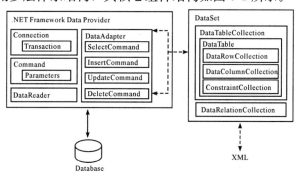

图5-1 ADO.NET核心组件

可以看出，ADO.NET用于访问和操作数据的两个主要组件是.NET Framework数据提供程序和DataSet。前者用于连接到不同的数据存储，实现在线的数据检索和更新操作；后者则代表数据存储的内存映像，可以将关系数据及XML数据加载到内存中，而后断开与数据源的连接，离线地进行各种处理，最后再将更新一次性地保存到数据源中。

5.1.1 数据提供程序

数据提供程序是应用程序与数据源之间的一座桥梁，包含一组用于访问特定数据库，执行SQL语句并对数据库进行相关操作的.NET类，.NET Framework数据提供程序主要提供4类对象：

(1)Connection：使用它建立应用程序与数据源的连接。其主要有两个方法，open()

和 close()用于打开、关闭数据库,其属性 ConnectionString 设置连接数据库字符串。

(2)Command:使用它执行 SQL 命令及存储过程,即用于返回数据、修改数据、运行存储过程以及发送或检索参数信息的数据库命令。

(3)DataReader:提供对 Select 语句查询结果的快速、只读、只进的访问方法。

(4)DataAdapter:提供连接 DataSet 对象和数据源的桥梁。可以从数据源获取数据填充到 DataSet 中,也可以依照 DataSet 中的修改更新数据源。DataAdapter 使用 Command 对象在数据源中执行 SQL 命令,以便将数据加载到 DataSet 中,并使对 DataSet 中数据的更改与数据源保持一致。

早期的 ADO 技术中使用通用的数据提供程序对象处理各种不同的数据源,而 ADO .NET改变了这种做法,为不同的数据源设计了不同的数据提供程序对象。.NET Framework 共设计了 4 种数据提供程序。

(1)SQL Server .NET数据提供程序:提供对 SQL Server 数据库的优化访问。

对应 SQL Server .NET的 4 个核心对象分别是:SqlConnection、SqlCommand、Sql-DataReader 和 SqlDataAdapter。这 4 个对象包含在 System. Data. SqlClient 命名空间中,使用时需要将这个命名空间引入到文件中。其对 SQL Server 数据库的底层操作进行了封装,可以更加快捷的访问 SQL Server 数据库。

(2)Oracle .NET 数据提供程序:提供对 Oracle 数据库的优化访问。对应 Oracle .NET的 4 个核心对象分别是:OracleConnection、OracleCommand、OracleDataReader 和 OracleDataAdapter。这 4 个对象包含在 System. Data. OracleClient 命名空间中,使用时需要将这个命名空间引入到文件中。

(3)OLE DB .NET数据提供程序:提供对 OLE DB 驱动的任意数据库的访问。对应 OLE DB .NET的 4 个核心对象分别是:OleDbConnection、OleDbCommand、OleDbDataReader 和 OleDbDataAdapter。这 4 个对象包含在 System. Data. OleDb 命名空间中,需要将这个命名空间引入到文件中。

(4)ODBC .NET数据提供程序:提供对 ODBC 驱动的任意数据库的访问。对应 ODBC .NET的 4 个核心对象分别是:OdbcConnection、OdbcCommand、OdbcDataReader 和 OdbcDataAdapter。这 4 个对象包含在 System. Data. Odbc 命名空间中,需要将这个命名空间引入到文件中。

图 5-2 显示了 ADO .NET数据提供程序的模型结构。在为应用程序选择数据提供程序时,应尽量选择为数据源定制的.NET提供程序,若找不到合适的定制提供程序,再选择基于 OLE DB 的提供程序,在极少数情况下,若依然找不到合适的 OLE DB 提供程序,最后可以选择 ODBC 提供程序。

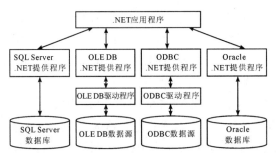

图 5-2　ADO.NET数据提供程序模型结构

5.1.2　DataSet 数据集

DataSet 设计目的是为了实现独立于任何数据源的数据访问，也可以用于多种不同的数据源，可以用于 XML 数据，或用于管理应用程序本地的数据。

ADO.NET的核心组件是 DataSet，内部用 XML 描述数据，具有平台无关性。DataSet 中常用的对象是 DataTable 和 DataRow 等。DataSet 通过 DataAdapter 对象从数据源得到数据，DataAdapter 是连接 DataSet 和数据库的一个桥梁，因此命名为数据适配器。

DataSet 是数据驻留在内存中的表示形式，不管数据源是什么，它都可提供一致的关系编程模型。DataSet 表示包括相关表、表间关系及约束在内的整个数据集，其对象结构如图 5-3 所示。

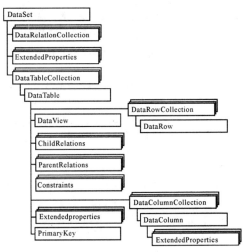

图 5-3　DataSet 对象结构

DataSet 中的核心对象简单介绍如下：

（1）DataTableCollection：数据表的集合。DataSet 中可以包含 0 个到多个数据表，DataTableCollection 包含了 DataSet 中所有的 DataTable 对象。

（2）DataRelationCollection：关联的集合。在关系数据库中，表和表之间存在一定的关联（例如外键），DataSet 作为数据库的内存映像，也可以在内存表之间建立关联。DataRelationCollection 包含了 DataSet 中所有的 DataRelation 对象。

（3）DataTable：数据表，或称内存表，表示内存驻留数据的单个表。DataTable 中包含由 DataColumnCollection 表示的列的集合以及由 ConstraintCollection 表示的约束集合，这两个集合共同定义了数据表的架构。DataTable 中还包含由 DataRowCollection 所表示的行的集合，即表的数据。需要说明的是，我们既可以在 DataSet 中创建内存表，也可以脱离 DataSet 创建单独的内存表使用。

（4）DataView：数据视图，代表存储在 DataTable 中数据的不同表现形式。通过 DataView，可以为表中的数据进行排序，或者定制筛选器以过滤数据。

（5）DataRow：数据行，代表着关系表中的一行数据。可以对行中的各个数据项按顺序号或列名称进行访问。

（6）DataColumn：数据列，代表着关系中的一个属性，通过定义 DataColumn 来定义关系表的结构。

（7）PrimaryKey：主键，对于内存表，也可以将它的一个或者多个数据列定义为主键，以实现完整性约束，或者在内存表中索引查找指定的数据行。

5.1.3　ADO .NET 类的组织

ADO .NET类分组保存在几个命名空间中，每个提供程序都有自己的命名空间，通用类保存在 System. Data 命名空间。表 5-1 介绍了这些命名空间。

表 5-1　ADO .NET常用类的组织

命名空间	描述
System. Data	包含关键的容器类，这些类为关系、表、视图、数据集、行和约束建立模型，另外还包含了基于连接的数据对象要实现的关键接口的定义
System. Data. Common	包含由各种 .NET Framework 数据提供程序共享的抽象类，具体的数据提供程序继承这些类，创建自己的版本
System. Data. OleDb	包含用于连接 OLE DB 数据提供程序的类，主要有 OleDbCommand、OleDbConnection、OleDbDataReader 及 OleDbDataAdapter 等
System. Data. SqlClient	包含用于连接微软 SQL Server 数据库所需的类，包括 SqlDbCommand、SqlDbConnection、SqlDbDataReader 及 SqlDbDataAdapter 等，这些类使用经过优化的 SQL Server 的 TDS 接口
System. Data. OracleClient	包含连接 Oracle 所需的类，包括 OracleCommand、OracleConnection、OracleDataReader 及 OracleDataAdapter 等，这些类使用经过优化的 Oracle 的 OCI 接口
System. Data. Odbc	包含连接大部分 ODBC 驱动所需的类，包括 OdbcCommand、OdbcConnection、OdbcDataReader 及 OdbcDataAdapter 等

5.2　基于数据提供程序的数据库访问

5.2.1　数据库访问的一般方法

使用.NET数据提供程序访问数据库的一般步骤如下：

（1）使用 Connect 对象建立到数据源的连接。

（2）在连接之上建立 Command 对象，通过它向数据库发送 SQL 命令。

（3）接收 SQL 命令的返回结果。若返回记录集，有两种处理方法：一是采用 DataReader 对象在线的一条一条获取数据，二是采用 DataTable 对象一次性获取所有数据到内存进行离线处理。

（4）释放数据库操作对象，并关闭数据库连接。

ADO.NET针对不同的数据源设计有不同的数据提供程序，程序中要根据实际应用环境选择合适的类来使用。下面以查询 SQL Server 数据库为例说明基本使用方法。

[例 5-1]　连接 ADOtest 数据库，查询 wayBill 表中的所有记录并在页面上显示。

启动 VS2008，建立 Web 应用程序项目，取名 ADOTest。建立 Web Form 页面 test5_1.aspx，最后生成的页面代码如下：

```
<%@Page Language="C#" AutoEventWireup="true" CodeBehind="test5_1.aspx.cs"
Inherits="test5_1"%>
<html>
<head runat="server"><title> ADO.NET示例</title></head>
<body>
    <form id="form1" runat="server">
       <asp:GridView id="GridView1" runat="server"></asp:GridView>
    </form>
</body>
</html>
```

在 Web 页的设计视图，用鼠标双击页面空白区域，进入代码窗口，编写如下代码：

```
using System;
using System.Data.SqlClient;
namespace ADOTest {
    public partial class test5_1 : System.Web.UI.Page {
      void Page_Load(Object sender,EventArgs e) {
         SqlConnection conn;
          String connstr=@"Data Source= localhost; Initial Catalog=ADOtest; Inte-
grated Security=True";
         conn=new SqlConnection(connstr);
         SqlCommand cmd=new SqlCommand();
         cmd.Connection=conn;
         cmd.CommandText="select *  from wayBill";
         try{
         conn.Open();
         SqlDataReader dr=cmd.ExecuteReader();
         GridView1.DataSource=dr;
         GridView1.DataBind();
         dr.Close();
      }
      catch{}
      finally{
         conn.Close();
      }
```

```
            }
        }
    }
```

右击页面，选择"在浏览器中查看"项访问该页面，运行结果如图 5-4 所示。

图 5-4　显示连接 SQL Server 数据库的连接状态

本例中的核心问题说明如下：

（1）由于要操作 SQL Server 数据库，可以使用 SQL Server .NET提供程序，也可以使用 OLE DB .NET提供程序，甚至还可以使用 ODBC .NET提供程序。从执行效率来看，首选 SQL Server .NET提供程序，这要涉及 SqlConnection、SqlCommand 及 SqlDataReader 等类，这些类都位于 SqlClient 命名空间下，所以在代码开头先导入了该命名空间。

（2）本例中使用 SqlConnection 对象连接数据库，在创建连接对象时，需要指明数据库的位置以及登录验证信息等，这些信息通过连接字符串指定，关于连接字符串的格式将在后续章节中详细介绍。调用连接对象的 Open()方法可以打开连接，使用完成后，再调用其 Close()方法关闭连接。

（3）使用 SqlCommand 对象向数据库发送了一条 Select 语句，执行后将返回一个记录集，本例使用 SqlDataReader 对象操作该记录集，这种方式占用内存资源很少，执行效率极高。

（4）本例使用了富数据控件 GridView 显示查询结果。GridView 是.NET中最重要的一种数据绑定控件，功能强大，使用方便，详细用法将在后续章节中介绍。

（5）在访问数据库时可能会出现各种各样的异常，所以一定要注意捕获和处理异常。

5.2.2　Connection 对象

对一个数据库进行数据操作之前，必须先建立连接，ADO .NET使用 Connection 对象建立到数据源的连接，也就是首先建立 Connection 对象。针对不同的数据提供程序要建立不同的连接对象，例如，使用 SQL Server .NET提供程序连接 SQL Server 数据库时，应使用 SqlConnection 对象，使用 OLE DB .NET提供程序连接 SQL Server 数据库时，应使用 OleDbConnection 对象。连接建立后，就可以通过它与数据源交互，执行各项操作；当所有操作完成后，切记要及时释放连接，为后续的请求处理留出宝贵资源；为提高建立连接的效率，通常会使用连接池来缓存和共享连接。

常用 Connection 对象的方法有：Open()方法和 Close()方法，分别用来打开和关闭连接。常用的属性有：Database 属性用来指定要连接的数据库名称，DataSource 属性用来获取数据源的服务器名或文件名，Provider 用来提供数据库驱动程序，Connection-String 属性用来指定连接的字符串。

1. 连接字符串

创建连接对象时需要提供连接字符串，它是用分号分隔的一系列"名称/值"对的选项集合，提供了连接所需要的基本信息，各个项的排列位置及字母大小写没有影响。针对不同的关系数据库及不同的数据提供程序，连接字符串的格式会有所区别，但任何一种连接一般都包含如下几个选项：

(1)服务器位置。指定数据库服务器的名称或地址。该项的名称通常使用 Data-Source、Server、Address、NetWork Address 等，该项的值通常填服务器的 IP 地址或主机名，也可以填 localhost 或者 local 代表本地数据库。

(2)数据库名称。指定要连接到的数据库实例。该项的名称通常是 Initial Catalog，或者 DataBase。

(3)身份验证方式。

可选择操作系统集成的身份验证方式或基于用户名和口令的身份验证方式。当 ASP.NET应用程序和数据库服务器位于同一台计算机上时，尽量选择集成验证方式以便建立可信连接(Trusted Connection)；否则，就需要在数据库服务器中为应用程序建立一个数据库用户，提供用户名和口令供验证。建立可信连接通常使用"Integrated Security＝true"或"Trusted Connection＝true"参数；若建立非可信连接，则需要使用"User ID"或"UID"项指定用户名，并通过"Password"或"pwd"项指定验证口令。

例 5.1 中使用 SqlClient 连接到本机上的 SQL Server 服务器，数据库实例名为 ADO-test，采用 Windows 集成的身份验证方式，其连接字符串的格式为：

```
Server=localhost;Initial Catalog=ADOtest;Integrated Security=true
```

若使用 SQL Server 验证，用户名和口令都是 admin，则连接字符串格式为：

```
Server=localhost;Initial Catalog=ADOtest;User ID=admin;Password=admin
```

2. 建立连接

连接到不同的数据库需要使用不同的连接对象及连接字符串，下面通过一些实例演示常用的数据库连接方式。

(1)使用 SqlClient 连接 SQL Server 数据库。

```
using System.Data
using System.Data.SqlClient;          //导入 SqlClient 命名空间
……
string constr=@"Data Source=localhost;Initial Catalog=ADOtest;Integrated Securi-
ty=true"
SqlConnection conn=new SqlConnection(constr);   //建立连接对象
```

(2)使用 OracleClient 连接 Oracle 数据库。

```
using System. Data. OracleClient;     //导入 OracleClient 命名空间
......
string constr=@"Data Source=orcl;User ID=admin;Password=admin"
OracleConnection conn=new OracleConnection(connstr); //建立连接对象
```

(3)使用 OLE DB 连接 Access 数据库。

```
using System. Data. OleDb;     //导入 OleDb 命名空间
......
string constr =" Provider = Microsoft. Jet. OLEDB. 4. 0; Data  Source = D: \ ADOTest \
ADOtest. mdb"
OleDbConnection conn=new OleDbConnection(connstr);   //建立连接对象
```

(4)使用 OLE DB 连接 SQL Server 数据库。

```
using System. Data. OleDb;     //导入 OleDb 命名空间
......
string constr="Provider=SQLOLEDB;Data Source=sqlexpress;Integrated Security=SS-
PI;Initial Catalog=ADOtest"
OleDbConnection conn=new OleDbConnection(connstr);   //建立连接对象
```

(5)使用 OLE DB 连接 Oracle 数据库。

```
using System. Data. OleDb;     //导入 OleDb 命名空间
......
string constr= @"Provider=MSDAORA; Data Source=orcl; User ID=sqltest; Password=
sqltest"
OleDbConnection conn=new OleDbConnection(connstr);   //建立连接对象
```

使用 ADO .NET还可以连接到 MySql、FoxPro 等各种数据库服务器或数据库文件，甚至可以将 EXCEL 工作表作为数据源进行操作，连接方法都近似相同，例如，利用 Connection 对象连接 SQL Server 数据库，只需要修改命名空间、将每个对象前面的 OleDb 全部修改为 Sql，比如：OleDbConnection 改成 SqlConnection 即可。详细的连接方式这里不再过多介绍。

可以看出，连接字符串是建立数据库连接的关键，为正确书写连接字符串，可以借助 VS2008 提供的服务器资源管理器来自动生成。打开"服务器资源管理器"窗口，右击"数据库连接"，从弹出菜单中选择"添加连接"，系统将打开图 5-5 所示的对话框；选择数据源类型，输入服务器名，并选择登录到服务器的验证方式(若基于口令验证，则正确输入用户名和口令)，点击对话框底部的"测试连接"按钮，若参数配置正确，系统会提示"测试连接成功"，这时点击"确定"按钮，在服务器资源管理器中将看到新建立的连接；鼠标右击该连接，从弹出菜单中选择"属性"项，该连接的详细信息将显示在属性窗口中，如图 5-6 所示，从这里复制连接字符串即可。

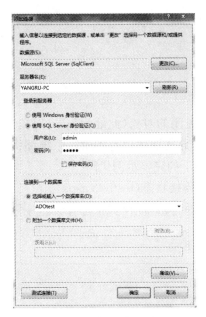 

图 5-5　添加连接对话框　　　　　图 5-6　数据库连接的属性

3. 打开和关闭连接

　　连接对象创建后，需要打开才能真正连接到数据库。调用连接对象的 Open()方法即可打开连接。方法如下：

```
conn.Open();
```

调用连接对象的 Close()方法可以释放连接，代码如下：

```
conn.Close();
```

调用连接对象的 Dispose()方法也可以释放连接，用法如下：

```
conn.Dispose();
```

考虑到操作数据库时可能出现各种异常，代码中应尽量使用 try-catch 块捕获并处理异常；另外，连接使用完成后应尽可能释放，好的习惯是在 finally 块中释放连接。这样，一般使用如下的代码框架操作数据库：

```
SqlConnection conn=new SqlConnection(connstr);   //创建连接对象
try{
    conn.Open();      //打开到数据库的连接
    ……              //操作数据库
}
catch(Exception ex){
    ……              //处理异常
}
finally {
    conn.Dispose();   //释放连接
}
```

从.NET 2.0 开始引入了 using 语句，可以替代 try-finally 的功能。例如：

```
using(SqlConnection conn=new SqlConnection(connstr))
{
        conn.Open();
        //Do work here.
}
```

　　　　using 语句定义一个范围，并指定要创建和关闭的对象（此处为 conn 对象）；当代码执行到范围末尾（右大括号的位置）时，或因抛出异常而跳出范围时，系统都将自动清理 using 语句中指定的对象（即 conn 对象）。请看如下的完整示例代码。

　　　　[例 5-2]　连接 ADOtest 数据库，并显示其连接状态（test5-2. aspx）。

```
<%@ Page Language="C#" AutoEventWireup="true" CodeBehind="test5_2.aspx.cs"
Inherits="test5_2"%>
<html>
<head runat="server">  <title>连接数据库示例</title>  </head>
<body>
    <form id="form1" runat="server">
        数据库连接状态:<asp:Label id="Message" runat="server"/>
    </form>
</body>
</html>
```

　　　　在 Web 页的设计视图，用鼠标双击页面空白区域，进入代码窗口，编写如下代码：

```
using System;
using System.Data.SqlClient;
namespace ADOTest {
    public partial class test5_2 : System.Web.UI.Page {
    void Page_Load(Object sender,EventArgs e) {
    String connstr=@"Data Source=localhost; Initial Catalog=ADOtest; Integrated
Security=True";
    using(SqlConnection Conn=new SqlConnection(connstr)
    {
      try{
          Conn.Open();
          Message.Text=Conn.State.ToString();
      }
      catch(Exception ex)
      {
          Console.WriteLine(ex.Message);
      }
    }
  }
 }
}
```

右击页面，选择"在浏览器中查看"项访问该页面，运行结果如图 5-7 所示。

图 5-7　显示连接 SQL Server 数据库的连接状态

4. 数据库连接池

建立到数据库的连接是一项复杂而又费时的工作，若每一次操作数据库时都建立连接，使用完成后又释放，必将浪费大量的时间和资源。为提高操作效率，ASP .NET提供了连接池的机制。在 Web 应用第一次连接数据库时，系统会隐含地建立一定数量的连接，放在池中集中管理；以后每当再次请求该数据库时，直接从池中"借"出一个连接来使用，使用完成后再归还到池中，这样可以最大限度地降低重复打开和关闭连接所造成的成本。

ADO .NET通常根据连接字符串来自动创建连接池，多个连接若连接字符串相同则使用同一个连接池，若某个连接的连接字符串与现有池的连接字符串不同，系统将创建一个新的连接池；ADO .NET 可同时保留多个池，每种配置各一个。

ADO .NET中的连接池对开发者完全透明，数据访问代码不需要做任何更改。当调用 Open()方法打开连接时，连接实际上由连接池提供而不是再次创建；当调用 Close()或 Dispose()方法释放连接时，它并没有真正被释放，而是重新回到了池中等待下一次请求。

5. 保存连接字符串

将连接字符串硬编码到程序中不是好的编程风格，若以后数据库连接参数发生了变化，所有操作数据库的代码块都需要更改，这将引起灾难性的后果。另外，由于 ADO .NET通常根据连接字符串来创建连接池，若不同页面中的连接字符串格式稍有差异，系统将创建不同的连接池，这对系统性能也会造成一定影响。

好的编程风格是将连接字符串保存在一个配置文件中，这样，每当应用程序要连接数据库时，从配置文件中根据连接字符串的"键名"获取其"键值"，并以此建立连接。若数据库连接参数发生了变化，只需要在配置文件中更改一次"键值"，应用程序中不需要做任何更改。

在 Web 应用中通常将连接字符串保存到主目录下的 Web. config 配置文件中。打开该文件，会看到其中默认有两个配置节，即：<appSettings>节和<connectionStrings>节，在这两个配置节下都可以写入连接字符串。一般放在<connectionStrings>中，如：

```
<connectionStrings>
<add name="connstr" connectionString="Data Source=YANGRU-PC;Initial Catalog=ADO-
test;Integrated Security=True"/>
 </connectionStrings>
```

或者写在<appSettings>中：

```
  <appSettings>
<add key="connstr" value="Data Source=YANGRU- PC; Initial Catalog=ADOtest; Inte-
grated Security=True"/>
  </appSettings>
```

在以上两种方式中，name 和 key 指定连接字符串的"名字"，connectionString 和 value 指定其内容。

在程序中要使用连接字符串时，可以通过静态类 ConfigurationManager 来获取，代码如下：

```
string connstr = ConfigurationManager. ConnectionStrings ["connstr"]. Connection-
String;
```

或者

```
string connstr=ConfigurationManager. AppSettings["connstr"];
```

前者从<connectionStrings>节中获取连接字符串，后者从<appSettings>节中获取。由于 ConfigurationManager 类定义在 System. Configuration 命名空间中，所以代码开始要导入该命名空间，如下所示：

```
using System. Configuration;
```

5.2.3　Command 对象

建立与数据源的连接后，使用 Command 对象来执行命令并从数据源中返回结果。每一种.NET数据提供程序都有一个特定的 Command 对象，实际应用中应正确选择。例如，适用于 SQL Server .NET提供程序的是 SqlCommand 对象，适用于 Oracle .NET提供程序的是 OracleCommand 对象。

可以使用各种命令对象的构造函数来创建命令对象，例如：

```
//创建命令对象,同时指定所用数据库连接及要执行的 SQL命令
SqlCommand cmd=new SqlCommand("select*from wayBill",conn);
或者
//单独创建命令对象,然后通过属性指定所用连接和 SQL命令
SqlCommand cmd=new SqlCommand();
cmd. CommandText="select*from wayBill";
cmd. Connection=conn;
```

也可以在连接对象上调用 CreateCommand()方法创建相关的命令对象，代码如下：

```
SqlCommand cmd=conn .CreateCommand();
cmd. CommandText="select*from wayBill";
```

1. 命令对象的常用成员

所有命令对象都从 System. Data. Common. DbCommand 类继承，其使用方法大致相同。它们都含有如下的常用属性：

- CommandText：获取或设置针对数据源运行的文本命令。该属性通常指定为一条 SQL 语句，或者一个存储过程的名称。

- CommandType：指定 CommandText 的类型，其取值为 System. Data. CommandType 枚举；若选"Text"，表示要执行一条 SQL 语句；若选"StoredProcedure"，表示要执行一个存储过程。

- Connection：获取或设置该命令对象依赖的数据库连接对象。

- Parameters：获取命令参数的集合，当执行参数化查询时该属性非常重要。例如，要根据书名查询一本书籍，就需要将书名作为参数传递进去。

还具有如下常用方法：

- Cancel()：尝试取消 DbCommand 的执行。

- Dispose()：释放命令对象所使用的所有资源。

- ExecuteNonQuery()：执行一个非查询的 SQL 语句或存储过程，例如执行 Update 命令就需要调用该方法。

- ExecuteReader()：执行查询命令或存储过程，返回由 DataReader 封装的记录集。

- ExecuteScalar()：执行查询命令或存储过程，返回一个标量值（即返回单值）。该命令在聚合查询中非常有用，例如要统计某一本书籍某天的销售量。

2. 使用 ExecuteReader( )方法

在命令对象上调用其 ExecuteReader()方法，可以执行一条 Select 语句，其返回值为 DataReader 对象。例如：

```
SqlCommand cmd=conn.CreateCommand();
cmd.CommandText="select*from wayBill";
SqlDataReader dr=cmd.ExecuteReader();
```

在 Web 应用程序中，经常要根据用户的输入在数据库中查询满足条件的记录，这时需要动态构造一条 SQL 语句。通常采用字符串拼接的方式构造动态 SQL，请看如下示例。

［例 5-3］　在 ADOtest 数据库中，根据运单号查询该顾客的订单信息，运行效果如图 5-8 所示。

图 5-8　根据顾客号查询该顾客的订单页面

页面代码如下（test5 _ 3. aspx）：

```
<form id="form1" runat="server">
运单号:<asp:TextBox id="mytext"size="10"runat="server"/>
```

```
<asp:Button id="submit"onClick="submit_Click"runat="server"Text="查询"></asp:
Button>
<br/>
<asp:GridView id="GridView1"runat="server"></asp:GridView>
</form>
```

查询按钮的单击事件代码如下：

```
void submit_Click(object sender,EventArgs e) {
    string connstr=@"Data Source=localhost; Initial Catalog=ADOtest; Integrated
Security=True";
    string sql="select*from wayBill where waybillID='"+mytext.Text+"'";
    using(SqlConnection conn=new SqlConnection(connstr)) {
        SqlCommand cmd=conn.CreateCommand();
        cmd.CommandText=sql;
        conn.Open();
        SqlDataReader dr=cmd.ExecuteReader();
        GridView1.DataSource=dr;
        GridView1.DataBind();
        conn.Close();
    }
}
```

上例中，如果已在配置文件<connectionStrings>中或者<appSettings>中写入了连接字符串，则可直接从配置文件中读取连接字符串，代码如下：

```
string connstr = ConfigurationManager.ConnectionStrings["connstr"].Connection-
String;
```

该示例中，查询用的 Select 语句采用字符串拼接的方式生成。当 Select 语句中查询条件较多时，可以使用 StringBuilder 对象辅助拼接，例如：

```
StringBuilder sb=new StringBuilder();
sb.Append("select waybillID,phone,consignee,endaddress from wayBill where waybil-
lID=' ");
sb.Append(mytext.Text);
sb.Append("' ");
cmd.CommandText=sb.ToString();
```

使用字符串拼接的方式存在一定的安全隐患，容易被利用进行 SQL 注入攻击。为解决这个问题，通常使用参数化命令，即在 SQL 文本中使用占位符来代表命令参数，然后通过 Parameter 对象将参数值传递进来。例如，根据运单号查询运单的程序中，运单号可以作为参数输入，相关代码如下：

```
cmd.CommandText=
"select waybillID, phone, consignee, endaddress from wayBill where waybillID = @
wbid";
    SqlParameter parameter=new SqlParameter("@wbid",SqlDbType.VarChar);
    parameter.Value=mytext.Text;
```

```
cmd.Parameters.Add(parameter);
SqlDataReader dr=cmd.ExecuteReader();
```

参数化命令中可以同时传递多个参数，例如要查询指定目数量范围的所有运单，可以使用如下的命令格式：

```
cmd.CommandText="select waybillID,phone,consignee,endaddress from wayBill where "
+"goodsnumbers between@minnum and@mixnum";
cmd.Parameters.Add("@minnum",SqlDbType.int);
cmd.Parameters.Add("@mixnum",SqlDbType.int);
cmd.Parameters["@minnum"].Value="10";
cmd.Parameters["@mixnum"].Value="20";
```

参数占位符的语法取决于数据提供程序，如表 5-2 所示。

表 5-2　参数占位符的语法与数据提供程序的关系

数据提供程序	参数占位符语法
System.Data.SqlClient	以 @parametername 格式使用命名参数
System.Data.OracleClient	以 ：parmname(或 parmname)格式使用命名参数
System.Data.OleDb	使用由问号(?) 表示的位置参数标记
System.Data.Odbc	使用由问号(?) 表示的位置参数标记

可以看出，SqlClient 和 OracleClient 提供程序都使用了命名参数，通过参数名明确区分各个参数，而 OleDb 和 Odbc 提供程序都没有为参数命名，只是用"?"通配符来置换，当传递多个参数时，只能根据参数出现的先后顺序来进行区分，所以一定要保证参数的添加顺序与其在 SQL 字符串中的位置顺序相一致。

例如，使用 OleDb 方式连接 SQL Server 数据库，查询指定数量范围内运单的示例代码如下：

```
using(OleDbConnection conn=new OleDbConnection(connstr)){
  OleDbCommand cmd=conn.CreateCommand();
  cmd.CommandText="select waybillID,phone,consignee,endaddress from wayBill"+"
where goodsnumbers between? and?";
  cmd.Parameters.AddWithValue("@minnum","10");
  cmd.Parameters.AddWithValue("@todate","20");
  conn.Open();
  OleDbDataReader dr=cmd.ExecuteReader();
  GridView1.DataSource=dr;
  GridView1.DataBind();
  dr.Close();
}
```

利用 ExecuteReader 方法可以执行带条件的 Select 语句，比如：Where 子句，Like 子句都可以利用 ExecuteReader 执行。如下例使用了 Like 子句实现了模糊查询。

[**例** 5-4] 使用 Like 子句实现模糊查询(test5 _ 4.aspx)。

```
<%@ Page Language="C#"%>
```

```
<%@ Import Namespace="System.Data"%>
<%@ Import Namespace="System.Data.SqlClient"%>
<head runat="server">
    <title>使用 Like 子句实现模糊查询</title>
<script runat="server">
void submit_Click(Object sender,EventArgs e) {
    SqlConnection Conn=new SqlConnection();
    Conn.ConnectionString=@"Data Source=localhost;Initial Catalog=ADOtest;Inte-
grated Security=True";
    Conn.Open();
    string sql="select*from wayBill";
    if(mytext.Text!="")
        sql="select*from wayBill where consignee like '% "+mytext.Text+"% '";
    Message.Text=sql;
    SqlCommand Comm=new SqlCommand(sql,Conn);
    SqlDataReader dr=Comm.ExecuteReader();
    dg.DataSource=dr;
    dg.DataBind();
    Conn.Close();
}
</script>
<form id="myform" name="myform" runat="server">
<asp:TextBox id="mytext" size="50" runat="server"/><br/>
<asp:Button id="submit" onClick="submit_Click" runat="server" Text="查询">
</asp:Button><br/>
<asp:label id="Message" runat="server"/><br/>
<asp:DataGrid id="dg" runat="server"/>
</form>
```

程序中利用 DataGrid 控件进行数据输出。DataBind()函数将数据库表绑定到 Data-Grid 控件上。最关键的是如何将变量加到 SQL 语句中去。"SQL=" select * from way-Bill where consignee like '%" +str+"%'" 语句中 str 是变量，要得到正确的格式只要按照下面的两个步骤进行操作。

(1)写出正确的 SQL 语句，SQL=" select * from wayBill where consignee(收件人姓名)like '%武%'"，因为姓名是文本型变量，所以必须加上单引号，在 SQL 语句中，用单引号表示字符型变量。

(2)确定要替换的变量，这里是要将"武"替换成变量 Key。替换的规则是：删除"武"字，在原字符串"武"的位置，首先加上两个双引号，然后在两个双引号之间加上两个加号，最后将变量加到两个加号中间。

按照两个步骤，首先删除武字，加上两个引号得到"" Select * from grade where consignee like '%""%'""，然后在刚才加的两个双引号之间加上两个加号，得到"" Select * from grade where consignee like '%" ++"%'""，最后再将变量加到两个加号之间，得到"" Select * from grade where consignee like '%" +str+"%'""。可以看出按照这

两个步骤写出的 SQL 语句和程序中一样，是正确的。程序执行的结果如图 5-9 所示。

图 5-9　使用 Like 子句实现模糊查询

3. 使用 ExecuteScalar( )方法

调用命令对象的 ExecuteScalar( )方法将返回查询结果中第一行第一列的值，若结果中包含多行或多列，系统都将忽略其余数据。该方法常用于返回 SQL 聚合函数的查询结果，例如要查询 wayBill 表，统计并显示运单总数量，可使用如下代码：

```
using(SqlConnection conn=new SqlConnection(connstr)) {
    SqlCommand cmd=conn.CreateCommand();
    cmd.CommandText="select count(*) from wayBill";
    conn.Open();
    int num=(int)cmd.ExecuteScalar();
    lblmsg.Text=string.Format("运单总数:<b>{0}</b>",num);
}
```

注意 ExecuteScalar( )方法的返回结果为 object 类型，一定要根据查询语句强制转换成合适的数据类型。

［例 5-5］　使用 ExecuteScalar 方法（test5 _ 5. aspx）。

```
<%@ Page Language="C#"%>
<%@ Import Namespace="System.Data"%>
<%@ Import Namespace="System.Data.SqlClient"%>
<script runat="server">
void Page_Load(Object sender,EventArgs e) {
  SqlConnection Conn=new SqlConnection();
  Conn.ConnectionString=
    @"Data Source=localhost;Initial Catalog=ADOtest;Integrated Security=True";
  SqlCommand cmd=Conn.CreateCommand();
  cmd.CommandText="select avg(goodsnumbers) from wayBill";
  Conn.Open();
  Decimal anum=Convert.ToDecimal(cmd.ExecuteScalar());
  Message.Text=string.Format("各运单的平均件数是:{0}件",anum);
  Conn.Close();
}
</script>
<form id="myform"name="myform"runat="server">
  <asp:Label id="Message"runat="server"/>
</form>
```

程序结果如图 5-10 所示。

图 5-10　使用 ExecuteScalar 方法

4. ExecuteNonQuery( )方法

调用命令对象的 ExecuteNonQuery()方法执行不返回结果集的命令，如 Insert、Update、Delete 等数据操纵语句，以及 Create Table 等数据定义语句。

[例 5-6]　使用 ExecuteNonQuery()方法(test5 _ 6. aspx)。

```
using System;
using System. Data. SqlClient;
void Page_Load(Object sender, EventArgs e) {
  String connstr=@"Data Source=localhost; Initial Catalog=ADOtest; Integrated Se-
curity=True";
  using(SqlConnection conn=new SqlConnection(connstr)) {
  conn. Open();
  SqlCommand cmd=conn. CreateCommand();

  //执行插入操作
  cmd. CommandText=
  "Insert into wayBill(waybillID, consignee, phone, startaddress, endaddress, good-
snumbers) values
  ('A602900005','孙梅','02157789','西安大明宫站点','上海浦东新区','30')";
  int num=cmd. ExecuteNonQuery();
  lblmsg. Text+=string. Format("<br/>共插入记录:<b>{0}条</b> ", num);

  //执行更改操作
  cmd. CommandText="Update wayBill set goodsnumbers='8' "+"where goodsnumbers=
4";
  num=cmd. ExecuteNonQuery();
  lblmsg. Text+=string. Format("<br/>共修改记录:<b>{0}条</b>", num);

  //执行删除操作
  cmd. CommandText="Delete from wayBill where waybillID='A602900005'";
  num=cmd. ExecuteNonQuery();
  lblmsg. Text+=string. Format("<br/>共删除记录:<b>{0}条</b>", num);
  Console. Write("操作成功");
  }
}
```

页面代码如下：

```
<form id="myform" name="myform" runat="server">
  <asp:Label id="lblmsg" runat="server"/>
</form>
```

以上代码，也可以一起放在 test5_6.aspx 页面内，Page_Load 事件代码必须写在 <script> 标签内，并且在页面中须添加如下代码，引入相应的命名空间：

```
<%@ Import Namespace="System.Data"%>
<%@ Import Namespace="System.Data.SqlClient"%>
```

ExecuteNonQuery()方法的返回值为整型数，代表执行命令后受影响的记录行数。上述例题结果如图 5-11 所示。

图 5-11　使用 ExecuteNonQuery()方法

5. 执行存储过程

存储过程是保存在数据库中的可被批量执行的一条或多条 SQL 语句，它与函数类似，具有良好的程序结构，可以通过输入参数接收数据，也可以通过输出参数返回数据。使用存储过程具有很多优点：

(1)可以大幅度地提高程序性能。由于存储过程是多条语句的复合体，只访问一次数据库就可以完成很多工作，比起使用 command 对象一次次地向数据库发送 SQL 语句，效率要高得多；另外，存储过程在数据库中进行了编译和优化，执行效率也提高了很多。

(2)可以简化应用程序的设计。对于非常复杂的业务处理(例如销售统计)，若将处理逻辑封装在存储过程中，则应用程序中只需简单地调用存储过程就可以完成所有工作，有效地降低了程序的复杂度。

(3)使程序更易于维护。将复杂的数据处理逻辑从应用程序中分离出来，可以对存储过程进行优化，只要接口不变，就不需要更改或重新编译应用程序。

(4)有利于人员分工。大型项目中明确的人员分工异常重要，使用存储过程，可以将复杂的数据处理逻辑分工给数据库开发人员，使任务更加明确。

使用 Command 对象调用存储过程的方式与执行普通 SQL 命令的方式类似，只是要将其命令对象的 CommandText 属性设置为存储过程的名称，CommandType 属性设定为命令类型枚举中的 StoredProcedure，然后通过参数将类型名称传递给存储过程。若该过程执行后返回的是记录集，则调用命令对象的 ExecuteReader 方法；若存储过程的返回结果不是记录集，一般通过命令对象的 ExecuteNonQuery 方法调用。

存储过程可以带输入输出参数，利用下面的存储过程来说明如何同时使用输入和输出参数，该存储过程十分常用，可以用来做密码验证。

[**例** 5-7]　使用存储过程验证密码。

(1)首先，创建用户表 WebUsers。

```
use ADO.test
go
create table WebUsers
(
    username varchar(20),
    userpass varchar(10)
)
--向表中添加数据
insert into webusers values('admin','admin')
insert into webusers values(sqltest,sqltest)
```

(2)创建带输入输出参数的存储过程。

```
ALTER PROCEDURE dbo.sp_CheckPass
(@CHKName VARCHAR(20),@CHKPass VARCHAR(20),@ISValid varCHAR(10) OUTPUT)
AS
IF EXISTS(SELECT username FROM dbo.WebUsers WHERE username=@CHKName AND userpass=
@CHKPass)
SELECT @ISValid='正确'
ELSE
SELECT @ISValid='错误'
RETURN
```

(3)调用存储过程的输入和输出参数(test5_7.aspx)。

```
<%@ Page Language="C#"%>
<%@ Import Namespace="System.Data"%>
<%@ Import Namespace="System.Data.SqlClient"%>
<script runat="server">
void btn_Click(Object sender,EventArgs e) {
  String connstr=@"Data Source=localhost;Initial Catalog=ADOtest;Integrated Se-
curity=True";
  using(SqlConnection conn=new SqlConnection(connstr)) {
    SqlCommand cmd=conn.CreateCommand();
    cmd.CommandText="sp_CheckPass";
    cmd.CommandType=CommandType.StoredProcedure;
    //添加并给参数赋值
    SqlParameter Parm=cmd.Parameters.Add("@CHKName",SqlDbType.Var-Char,10);
    Parm.Value=tbxname.Text;
    Parm=cmd.Parameters.Add("@CHKPass",SqlDbType.VarChar,20);
    Parm.Value=tbxpass.Text;
    Parm=cmd.Parameters.Add("@ISValid",SqlDbType.VarChar,10);
    Parm.Direction=ParameterDirection.Output;
    conn.Open();
```

```
    SqlDataReader dr=cmd.ExecuteReader();
    lblmsg.Text=cmd.Parameters["@ISValid"].Value.ToString();
  }
}
</script>
<form id="myform" name="myform" runat="server">
  用户名：<asp:TextBox id="tbxname" runat="server"/><br/><br/>
  密码：<asp:TextBox id="tbxpass" runat="server" TextNode="Password"/>
  <asp:Button ID="insert" OnClick="btn_Click" Text="验证" runat="server"/><br/>
  <asp:Label ID="lblmsg"runat="server"/>
</form>
```

当输入用户名和密码都是 admin 或者都是 sqltest 时，点击"验证"按钮，返回"正确"，否则返回"错误"。结果如图 5-12 所示。

图 5-12　使用存储过程验证用户名和密码

本例中，将命令对象的 CommandText 属性设置为存储过程的名称，CommandType 属性设定为命令类型枚举中的 StoredProcedure，然后通过参数将类型名称传递给存储过程。由于该过程执行后将返回记录集，所以调用了命令对象的 ExecuteReader 方法。

6. ADO .NET事务处理

事务是一些事件的集合，执行一条 SQL 语句可以理解成一个事件。事务中包含多个事件，如果每一个事件都能执行成功的时候，事务才执行，如果有任何一个事件不能成功执行，事务的其他事件也不被执行。

在 ADO .NET中使用 Connection 对象的 "BeginTransaction()" 方法来申明事务开始，利用 Transaction 对象的 "Commit()方法" 来提交事务，利用 Transaction 对象的 "Rollback()" 方法来回滚事务。

[例 5-8]　使用事务的基本格式(test5 _ 8.aspx)。

```
<%@Page Language="C#"%>
<%@Import Namespace="System.Data"%>
<%@Import Namespace="System.Data.OleDb"%>
<script runat="server">
void Page_Load(Object sender,EventArgs e) {
    String connstr=@"Data Source=localhost;Initial Catalog=ADOtest;
    Integrated Security=True";
    SqlConnection conn=new SqlConnection(connstr);
    conn.Open();
```

```
    SqlCommand cmd=new SqlCommand();
    cmd. Connection=conn;
    SqlTransaction Trans;
    Trans=conn. BeginTransaction();
    cmd. Transaction=Trans;
try {
    cmd. CommandText="UPDATE wayBill SET goodsnumber=30
                    WHERE consignee LIKE '%柳%'";
    cmd. ExecuteNonQuery();
    cmd. CommandText="UPDATE wayBill SET phone='15352534377'
                    WHERE consignee LIKE '%胡%'";
    cmd. ExecuteNonQuery();
    Trans. Commit();
    Response. Write("事务执行成功!");
    }
    catch(Exception ex) {
    Trans. Rollback();
    Response. Write("出现错误,事务已经回滚!");
    }
    finally {
    conn. Close();
    }
}
</script>
```

程序中，如果有一条 UPDATE 语句不能成功执行，另一个语句也将不能执行。因为数据表中不存在"胡"字相关的数据，所以执行结果如图 5-13 所示。

图 5-13　事务的简单示例

5. 2. 4　DataReader 对象

数据库系统中最常用的操作是数据检索，这使用 Select 语句来完成，检索的结果是一个记录集。在应用程序中通常使用两种方式访问该记录集：一是使用 DataReader，二是使用 DataTable。

DataReader 允许你以只读、只进的方式，每次读取一条记录进行处理。该方式占用内存资源极小，操作效率极高，是获取数据最简单高效的方式。DataReader 对象通过 Command 对象的 ExecuteReader()方法创建。取 DataReader 对象的数据，有两种方法：一种通过和 DataGrid 等数据控件绑定，直接输出；另一种方法是利用循环将其数据取出。

每种.NET数据提供程序都定义了各自的 DataReader 类，有 SqlDataReader、Oracle-DataReader、OleDbDataReader、OdbcDataReader，它们都从 DbDataReader 类继承，其核心成员如表 5-3 所示。

表 5-3　DataReader 对象的核心成员

成员	描述
HasRows 属性	指示该 DataReader 中是否包含数据
FieldCount 属性	获取当前行中的列数
Read()方法	(1)将游标移动到记录集的下一行 (2)判断是否到数据库表的最后，如果到了最后，则返回 false
GetValue()方法	获取当前行中指定序号的字段的值，系统将根据数据源中该字段的数据类型匹配一个最相近的.NET数据类型返回
GetXxx()方法	获取当前行中指定序号的字段的值，但明确指定了返回值的类型，所以返回类型与方法名称中指定的类型一致 例如：GetInt32()、GetChar()、GetDateTime()等
Close()方法	关闭 DataReader 对象

使用 DataReader 对象操作记录集时，要先移动游标定位到指定行，然后再获取各列的数据。刚得到 DataReader 时，游标位于第一条记录的前面，这时还无法读取数据，必须先调用 Read()方法，让游标下移一行，然后才可以操作。Read()方法返回一个布尔值，表示游标是否已经指向记录集的末尾，只有返回 true 才可以读取数据，若返回 false 则说明已经没有数据。

[例 5-9]　查询并显示 WebUsers 表中所有用户的用户名和密码(test5 _ 9. aspx)。

```
<%@ Page Language="C#"%>
<%@ Import Namespace="System. Data"%>
<%@ Import Namespace="System. Data. SqlClient"%>
<script runat="server">
void Page_Load(Object sender,EventArgs e) {
    String connstr=@"Data Source=localhost; Initial Catalog=ADOtest; Integrated
Security=True";
    using(SqlConnection conn=new SqlConnection(connstr))
    {
        SqlCommand cmd=conn. CreateCommand();
        cmd. CommandText="Select username,userpass from WebUsers";
        conn. Open();
        SqlDataReader reader=cmd. ExecuteReader();
        StringBuilder sb=new StringBuilder("");
        sb. Append("<table border='1' width='200'><tr><td> 用户名</td><td>密码</
td></tr>");
        while(reader. Read()) {
```

```
        sb.Append("<tr><td>");
        sb.Append(reader[0]);
        sb.Append("</td><td>");
        sb.Append(reader["userpass"]);
        sb.Append("</td></tr>");
    }
    sb.Append("</table>");
    reader.Close();
    lblmsg.Text=sb.ToString();
    }
  }
</script>
<form id="myform"name="myform"runat="server">
<asp:Label ID="lblmsg"runat="server"/>
</form>
```

可以看出，得到 DataReader 对象后，在 while 循环中不断调用其 Read()方法遍历记录集，直到游标指向记录集末尾。游标每定位到某一行，系统会自动将该行数据获取到内存中，这时向 DataReader 传递列的名称或序号，就可以访问指定列的数据。结果如图 5-14 所示。

图 5-14　查询并显示 WebUsers 表中所有用户名和密码

使用 GetValue()方法或 GetXxx()方法，传递列号进去，也可以获取指定列的数据，只是，使用后一种方法，明确地指定了所获取的数据的类型，执行效率要更高一些。

5.2.5　DataAdapter 对象

DataAdapter 对象用于从数据源中获取数据、填充 DataSet 中的表和约束并将对 DataSet 的更改提交回数据源。DataAdapter 对象有 4 个重要属性 SelectCommand、InsertCommand、UpdateCommand 和 DeleteCommand，这 4 个属性都是 Command 对象。其中只有 SelectCommand 用来执行查询，是必须的。其他的 3 个用于执行数据操作。通过 DataAdapter 的 Fill 方法，将表内容填充到 DataSet 对象中，而且可以填充多个表，调用时，实际上是先使用 SelectCommand 检索数据，然后再填充到 DataTable 中。利用别名来区分，比如 "da.Fill(ds," grade1");" 的功能是将 da 对象中的数据填充到 ds 对象中，并起别名 "grade1"，后面的例子说明 Fill 方法的使用。

SQL 语句有两种方式传给 DataAdapter 对象，一是通过 4 个属性传递 SQL 语句；二是通过 DataAdapter 对象的构造函数传递。通过构造函数传递的方法如例 5-10 所示。

［例 5-10］　使用 DataAdapter 对象构造方法执行（test5-10.aspx）。

```
<%@ Page Language="C#"%>
<%@ Import Namespace="System.Data"%>
<%@ Import Namespace="System.Data.SqlClient"%>
<script runat="server">
void Page_Load(Object sender,EventArgs e) {
    String connstr=@"Data Source=localhost; Initial Catalog=ADOtest; Integrated
Security=True";
    using(SqlConnection conn=new SqlConnection(connstr))
    {
        string sql="select*from wayBill";
        //创建 DataAdapter 对象,需传入要执行的查询语句和连接对象
        SqlDataAdapter adapter=new SqlDataAdapter(sql,conn);
        //创建 DataSet 对象,并向其中的 wayBill 表中填充数据
        DataSet ds=new DataSet();
        //Fill 方法第一个参数指定 DataSet,第二个指定要填充的 DataTable 名称
        adapter.Fill(ds,"wayBills");
        dg.DataSource=ds.Tables["wayBills"].DefaultView;
        dg.DataBind();
    }
    }
</script>
<form id="myform"name="myform"runat="server">
<asp:DataGrid id="dg"runat="server"/>
</form>
```

通过 DataAdapter 对象的构造函数 "SqlDataAdapter（sql，conn）"，传入数据库连接对象和 SQL 语句，如果要处理 DataAdapter 对象中的数据，需要将其传递给 DataSet 对象。语句 "adapter.Fill（ds，"wayBills"）；" 的功能是将 adapter 中的数据填充到 DataSet 对象中，并起一个别名 "wayBills"。程序最后将 DataSet 对象中的数据和 DataGrid 进行绑定，然后输出，如图 5-15 所示。

DataAdapter 还可以通过 4 个属性传递数据，给 4 个属性赋值的对象必须是 Command 对象。如果 Command 对象执行的是 Select 语句，必须将对象传递给 SelectCommand 属性；如果是 Update 语句，则传递给 UpdateCommand 属性；如果是 Insert 语句，则传递给 InsertCommand 属性；如果是 Delete 语句，则传递给 DeleteCommand 对象。

图 5-15　使用 DataAdapter 的构造函数

[例 5-11]　使用 DataAdapter 对象的 SelectCommand 属性(test5 _ 11. aspx)。

```
<%@ Page Language="C#"%>
<%@ Import Namespace="System. Data"%>
<%@ Import Namespace="System. Data. SqlClient"%>
<script runat="server">
void Page_Load(Object sender, EventArgs e) {
    String connstr= @ "Data Source= localhost; Initial Catalog= ADOtest; Integrated
Security= True";
    using(SqlConnection Conn= new SqlConnection(connstr))
    {
        string sql= "select *  from wayBill";
        SqlCommand Com= new SqlCommand(sql, Conn);
        SqlDataAdapter da= new SqlDataAdapter();
        da. SelectCommand= Com;
        Conn. Open();
        DataSet ds= new DataSet();
        da. Fill(ds, "wayBills");
        dg. DataSource= ds. Tables["wayBills"]. DefaultView;
        dg. DataBind();
    }
}
</script>
```

程序中,首先创建了 1 个 Command 对象和 DataAdapter 对象,因为执行的是 Select
语句,所以将 Command 对象赋值给 DataAdapter 对象的 SelectCommand 属性。执行结
果同例 5-10。

默认的情况下,Connection 对象执行 Open 方法的时候,DataAdapter 将自动调用
SelectCommand 属性。除了 SelectCommand 属性,其他 3 个属性需要使用 "Exe-
cuteNonQuery()" 方法调用。

[例 5-12]　使用 DataAdapter 对象的 InsertCommand 属性(test5 _ 12. aspx)。

```
<%@ Page Language="C#"%>
<%@ Import Namespace="System. Data"%>
<%@ Import Namespace="System. Data. SqlClient"%>
<script language="C#"runat="server">
void Page_Load(Object sender, EventArgs e) {
```

```
    string connstr=
        @"Data Source=localhost; Initial Catalog=ADOtest; Integrated Security=
True";
    SqlConnection Conn=new SqlConnection(connstr);
    string strInsertSQL="INSERT INTO WebUsers(userID,username,userpass) VALUES('3
','gates','123456')";
    string strSelectSQL="SELECT* FROM WebUsers WHERE username='gates'";
    string strUpdateSQL="UPDATE WebUsers SET userpass='654321' WHERE userID='3'";
    // 创建 Command 对象
    SqlCommand InsertComm=new SqlCommand(strInsertSQL,Conn);
    SqlCommand SelectComm=new SqlCommand(strSelectSQL,Conn);
    SqlCommand UpdateComm=new SqlCommand(strUpdateSQL,Conn);
    // 创建 DataAdapter 对象 da
    SqlDataAdapter da=new SqlDataAdapter();
    Conn.Open();
    da.SelectCommand=SelectComm;
        da.InsertCommand=InsertComm;
    da.UpdateCommand=UpdateComm;
    // 创建并填充 DataSet
    DataSet ds=new DataSet();
    da.Fill(ds,"user1");
    da.InsertCommand.ExecuteNonQuery();
    da.Fill(ds,"user2");
    da.UpdateCommand.ExecuteNonQuery();
    da.Fill(ds,"user3");
    // 将 DataSet 绑定到 DataGrid 控件
    dg1.DataSource=ds.Tables["user1"].DefaultView;
    dg2.DataSource=ds.Tables["user2"].DefaultView;
    dg3.DataSource=ds.Tables["user3"].DefaultView;
    dg1.DataBind();
    dg2.DataBind();
    dg3.DataBind();
    // 关闭连接
    Conn.Close();
    }
</script>
<form id="myform"name="myform"runat="server">
    DataGrid1:<asp:DataGrid id="dg1"runat="server"/><br/>
    DataGrid2:<asp:DataGrid id="dg2"runat="server"/><br/>
    DataGrid3:<asp:DataGrid id="dg3"runat="server"/>
</form>
```

　　程序使用了 3 种 SQL 语句：Select 语句、Update 语句和 Insert 语句。分别赋值给
DataAdapter 对象 3 个属性。执行 Select 语句输出 DataGrid1，然后执行 Insert 语句输出
DataGrid2，最后执行 Update 语句输出 Data3，可以从中看出数据的变化，如图 5-16 所示。

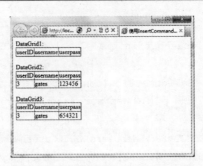

图 5-16　使用 InsertCommand 属性

5.3　DataSet 的架构

DataReader 是基于连接的对象，只有在数据处理完成后才可以断开到数据源的连接。DataSet 架构则使用了 ADO .NET非连接的特性，可以将批量数据读入内存，然后进行离线的处理，最后还可以将处理结果批量写回数据库中。为实现 DataSet 与数据库的交互，通常使用 DataAdapter 对象。

DataSet 中主要包含两种元素，一是表的集合，二是表间关系的集合，前者代表数据，后者代表约束。

5.3.1　DataTable

DataTable 是 DataSet 架构的核心，代表内存中的表。依靠它可以离线处理数据，可以前、后移动游标定位记录，快速检索记录，对记录进行排序，按条件过滤记录等。DataTable 既可以包含在 DataSet 中，也可以游离于 DataSet 之外而独立存在（这时将无法建立表间约束，也无法实现完整性约束）。

1. 创建 DataTable 对象

DataTable 中主要包含两方面信息：一是架构，通过列的集合来指定；二是数据，通过行的集合来指定。

若以编程的方式创建 DataTable，则要先创建各列的 DataColumn 对象并将其添加到 DataColumnCollection 中，这样才能确定表格的架构。请看如下示例：

```
DataTable dt=new DataTable();
DataColumn col=dt.Columns.Add("userID",typeof(Int32));
col.Unique=true;
dt.Columns.Add("username",typeof(String));
dt.Columns.Add("userpass",typeof(String));
```

通过 DataTable 对象的 Columns 属性可以获取其列集，在列集上调用 Add()方法，并传入列名和数据类型来创建列对象。还可以在列对象上指定约束，例如本例中对 userID 列设定了唯一约束，即所有记录的 CustID 不能重复。

2. 向 DataTable 中添加数据

DataTable 的数据包含在行集中，每行数据用一个 DataRow 对象表示。可通过编程方式向 DataTable 的行集中添加行数据，示例代码如下：

```
DataRow row=dt.NewRow();
row[0]=1;
row["username"]="Tom";
row["userpass"]="111111";
dt.Rows.Add(row);
```

调用 DataTable 对象的 NewRow()方法返回一个新行，行中包含若干个列，通过指定列的序号或者名称可以访问指定列，本例中通过这种方式向三个列分别赋值。通过 DataTable 对象的 Rows 属性可以访问其行集，在行集上调用 Add()方法，可以将行对象添加到表中，表中于是有了数据。

通常我们都是从数据库中检索数据并填充到 DataTable 中，最直接的方式是调用 DataTable 对象的 Load()方法，并传入一个 DataReader 对象，这样系统会自动从 DataReader 中不断获取数据并装载到 DataTable 中。请看如下示例：

```
cmd.CommandText="Select user,username,userpass from WebUsers";
SqlDataReader reader=cmd.ExecuteReader();
dt.Load(reader);
```

在 DataSet 架构中通常使用 DataAdapter 对象来创建数据表并向其中填充数据。

当使用 Load()方法装载数据，或者使用 DataAdapter 对象填充数据时，由于可以连接到数据库，自动获取表的架构信息，所以不需要专门编写代码定义数据表结构，只要创建空的 DataTable 对象，即可开始装载或填充数据。

3. 遍历表中数据

DataTable 的 Rows 属性返回行的集合，其中每个元素就是一条记录，通常使用 Foreach 循环遍历行集中的每一个 DataRow。而 DataRow 又是字段值的容器，可以通过字段序号或名称访问它们。下面的代码演示了如何遍历并显示 DataTable 中的数据。

```
StringBuilder sb=new StringBuilder("<table> ");
sb.Append("<tr><td> username</td><td> userpass</td></tr> ");
foreach(DataRow row in dt.Rows)
{
    sb.Append("<tr><td> ");
    sb.Append(row["username"].ToString());
    sb.Append("</td><td> ");
    sb.Append(row["userpass"].ToString());
    sb.Append("</td></tr> ");
}
sb.Append("</table> ");
lblmsg.Text=sb.ToString();
```

4. 检索表中数据

DataTable 提供了一个有用的方法 Select()，可以返回满足条件的行集；该方法使用的表达式与 SQL Select 语句中 Where 子句的作用类似，只是 Select()方法在内存表中查询，不执行任何的数据库操作。例如，假设 productdt 数据表中包含着所有商品的信息，要查找类别号为 2 的商品并显示其名称，可使用如下的代码片段。

```
DataRow[]matchrows=dt.Select("CategoryID=2");
StringBuilder sb=new StringBuilder("<ul> ");
foreach(DataRow row in matchrows)
{
    sb.Append("<li> ");
    sb.Append(row["ProductName"].ToString());
    sb.Append("</li> ");
}
sb.Append("</ul> ");
lblmsg.Text=sb.ToString();
```

由于 Select()方法的返回值为行集，所以使用了 DataRow 的数组来保存查询结果，然后使用 foreach 循环遍历所有行。

DataTable 中也允许按主键检索特定行，这要先在 DataTable 上定义主键，然后在行集上使用 Find()方法。请看如下代码片段：

```
//为数据表定义主键列
    DataColumn[] columns=new DataColumn[1];
    columns[0]=dt.Columns["ProductID"];
dt.PrimaryKey=columns;
//根据主键进行检索(查询商品号为 5 的行)
DataRow findrow=dt.Rows.Find(5);
//输出检索结果
    if(findrow! =null) lblmsg.Text=findrow["ProductName"].ToString();
```

5.3.2 DataView

DataView 为 DataTable 对象定义数据视图，使 DataTable 能够支持自定义过滤和数据排序。在数据绑定的场合中，DataView 特别有用，利用它可以只选出表中的一部分数据进行显示，也可以按不同的方式排序显示数据；而在实现这些功能的同时，不会影响 DataTable 中的真实数据。

每个 DataTable 都有一个默认的 DataView 与之关联，使用 DataTable 对象的 DefaultView属性可以引用该数据视图；也可以在同一个表上创建多个表示不同视图的 DataView 对象。

DataView 对象的构造函数如表 5-4。

表 5-4　**DataView** 对象的构造函数

名称	说明
DataView()	初始化 DataView 类的新实例
DataView(DataTable)	用指定的 DataTable 初始化 DataView 类的新实例
DataView(DataTable，String，String，DataViewRowState)	用指定的 DataTable、RowFilter、Sort 和 DataViewRowState 初始化 DataView 类的新实例

1. 数据排序

借助 DataView 对象的 Sort 属性，设置合适的排序表达式，即可实现数据排序。例 5-13 演示了如何对 Products 表中的数据进行排序显示。

　[例 5-13]　使用 DataView 实现数据排序(test5_13.aspx)。

```
void Page_Load(Object sender,EventArgs e) {
    DataTable dt=new DataTable();
    string connstr=@"Data Source=localhost;Initial Catalog=ADOtest;Integrated
Security=True";
    using(SqlConnection conn=new SqlConnection(connstr))
    {
        SqlCommand cmd=conn.CreateCommand();
        //可以在查询的字段名后加"AS 别名",使查询结果显示为别名
        cmd.CommandText="Select ProductID,ProductName,UnitPrice from Productdt
";
        conn.Open();
        SqlDataReader reader=cmd.ExecuteReader();
        dt.Load(reader);
    }
    GridView1.DataSource=dt.DefaultView;
    GridView1.DataBind();
    DataView dv=new DataView(dt);
    dv.Sort="UnitPrice";
    GridView2.DataSource=dv;
    GridView2.DataBind();
}
```

　页面代码如下：

```
<form id="myform" name="myform" runat="server">
GridView1 原始数据:<asp:GridView id="GridView1" runat="server"/><br/>
GridView2 按价格排序后的数据:<asp:GridView id="GridView2" runat="server"/><br/>
</form>
```

　示例中第一个网格使用了默认数据视图，第二个网格使用了按 UnitPrice 列排序的视图。排序表达式中可以使用 ASC 或 DESC 指定按升序或降序排列，若要按多个字段组合排列，可以使用如下的代码形式：

```
dv.Sort ="ProductName ,UnitPrice ";
```

运行结果如图 5-17 所示。

图 5-17　使用不同方式进行数据排序

2. 数据过滤

借助 DataView 对象的 RowFilter 属性，可以自定义过滤条件，将 DataTable 中满足条件的记录选择出来显示。RowFilter 属性和 SQL 查询中的 Where 子句功能类似，条件表达式的书写格式也基本相同，详细用法请参阅 MSDN 文档。下面的代码片段演示了如何从 DataTable 中选出价格超过 50 元的记录及产品名以 "M" 开头的记录分别显示。

```
dt.DefaultView.RowFilter="UnitPrice>40";
GridView1.DataSource=dt.DefaultView;
GridView1.DataBind();
DataView dv=new DataView(dt);
dv.RowFilter="ProductName Like'M%'";
GridView2.DataSource=dv;
GridView2.DataBind();
```

3. 数据查找

通过 DataView 对象的 "Find()" 方法可以对其数据进行查找，如果找到了，该方法将返回所在行的索引，可以将查找到的数据输出。使用的方法如例 5-14 所示。

[例 5-14]　使用 DataView 对象进行简单查询(test5 _ 14. aspx)。

```
<script language="C#" runat="server">
void Page_Load(Object sender,EventArgs e)
    {
        String connstr=@"Data Source=localhost; Initial Catalog=ADOtest; Integrated Security=True";
```

```
        String strSQL="select ProductID AS 产品 ID,ProductName AS 产品名,UnitPrice
AS 单价,Unit AS 单位 from productdt";
        using(SqlConnection conn=new SqlConnection(connstr))
        {
            SqlCommand cmd=new SqlCommand(strSQL,conn);
            SqlDataAdapter da=new SqlDataAdapter();
            da.SelectCommand=cmd;
            conn.Open();
            DataSet ds=new DataSet();
            da.Fill(ds,"productdt");
            DataView dv=new DataView(ds.Tables["productdt"],"","产品名",
            DataViewRowState.CurrentRows);
            int rowIndex=dv.Find("蛇果");
            if(rowIndex==- 1)
                Response.Write("没有找到!");
            else
            {
                Response.Write("查找到的产品名称及价格为:");
                Response.Write(dv[rowIndex]["产品名"].ToString()+""
            + dv [rowIndex] ["单价"].ToString() +  "每"+ dv [rowIndex] ["单位"]
.ToString()+ "<br/> ");
            }
            dg.DataSource=dv;
            dg.DataBind();
        }
    }
</script>
<form id="myform" name="myform" runat="server">
  数据表:<br/>
  <asp:DataGrid id="dg" runat="server"/><br/>
</form>
```

程序中，通过构造函数："DataView(ds.Tables[" productdt"],""," ProductName",
DataViewRowState.CurrentRows);"指定查找 productdt 表的列"ProductName"。
通过 Find 方法返回与查找条件匹配的行的索引，使用"dv[rowIndex][" Product-
Name"]"和"dv[rowIndex][" UnitPrice"]"语句，将查找的行的产品名及价格输出，
如果查找不到，则返回"－1"，程序执行的结果如图 5-18 所示。

图 5-18　使用 DataView 对象进行简单查询

5.4　习题和上机练习

1. 简答题

(1)列举 ADO.NET体系结构中的常用对象，并说明各对象的作用。

(2)试比较 DataReader 与 Dataset 对象的异同，并思考什么情况下使用 DataReader，什么情况下使用 Dataset。

(3)什么是 SQL 注入，如何预防 SQL 注入？请举例说明。

(4)什么是存储过程？使用存储过程有什么好处？

(5)在 ADO.NET中调用存储过程与执行 SQL 命令的方法有什么区别？

(6)如何在 Web.config 文件中保存连接字符串，如何在程序中访问该字符串？

(7)若要连接 SQL Server 2008 数据库，试举例说明如何配置可信的数据库连接。若要创建基于用户名和密码的数据库连接，试说明如何配置连接字符串，并说明在 SQL Server 中还要如何设置。

(8)ADO.NET中，如何保证多次使用的数据库连接是来自同一个连接池？

(9)在使用 Command 对象操作数据库时，什么情况下应调用其 ExecuteReader()方法，什么情况下应调用 ExecuteScalar()方法，什么情况下应调用 ExecuteNonQuery()方法。

(10)试举例说明如何遍历 DataTable 中的数据。

(11)试举例说明如何在 DataTable 中按主键快速检索特定行的数据。

(12)什么是 DataView？试举例说明如何使用 DataView 实现数据排序和过滤。

2. 上机练习

新建一个数据库 test，里面建一个用户信息表 userinfo，包括用户名、密码、身份、姓名、性别、生日(可选用日期型)、电话、邮箱等信息。至少要有一个管理员身份的用户。

(1)建立一个注册页面。在注册页面，点击"注册"按钮后，用户输入的注册信息格式化显示(可以使用 CSS 文件)，然后点击"确认"按钮，将信息写入数据表 userinfo 中。如此写入至少 5 条数据。

(2)建立一个登录页面。在登录页面，使用数据表中输入的用户名和密码后，点击"登录"按钮，进行身份验证，正确则进入下一个页面。

第6章 ASP.NET中数据绑定技术

ASP.NET提供了一个全能的数据绑定模型，允许将获得的单个数据或数据集合绑定到一个或多个数据绑定控件上，由控件来负责数据的展示。这样，你就不需要编写耗时的代码，不断地循环读取记录和字段来生成展示页面。如果借助 ASP.NET提供的数据源控件，你可以在页面和数据源之间定义一个声明性的连接，甚至不用写一行代码，就可以配置出一个具有数据库增、删、改、查功能的复杂页面。

6.1 数据绑定概述

数据绑定就是把数据源和控件相关联，由控件负责自动显示数据的一种方式特性，通常都是通过声明的方式将数据和控件关联起来，实现自动展示，而不是通过编写代码来实现展示逻辑。

ASP.NET中的大部分控件(例如 Label、TextBox、Image 等)都支持单值数据绑定，可以将控件的某个属性绑定到数据源，进而自动获取数据源的值。还有很多控件支持重复值绑定，也就是说它们可以呈现出一组项目(以列表或表格的方式)，可以绑定到一个数据集合(例如 DataReader 或 DataTable)上，自动、重复地获取集合中的每一项并呈现在页面上。

6.1.1 数据绑定表达式

在 ASP.NET页面中使用数据绑定表达式可以输出页面的属性值、成员变量值或函数的返回值，前提是这些属性、成员变量及函数具有受保护的(protected)或者公有的(public)可见性。数据绑定表达式的一般格式如下：

```
<%#data_bind_expression%>
```

它放置在 .aspx 页面中，看起来有点像脚本块，但不是脚本块。例如，假设页面中定义了一个叫"EmployeeName"的公共的或受保护的变量，则使用以下的数据绑定表达式可以在页面上输出该变量的值。

```
<%#EmployeeName%>
```

还可以使用在运行时可计算的表达式来构造数据绑定表达式，例如：

```
<%#getUserName()%>
<%#"Tom"+"Cat"%>
<%#DateTime.Now%>
<%#Request.Url%>
```

上面第一行代码调用了 getUserName 方法，第二行计算字符串表达式的值并输出，第三行获取当前时间并显示，第四行获取当前页面的 URL 并显示。

6.1.2　单值绑定

几乎可以将数据绑定表达式放置在页面的任何地方，但通常的做法是将其赋值给控件的某个属性，例如：

```
<asp:Label ID="lblUser" runat="server" Text="<%#CurrentUser%>"></asp:Label>
```

为计算数据绑定表达式的值，必须要在页面或控件上调用其 DataBind()方法，这时 ASP .NET才检查页面上的表达式并用适当的值替换它们，若忘记了调用 DataBind()方法，数据绑定表达式将不会被填入值，在页面呈现时将被丢弃。

[例 6-1]　使用数据绑定表达式实现单值绑定(test6_1.aspx)。

首先建立如下的测试页面：

```
<html xmlns="http://www.w3.org/1999/xhtml">
<head runat="server"><title> 测试数据绑定表达式</title></head>
<body>
<form id="form1" runat="server">
    当前时间:<%#DateTime.Now%><br/>
    当前页面:<%#Request.Url%><br/>
    欢迎你:<asp:Label ID="lblUser" runat="server" Text="<%#CurrentUser%>"></asp:Label>
    <asp:Image ID="imgUser" runat="server" ImageUrl="<%#getImg()%>"/>
</form>
</body>
</html>
```

该页面中调用了 CurrentUser 属性和 getImg()方法，这需要在后台代码中定义，如下：

```
protected string CurrentUser
{
    get{return "maketop";}
}
protected string getImg()
{
    return "image/adbtn.png";
}
```

最后需要注意：为计算并显示数据表达式的值，通常在页面的 Page_Load()事件中调用 Page 对象的 DataBind()方法，如下：

```
protected void Page_Load(object sender,EventArgs e) {
    this.DataBind();
}
```

该页面的显示效果如图 6-1 所示。

图 6-1　单值数据绑定示例的显示效果

6.1.3　重复值绑定

重复值绑定允许将一个列表的信息绑定到一个控件上，列表可以是自定义对象的集合(例如 ArrayList 或 Hashtable 等)，也可以是行的集合(例如 DataReader 或 DataTable 等)。

ASP .NET带有几个支持重复值绑定的基本列表控件，如 DropDownList、ListBox、CheckBoxList、RadioButtonList、BulletedList 等，它们具有如表 6-1 所示的基本属性。

表 6-1　列表控件的基本属性

属性名	属性描述
DataSource	数据源对象，包含要显示的数据，该对象通常实现 ICollection 接口
DataSourceID	数据源对象的 ID，通过该属性可以链接列表控件和数据源控件。该属性与 Data-Source 只能设置一个，不能同时使用
DataTextField	数据源中可以包含多个数据项(列)，但列表控件中只能显示单个列的值，DataText-Field 属性指定包含要显示在页面上字段的名称(绑定到行集时)或属性名称(绑定到对象集时)
DataValueField	该属性和 DataTextField 属性类似，但从数据项中获得的数据不会显示在页面上，而是保存在底层 HTML 标签的 value 属性上，允许以后在代码中读取该属性值。该属性通常用于保存唯一值或主键
DataTextFormatString	定义一个可选的字符串，用于格式化 DataTextField 的值

为将列表的值绑定到列表控件上，通常有两种做法：

(1)在代码中进行数据绑定：设置列表控件的 DataSource 属性为集合对象，然后显式地调用列表控件的 DataBind() 方法实现数据绑定。

(2)使用声明的方式绑定：设置列表控件的 DataSourceID 属性为集合对象，这样不需要在代码中调用 DataBind()方法，系统就会自动执行数据绑定。

下面是一个在代码中进行数据绑定的例子，声明式数据绑定通常要配合数据源控件使用，将在后续章节举例。

[**例** 6-2]　建立连接 ADOtest 数据库 productdt 的按类别查询产品信息的页面(test6_2.aspx)。

运行效果如图 6-2 所示。

图 6-2   按类别查询产品信息的页面

页面中使用下拉列表框显示并选择产品类别，查询该类别的产品，并使用 BulletedList 显示所有产品的名称。

页面加载事件的代码如下，注意其中的加粗部分：

```
protected void Page_Load(Object sender, EventArgs e)
{
    if(! Page. IsPostBack)
    {
        using(SqlConnection conn=new SqlConnection(connstr))
        {
            SqlCommand cmd=conn. CreateCommand();
            cmd. CommandText="Select CategoryID, CategoryName from Categories";
            conn. Open();
            SqlDataReader reader=cmd. ExecuteReader();
            ddlcategory. DataSource=reader;
            ddlcategory. DataTextField="CategoryName";
            ddlcategory. DataValueField="CategoryID";
            ddlcategory. DataBind();
        }
        bindproducts();
    }
}
```

为将 DataReader 中的数据绑定到下拉列表框，需要设置列表框的 DataSource 属性为 DataReader 对象；在列表框中要显示的是类别名，而当选择项改变时要提交给服务器的却是类别号，所以应设置列表框的 DataTextField 属性为 "CategoryName"，DataValueField 属性为 Categoryid；最后，显式调用列表框的 DataBind 方法实现数据绑定。

根据所选类别查询产品的事件过程代码如下：

```
protected void bindproducts() {
    string catid=ddlcategory. SelectedValue;
    using(SqlConnection conn=new SqlConnection(connstr)) {
        SqlCommand cmd=conn. CreateCommand();
```

```
        cmd.CommandText="Select ProductName from productdt where CategoryID=@
catid";
        cmd.Parameters.AddWithValue("@catid",catid);
        conn.Open();
        SqlDataReader reader=cmd.ExecuteReader();
        bllproduct.DataSource=reader;
        bllproduct.DataTextField="productname";
        bllproduct.DataBind();
    }
}
```

这里将查询到的产品名称绑定到 BulletedList 对象上，需要设置 BulletedList 对象的
DataSource 属性及 DataTextField，然后调用其 DataBind()方法。

6.2　数据源控件

前面的章节中我们学习了通过代码访问数据库的方式，知道了如何连接数据库，如
何执行查询及更新操作，以及如何循环遍历记录集并将数据显示在页面上。为大幅度提
高开发效率，减少编码量，我们还可以使用数据源控件，配合功能强大的数据绑定控件，
甚至不用编写一行代码，就可以开发出功能强大的数据访问程序。

6.2.1　数据源控件概述

［例 6-3］　使用数据源控件和数据绑定控件，开发一个运单管理的应用程序，实现运
单信息的增、删、改、查功能，及分页、排序显示功能。

请按以下步骤进行操作：

（1）创建一个 Web Form 页面，取名 WayBillManage.aspx。

（2）从控件工具栏中，选择"数据"选项卡，从中选择 GridView 控件，双击将其加
入到当前页面中。

（3）从 GridView 控件的下拉菜单中选择"新建数据源"选项，如图 6-3 所示。

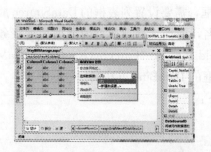
图 6-3　为 GridView 控件新建数据源

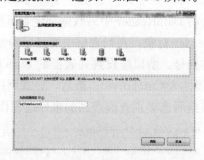
图 6-4　数据源配置向导第一步

（4）这时系统会打开一个数据源配置向导，其第一个配置界面如图 6-4 所示，要求选
择数据源类型。从列表中点击"数据库"项，数据源 ID 可以保持默认值不变，点击"确

定"进入下一步。

（5）在图 6-5 所示的界面中要为数据源指定数据库连接。若前面已经配置过数据库连接，就可以从下拉列表框中选择合适的连接。本例中假定未曾配置过数据库连接，点击"新建连接"按钮，打开图 6-6 所示的添加数据库连接对话框。

图 6-5　为数据源指定数据库连接界面

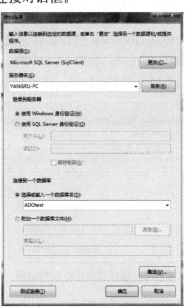

图 6-6　添加数据库连接对话框

（6）在添加连接对话框中，选择数据源的类型为 SqlClient，输入 SQL Server 实例名（本机服务器名），选择登录方式为"Windows 身份验证"，点击"测试连接"按钮以测试连接的可用性。若提示"测试连接成功"，则说明数据库连接的配置没有问题，从数据库名下拉列表框中选择 NorthWind 数据库，点击"确定"按钮返回选择数据库连接对话框。如图 6-7 所示，这时系统已自动生成了数据库连接，并填入了连接字符串。

（7）点击"下一步"继续，进入图 6-8 所示界面，提示将数据库连接字符串保存到配置文件中，勾选"是"，点击"下一步"，系统会将连接字符串以指定的键名保存到 Web. config 文件中，并打开图 6-9 所示的界面。

（8）这一步要为数据源配置检索命令，有两种方式：一是直接指定一条 SQL 语句或一个存储过程，二是根据用户的选择由系统自动生成一条 SQL，这里采用后一种方式。先点选"指定来自表或视图的列"，并从下面的名称下拉框中选择 wayBill 表，这样该表中的所有字段会在下面的列表框中显示出来；在字段名列表框中勾选需要的字段，可以看到，系统自动生成了 Select 语句并在下面的文本框中显示出来。

（9）如果需要，可以继续点击"WHERE"按钮，生成数据过滤条件，或者点击"ORDER BY"按钮，生成数据排序子句。

（10）点击"高级"按钮，可以打开高级 SQL 生成选项对话框，如图 6-10 所示，勾选"生成 INSERT、UPDATE 和 DELETE 语句"复选框，这样系统将自动为数据源生成三条更新语句。

　　(11)在图 6-9 所示界面中点击"下一步"按钮,打开图 6-11 所示的测试查询对话框,这里可以测试刚才生成的 SQL 语句的执行情况,点击"测试查询"按钮,可以看到从库中提取的数据显示在网格中,如图 6-11 所示。

　　(12)若数据没有问题,点击"完成"按钮结束配置向导。可以看到,GridView 已自动添加了从数据源中获取的列。

　　(13)再从 GridView 的智能标记菜单中选择"启用分页"、"启用排序"、"启用编辑"、"启用删除"等选项,如图 6-12 所示。可以看到,GridView 的显示样式也随着发生变化。若觉得网格的外观不够好看,还可以从其智能标记菜单中选择"自动套用格式"项来改变其外观。

图 6-7　选择数据库连接对话框

图 6-8　保存连接字符串到配置文件

图 6-9　配置 Select 语句对话框

图 6-10　高级 SQL 生成选项对话框

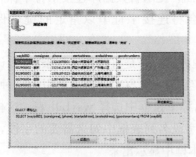

图 6-11　测试查询结果对话框

图 6-12　配置 GridView

　　至此,所有的配置工作已经完成,程序可以运行了。在 VS 的解决方案资源管理器中右击"WayBillManage.aspx"页面,从弹出的快捷菜单中选择"在浏览器中查看",可以看到程序的运行效果,如图 6-13 所示。

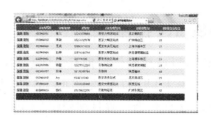

图 6-13　运单管理程序的运行效果

说明：如果想要使显示出来的列名（字段名）显示为别名（例如，中文名），有两种方法：①可以点击 GridView 任务的智能标记菜单（控件右上角的小三角）中的"编辑列"，进入列编辑对话框，如图 6-14 所示，在"选定的字段"框内，单击想要改变的列，其中 DataField 定义表中的字段名（即数据表中的列名），HeaderText 定义要显示的别名（即列名对应的中文名），显示结果如图 6-15 所示。②在编写查询语句时指定别名。例如，"String select＝" SELECT wanbillID AS 运单号 FROM wayBill""，查询结果 wanbillID 列名将显示为"运单号"。

在程序运行界面上点击各列标题，体验排序效果；点击页面底部的页码按钮，体验数据分页显示的效果；还可以点击网格左侧的编辑和删除按钮，尝试更新数据，所有的功能都可以正常运行，至此我们还没有编写一行代码，这就是数据源控件和数据绑定技术带来的巨大便利。

图 6-14　列编辑对话框

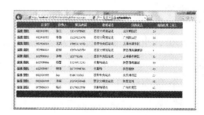

图 6-15　列名编辑为中文名显示效果

所有的数据源控件都实现了 IDataSource 接口，.NET框架中主要的数据源控件如表 6-2 所示。

表 6-2　.NET框架中的主要数据源控件

控件名	作用
SqlDataSource	代表使用 ADO .NET提供程序连接的关系数据库中得数据，支持使用 SqlClient、OleDb、Odbc 或 OracleClient 连接到的任何关系数据库
ObjectDataSource	代表多层体系结构中得中间层对象。较复杂的应用程序通常将表示层同业务层分开，并在业务对象中封装处理逻辑，ObjectDataSource 使开发人员能够在 n 层体系结构的应用程序中使用数据源控件
AccessDataSource	代表使用 Microsoft Access 数据库的数据源控件，这是一种文件数据源
XmlDataSource	是向数据绑定控件提供 XML 数据的数据源控件，通过它可以获取分层数据或表格数据，通常用于显示只读方案中的分层 XML 数据
SiteMapDataSource	是站点地图数据的数据源，利用它可以使 TreeView、Menu 等控件绑定到分层的站点地图数据

6.2.2　使用 SqlDataSource 控件

使用 SqlDataSource 控件可以连接到任何拥有 ADO .NET数据提供程序的数据源，包括 SQL Server、Oracle 以及基于 OLE DB 或 ODBC 的数据源。

从本质上看，SqlDataSource 会根据配置自动创建 Connection 对象、Command 对象及 DataReader 对象等，以完成各项数据访问操作，这就需要配置一系列参数，主要包括：数据库连接字符串、数据增删改查命令及各种命令参数等。

1. 配置连接字符串

数据库连接字符串可以硬编码到 SqlDataSource 标记中，但推荐的方法是将其保存在配置文件中，然后在 SqlDataSource 中引用。例如，在 web. config 文件中配置如下的连接串：

```
<connectionStrings>
      <add name="connstr" connectionString=" Data Source=localhost;
          Initial Catalog=ADOtest;Integrated Security=True"
        providerName="System.Data.SqlClient"/>
</connectionStrings>
```

那么，在 SqlDataSource 标记中，可以按如下的方式引用它：

```
<asp:SqlDataSource ConnectionString="<%$ConnectionStrings:connstr%>"……/>
```

2. 执行查询命令

SqlDataSource 依靠 4 个命令对象实现数据库的增删改查操作，其命令逻辑由 4 个属性提供，即：SelectCommand、InsertCommand、UpdateCommand 及 DeleteCommand，它们都接收一个命令字符串，该字符串可以是一条 SQL 语句，也可以是一个存储过程的名字，这由其 SelectCommandType、InsertCommandType、UpdateCommandType 及 DeleteCommandType 属性值确定，用 StoredProcedure 表示存储过程，用 Text 表示 SQL 语句。

下面是一个完整的 SqlDataSource 定义，它可以从 wayBill 表读取数据。

```
<asp:SqlDataSource ID="dswaybill" runat="server"
      ConnectionString="<%$ ConnectionStrings:connstr%>"
      SelectCommand="SELECT wanbillID,consignee,phone FROM wayBill"
</asp:SqlDataSource>
```

既可以在源代码视图中手工建立数据源，也可以在设计视图下利用向导来建立数据源。在控件工具栏的数据标签下选择 SqlDataSource 控件添加到页面上，然后点击该控件，从智能标记中选择"配置数据源"，按向导的提示完成配置，系统即可自动生成数据源的代码。

在各个命令对象中，通常都要使用命令参数以提高命令的灵活性，如例 6-4 所示。

[例 6-4]　根据运单的目的站点查询运单的基本信息（test6 _ 4. aspx）。

这里要使用主从表，主表提供运单的目的站点信息，从表与主表匹配，提供运单的完整信息。这样该示例中需要定义两个数据源，一个提供主表数据，另一个提供从表数据。

下面是主表数据源的定义：

```
<asp:SqlDataSource ID="dsCity" runat="server"
    ConnectionString="<% $ ConnectionStrings:connstr %> "
    SelectCommand="select distinct endaddress from wayBill">
</asp:SqlDataSource>
```

在页面上添加一个下拉列表框 ddlCity，使用 dsCity 数据源填充它，并将其"自动回发"属性设置为真。代码如下：

```
<asp:DropDownList ID="ddlCity" runat="server" AutoPostBack="true"DataSourceID="
dsCity"
        DataTextField="endaddress" DataValueField="endaddress">
</asp:DropDownList>
```

当选择一个目的站点后，需要查询所有到这个站点的运单信息，这通过从表数据源来完成，下面是它的定义：

```
<asp:SqlDataSource ID="dsWayBills" runat="server"
        ConnectionString="<%$ConnectionStrings:connstr%> "
        SelectCommand="SELECT[waybillID],[consignee],[phone],
[startaddress],[endaddress],[goodsnumbers]FROM[wayBill]WHERE(([endaddress]=@
endaddress)">
    <SelectParameters>
    <asp:ControlParameter ControlID="ddlCity"Name="endaddress"
            PropertyName="SelectedValue"/>
    </SelectParameters>
</asp:SqlDataSource>
```

该数据源中使用了命令参数（@endaddress）来编写查询。可以定义多个参数，但必须把它们都映射到某个值。本例中@endaddress 参数的值从 ddlCity 控件的 SelectedValue 属性获得，所以使用了 ControlParameter 参数，还可以选择从 QueryString、Session、Cookie、Form 等多种来源中获取参数值。

最后，向页面上添加一个 GridView 控件来显示数据源 dsWayBills 中的数据，代码如下：

```
<asp:GridView ID="gvWayBills" runat="server" DataKeyNames="waybillID"
DataSourceID="dsWayBills">
</asp:GridView>
```

此例效果如图 6-16 所示。

图 6-16　使用 SqlDataSource 查询命令

为了更加方便且使结果美观，建议直接在设计页面中进行页面设计，可以双击工具箱中所需要的控件，添加控件后，可以在其相应的智能任务菜单中，对其数据源，显示样式进行设计。如图 6-17 所示为编辑 GridView 的数据列，使其列头显示为中文名，并且改变了 GridView 的外观后的效果。

图 6-17　使用 GridView 控件建立查询

通过添加控件得到上例效果 test6＿4.aspx 的完整代码为：

```
<form id="form1"runat="server">
<asp:SqlDataSource ID="dsCity" runat="server"
          ConnectionString="<%$ConnectionStrings:connstr %>"
          SelectCommand="select distinct endaddress from wayBill">
</asp:SqlDataSource>
 请选择目的站点:<asp:DropDownList ID="ddlCity" runat="server"
      AutoPostBack="true" DataSourceID="dsCity" DataTextField=
"endaddress"
      DataValueField="endaddress">
</asp:DropDownList>
<asp:SqlDataSource ID="dsWayBills" runat="server"
    ConnectionString="<% $ConnectionStrings:connstr %> "
    SelectCommand="SELECT[waybillID],[consignee],[phone],[startaddress],[endad-
dress],[goodsnumbers]FROM[wayBill]WHERE([endaddress]=@endaddress)">
    <SelectParameters>
    <asp:ControlParameter ControlID="ddlCity" Name="endaddress"
      PropertyName="SelectedValue" Type="String"/>
    </SelectParameters>
</asp:SqlDataSource>
//GridView 控件设置结果显示框架及样式
  <asp:GridView ID="gvWayBills" runat="server" DataKeyNames="waybillID"
  DataSourceID="dsWayBills" AutoGenerateColumns="False"CellPadding="4"
  ForeColor="#333333" GridLines="None">
  <RowStyle BackColor="#E3EAEB"/>
    <Columns>
```

```
        < asp:BoundField DataField="waybillID" HeaderText="运单号" ReadOnly="
True"/>
        <asp:BoundField DataField="consignee" HeaderText="收件人"/>
        <asp:BoundField DataField="phone" HeaderText="联系电话"/>
        <asp:BoundField DataField="startaddress" HeaderText="起始站点"/>
        <asp:BoundField DataField="endaddress" HeaderText="目的站点"/>
        <asp:BoundField DataField="goodsnumbers" HeaderText="货物数量/件"/>
    </Columns>
    <FooterStyle BackColor="#1C5E55" Font-Bold="True" ForeColor="White"/>
     < PagerStyle  BackColor = "#666666"  ForeColor =" White"  HorizontalAlign =
"Center"/>
     < SelectedRowStyle BackColor =" # C5BBAF" Font - Bold ="True" ForeColor =" #
333333"/>
    <HeaderStyle BackColor="#1C5E55" Font-Bold="True" ForeColor="White"/>
    <EditRowStyle BackColor="#7C6F57"/>
    <AlternatingRowStyle BackColor="White"/>
</asp:GridView>
</form>
```

3. 执行更新命令

　　SqlDataSource 还支持 Insert、Update、Delete 等数据更新命令的执行，方法是定义 InsertCommand、UpdateCommand 和 DeleteCommand。例 6-5 中定义了一个可更新运单信息的数据源。

　　[例 6-5]　使用 SqlDataSource 控件更新命令(test6 _ 5. aspx)。

　　(1)定义数据源，双击工具箱的 SqlDataSource 控件并定义或者在页面添加如下代码：

```
<asp:SqlDataSource ID="dsWayBills" runat="server"
    ConnectionString="<% $ConnectionStrings:connstr %> "
    SelectCommand="SELECT [waybillID] AS 运单号,[consignee] AS 收件人,
        [phone]AS 联系电话,[startaddress] AS 起始站点,[endaddress] AS 目的站点,
[goodsnumbers] AS 货物件数 FROM [wayBill]"
     UpdateCommand=" UPDATA [wayBill] SET [consignee]= @ consignee,[phone]= @
phone,[startaddress]= @ startaddress,[endaddress]= @ endaddress,[goodsnumbers]= @
goodsnumbers
    WHERE([wayBill]=@ wayBill)">
</asp:SqlDataSource>
```

　　这里，更新命令中的参数名字不是随便起的，而是和查询命令中指定的字段名相一致，只在前面加上了@符号，这样，就不用再专门定义参数了。

　　(2)向页面上添加一个 GridView 控件，选择其数据源为上步中定义的数据源 dsWay-Bills，并在其智能标记中选择"启用编辑"项，这样网格的最左侧将出现一个编辑列，点击某行的编辑按钮后可以对该行数据进行更改，如图 6-18 所示。当点击"更新"按钮时，GridView 会自动将各列的值传递给 DataSource，从而填充 UpdateCommand 的各个

参数，将结果保存到数据库。或者直接添加如下代码，也可达到如图 6-18 的效果。

```
<asp:GridView ID="gv1" runat="server" DataSourceID="dsWayBills">
    <Columns>
        <asp:CommandField ShowEditButton="True"/>
    </Columns>
</asp:GridView>
```

使用数据源控件执行插入、删除操作的方法与更新操作类似，这里不再详细说明。

图 6-18　使用数据源更新数据库的页面

6.3　富数据控件

ASP .NET提供了几个功能强大的富数据控件，可以帮助用户以最小的代码量来实现强大的数据展示、编辑等功能，前面章节中使用过的 GridView 控件就是其中之一，类似这样的控件还有 ListView、DetailsView、FormView 等。

说明：富数据控件发展较快，在 ASP .NET 1.X 中提供了 DataGrid、DataList 和 Repeater 三个控件，后来逐渐被 2.0 中的 GridView、DetailsView、FormView 以及 3.5 中的 ListView 所取代，1.X 中的原始控件继续保留，但开发人员一般不再使用它们。

6.3.1　GridView 控件

GridView 是一个用于显示数据的极为灵活的网格控件，它在表的行里显示记录，同时还提供了很多易用的特性，包括数据分页、排序、选择以及编辑等，是一个名副其实的全能型控件。使用 GridView，你甚至不用编写任何代码，就能实现很多常用的功能，但这样又会损失很多的灵活性和性能，所以通常都要对 GridView 进行定制及编码。

1. 为 GridView 定义列

使用 GridView 最简单的方法是将其 AutoGenerateColumns 属性设置为 True，这样系统会自动从数据源中获取表格的架构信息，并按各字段出现的先后顺序依次在 Grid-View 中为所有字段创建列。但这样做显然缺少必要的灵活性，例如无法改变列的显示顺序，或者隐藏部分列。这时就需要将 AutoGenerateColumns 属性设置为 False，并在 GridView 的<Columns>节中自定义列。

表 6-3 列出了 GridView 支持如下几种类型的列，列标签出现的顺序决定了列在 GridView 中的显示顺序。

表 6-3　GridView 中使用的列的类型

列	描述
BoundField	显示数据源中指定字段的文本
CheckBoxField	对于真/假型字段创建一个文本框显示其状态
ImageField	显示二进制字段中的图像数据
ButtonField	为列表中的每个项目创建一个按钮，用于捕获事件编写代码
CommandField	为列表中的每个项目提供选择、编辑等常用功能的按钮
HyperLinkField	为列表中的每个项目创建一个超链接，并在链接中显示指定内容
TemplateField	允许自定义模板来显示数据或创建控件，为开发提供最大的灵活性

最基本的列类型是 BoundField，它绑定到数据对象的某个字段上，例如：

```
<asp:BoundField DataField="waybillID"HeaderText="运单号"/>
```

这将定义一个绑定列，绑定到数据源中的 waybillID 数据项上，标题行显示为 "运单号"。

创建 GridView 后，使用智能标记为其设置数据源，然后点击 "刷新架构"，系统会自动为数据源中的所有数据项创建绑定列。用户也可以手工修改列对象的属性，来调整列的标题、显示顺序及其他细节。例如，当暂时不想显示某列时，可以将其 Visible 属性设置为假，这既可以在设计时设置，也可以在运行时通过代码设置。

在绑定列的声明中，可以使用如表 6-4 中的常用属性。

表 6-4　BoundField 中的常用属性

属性	描述
DataField	本列中要显示的数据项的字段名或属性名
DataFormatString	格式化字符串，用于控制本列中数据的显示格式
HeaderText、HeaderImageUrl	设置标题行要显示的文本或图像
FooterText	设置脚注行要显示的文本
SortExpress	排序表达式，用于执行基于该列的排序
ReadOnly	当记录处于编辑模式时，该列是否运行修改，为真表示不允许修改
Visible	该列是否显示在页面上，为假时不显示

通过 DataFormatString 属性可以设置列中数据的显示格式，这对日期型及数值型数据的显示非常有用，例如：

```
<asp:BoundField DataField="UnitPrice" HeaderText="价格" DataFormatString="{0:
C}"/>
```

格式化字符串通常由一个占位符和格式指示器组成，它们被包含在一组花括号中。本例中 "0" 代表要格式化的值，"C" 表示采用货币格式。常用的格式化字符串如表 6-5 所示。

这些格式化字符串不只在 GridView 中使用，在其他很多场合也可以使用。

在许多应用场景中，通常使用 GridView 显示概要数据列表，当点击某数据项时，再导航到一个新页面显示详细数据。这可以通过使用 HyperLinkField 列简单实现，如例6-6 所示。

表 6-5　常用的格式化字符串

数据类型	格式化串	作用	示例
数值型	{0：C}	货币格式表示	$1,234.50，其中货币符号与地区相关
	{0：E}	科学计数法表示	1.23450E＋004
	{0：P}	百分比表示	45.6%
	{0：F?}	固定小数位数	对 123.4，采用 {0：F3} 格式化为 123.400，而采用 {0：F0} 则格式化为 123
日期型	{0：d}	使用短日期格式	具体格式取决于区域设置中的短日期格式
	{0：D}	使用长日期格式	具体格式取决于区域设置中的长日期格式
	{0：s}	ISO 标准格式	yyyy－MM－ddTHH：mm：ss，例如 2011-07－20T10：00：23
	{0：M}	月日格式	MMMM dd，例如 January 20
	{0：G}	一般格式	依赖于区域设置，例如 10/30/2011 10：00：23 AM

[例 6-6]　显示运单信息列表，当点击某运单时，导航到新页面显示详细信息。

该示例需要两个页面：一是运单概要信息浏览页面，二是运单详细信息显示页面。

（1）新建运单信息浏览页面 test6_6.aspx，并为其配置一个数据源，代码如下：

```
<asp:SqlDataSource ID="dsWayBill" runat="server"
    ConnectionString="<%$ConnectionStrings:connstr%>"
    SelectCommand="SELECT [waybillID] AS 运单号,[consignee]+"+ [phone] AS 收件人信
息 FROM [wayBill]">
</asp:SqlDataSource>
```

（2）在运单信息浏览页面上添加一个 GridView 控件，取名 gvWayBill，并在智能标记中为其选择数据源 dsWayBill。这样，系统会自动为其添加两个绑定字段，分别是：运单号、收件人信息。

（3）在 gvWayBill 的智能标记中选择"编辑列"，打开字段设置对话框。在"选定的字段"列表框中将"收件人信息"绑定列删掉。然后在"可用字段"列表框中选择"HyperLinkField"，点击"添加"按钮，将其添加到选定字段中，并调整其位置到"运单号"字段的下面。

（4）点击新添加的 HyperLinkField 字段，在右侧的"HyperLinkField 属性"框中设置其关键属性，这里主要有 4 个。

• DataTextField：该字段要显示的列，本例中显示用户名，所以设置为"收件人信息"。注意数据源中将 consignee 和 phone 拼接在一起命名为"收件人信息"。

• DataNavigateUrlFormatString：设置超链接的 URL 格式，本例中点击超链接时要导航到 test6_6Detail.aspx 页面，同时要传递当前运单的 waybillID 即"运单号"字段过去，所以 URL 格式为：test6_6Detail.aspx? id={0}。这里使用"? id={0}"来传递参数。

• DataNavigateUrlFields：设置要传递的参数列表，本例中只传递一个参数，即 waybillID"运单号"列的值，所以该属性设置为"运单号"。

· HeaderText：设置要显示的列名，设置该属性为"收件人信息"。

这一步设置完成后，在浏览器中访问该页面，运行效果如图 6-19 所示。当鼠标指向某运单的收件人信息时，在状态栏能看到超链接指向的 URL 字符串，只是点击该链接还无法跳转到指定页面，因为还没有创建运单详细信息显示页面。

图 6-19　设置完成后页面的运行效果

(5)创建运单详细信息显示页面 test6 _ 6Detail. aspx，在页面上添加一个数据源控件，声明如下：

```
<asp:SqlDataSource ID="dsWayBills" runat="server"
    ConnectionString="<% $ConnectionStrings:connstr %> "
    SelectCommand="SELECT [waybillID] AS 运单号,[consignee] AS 收件人,[phone] AS
联系电话,[startaddress] AS 起始站点,[endaddress] AS 目的站点,[goodsnumbers] AS 运单
件数 FROM wayBill WHERE waybillID=@waybillID">
    <SelectParameters>
        <asp:QueryStringParameter Name="waybillID" QueryStringField="id"/>
    </SelectParameters>
</asp:SqlDataSource>
```

该控件能够根据 QueryString 中传入的 ID 值从数据库中查询指定员工的详细信息。

(6)向用户详细信息页面上添加一个 FormView 控件，设置其 DataSourceID 属性为刚才配置的 dsWayBills 数据源，系统会自动根据数据源中的架构为 FormView 创建显示模板。

这时，在运单信息浏览页面点击某收件人的信息，就可以导航到该运单的详细信息页面，如图 6-20 所示。

图 6-20 运单的详细信息页面

2. 对 GridView 排序

GridView 控件提供了内置排序功能，无须任何编码。

为启用排序，需要设置 GridView 的 AllowSorting 属性为真，并且为每个可排序的列定义排序表达式。排序表达式一般使用 SQL 查询中 Order By 子句的形式，即包含一个或一系列用逗号分隔的字段名，每个字段名后还可以加上 ASC 或 DESC 以限定升序或降序排列。请看如下示例，将例 6-4 的 test6 _ 4. aspx 页面中的定义 GridView 控件代码改为如下代码：

```
<asp:GridView ID="gvWayBills" runat="server" DataKeyNames="waybillID"
        AllowSorting="True" DataSourceID="dsWayBills" AutoGenerateColumns="
False">
    <RowStyle BackColor="# E3EAEB"/>
    <Columns>
         <asp:BoundField DataField="waybillID" HeaderText="运单号"ReadOnly="
True"
            SortExpression="waybillID"/>
        <asp:BoundField DataField="consignee" HeaderText="收件人"/>
        <asp:BoundField DataField="phone" HeaderText="联系电话"/>
        <asp:BoundField DataField="startaddress" HeaderText="起始站点"/>
        <asp:BoundField DataField="endaddress" HeaderText="目的站点"/>
        <asp:BoundField DataField="goodsnumbers" HeaderText="货物数量/件"
            SortExpression="goodsnumbers"/>
    </Columns>
    <FooterStyle BackColor="#1C5E55" Font-Bold="True" ForeColor="White"/>
    <PagerStyle BackColor="# 666666" ForeColor="White" HorizontalAlign="Cen-
ter"/>
     < SelectedRowStyle BackColor = "#C5BBAF" Font-Bold = "True" ForeColor = "#
333333"/>
    <HeaderStyle BackColor="#1C5E55" Font-Bold="True" ForeColor="White"/>
    <EditRowStyle BackColor="#7C6F57"/>
```

```
        <AlternatingRowStyle BackColor="White"/>
</asp:GridView>
```

　　说明：在 GridView 属性中添加 AllowSorting 属性，并定义为"True"，在列定义
Columns 的"运单号"列和"货物数量"列的 BoundField 中，添加 SortExpression 属
性，例如添加此句代码："SortExpression="goodsnumbers""即可实现以"运单号"或
"货物数量"的排序。添加排序后此页面的运行效果如图 6-21 所示。

图 6-21　使用 GridView 控件实现排序

　　由于 waybillID 和 goodsnumbers 列设定了排序表达式，所以这些列的标题栏表现为
LinkButton 的样式，当点击某标题栏时，表格中的数据会按该列排序显示，若再次点击
该列标题，则会按相反顺序重新排列显示。

　　说明：将 GridView 绑定到数据源控件，并在智能标记中为 GridView 启用排序后，
系统会自动为所有的绑定列启用排序，并自动将排序表达式设置为该列绑定的 DataField
属性。若想使某列不可排序，只需将该列的 SortExpression 属性值清空即可。

　　一般情况下，真正实现排序逻辑的是数据源控件而不是 GridView 控件。GridView
只是展示数据，并提供事件编程的接口；若数据源支持排序，GridView 就可以直接利用
它，但若数据源不支持排序，用户也可以捕获 GridView 的 Sorting 事件并自定义排序方
法。

　　并非所有的数据源控件都支持排序，例如 XmlDataSource 就不支持，而 SqlData-
Source 和 ObjectDataSource 就支持。SqlDataSource 默认使用 DataSet 架构（而不是 Da-
taReader）保存数据，这样 DataSet 中的每个 DataTable 都会链接到一个 DataView，通过
DataView 可对数据进行排序。当用户点击排序列的标题栏时，DataView 的 Sort 属性就
被设置为那个列的排序表达式从而实现排序，并将结果绑定到 GridView 上显示。

3. GridView 分页

　　当 GridView 中要呈现的记录数量较多时，一般都要启用分页。

　　GridView 对分页提供内建的支持，可以和数据源控件配合使用实现简单的分页，也
可以使用更高效、灵活的方式实现自定义分页。

　　GridView 提供了几个专为支持分页而设计的属性，如下：

- AllowPaging：是否启用绑定记录的分页，默认为 False。
- PageSize：获取或设置每页中显示的记录数，默认为 10。
- PageIndex：启用分页时，获取或设置当前显示页的页面（从 0 开始编号）。
- PagerSettings：一组分页控件的设置项，决定了分页控件出现的位置及它们包
含的文本、图片等。默认这些分页控件显示在页面底部，显示为一系列数字，也可以定

制为显示"上页"、"下页"等文字的按钮或图片按钮。

· PageIndexChanging 事件：当点击了分页按钮时发生，可以捕获该事件以定制分页代码。

要使用自动分页，只需将 AllowPaging 属性设置为 True（这时将显示分页控件），并设置 PageSize 以确定每页显示的行数。例如：

```
<asp:GridView ID="gvWayBill" runat="server" AllowPaging="True"
PageSize="5"……>
```

自动分页可以和任何实现 ICollection 接口的数据源一起使用。使用 DataSet 模式的 SqlDataSource 就支持自动分页，而使用 DataReader 模式时则不支持。若自定义的数据访问类能够返回实现 ICollection 接口的对象，例如数组、强类型的集合等，ObjectDataSource 也支持自动分页。

在 6.2.1 节的例 6-3 中，我们通过选择 GridView 控件的智能选项卡中的"选择分页"项，实现对结果页面框架的分页，其默认为 10 行数据为一页。假如，想要实现 5 行数据为一页的效果，可以设置 GridView 的属性 PageSize="5"，即可。结果如图 6-22 所示。

图 6-22 使用 GridView 控件实现分页

4. 在 GridView 中处理行数据

用户经常要在 GridView 中选择某一行，然后对该行的数据进行处理。要实现这样的功能，需要做两方面的工作：一是在 GridView 中创建命令列或按钮列以触发行事件，二是捕获特定的事件，在事件过程中编写代码进行数据处理。

ButtonField 是一种通用的按钮列，可在 GridView 中创建一列普通的按钮对象，所有按钮都共用同一个命令名（由其 CommandName 属性指定），用以指定当该按钮被按下时将执行的命令。针对 GridView 的行，通常可以执行以下的命令：

Delete:删除一行数据。

Edit:编辑一行数据。

Update:使用更改的数据执行更新。

Cancel:放弃更改的数据。

Select:选择一行数据。

当 ButtonField 中的某个按钮被按下时，将触发 RowCommand 事件，开发人员可以在该事件中编写代码，获取命令名，并根据命令执行相应的操作。当命令名为以上 5 条命令之一时，将引发相应的内置事件，包括：RowDeleting、RowDeleted、RowEditing、RowUpdating、RowUpdated、RowCancelingEdit、SelectedIndexChanging、SelectedIndexChanged 等，要处理该命令，就可以选择更合适的事件过程来编写代码，而不必选择通用的 RowCommand 事件过程。

　　为简化编程，GridView 还提供了 CommandField 列，它包装了上面列出的 5 条常用命令。在创建 CommandField 列时，可以从三组常用命令中选择一种，即编辑、更新、取消命令，或选择命令，或删除命令。

　　对于 ButtonField 和 CommandField，其按钮都有三种样式供选择，分别是：Button 样式(传统的按钮形状)、Link 样式(超链接的形式)和 Image 样式(图片按钮)，可以通过 ButtonType 属性进行设置。

　　[例 6-7]　显示产品类别列表，当选择某类别时，在列表下方显示其包含的所有产品的信息列表。

　　本例需要创建两个 GridView，一个显示产品类别列表，另一个显示产品信息列表。在第一个网格上捕获行选择事件，然后根据所选行的 CategoryID(类别号)，在 Productdt 表中查询相应的产品信息并绑定到第二个网格上显示。

　　(1)创建 test6 _ 7. aspx 页面，添加一个数据源控件以检索产品类别信息，声明如下：

```
<asp:SqlDataSource ID="dsCategory" runat="server"
    ConnectionString="<% $ConnectionStrings:connstr %> "
    SelectCommand= "SELECT CategoryID,CategoryName FROM Categories">
</asp:SqlDataSource>
```

　　(2)创建第一个网格控件，命名为 gvCategory，设置其数据源为 dsCategory，系统自动为其创建几个绑定列。再创建第二个网格控件，命名为 gvProduct。

　　(3)从 gvCategory 的智能标记中选择"编辑列"打开图 6-23 所示的对话框。在可用字段列表框中点击 CommandField 下的"选择"项，点击"添加"按钮，将创建一个 CommandName 属性为"Select"的命令列。移动该列到合适的位置，设置其 Header-Text 属性为"查看"。

　　这时浏览该页面，可以看到 GridView 最左侧的命令列，但点击"选择"按钮时没有反应，这是因为我们还没有处理它的行选择事件。

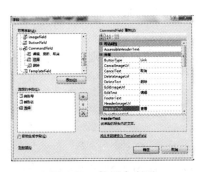

图 6-23　使用命令列

图 6-24　建立事件

　　(4)选择 gvCategory 控件，在属性窗口中点击"事件"图标，从其内置事件列表中选择 gvCategory _ SelectedIndexChanged 事件(该事件将在 GridView 中选择某行数据时被触发），双击鼠标建立该事件过程。如图 6-24 所示。

（5）在打开的代码窗口中，建立如下的事件过程代码：

```
protected void gvCategory_SelectedIndexChanged(object sender, EventArgs e)
    {
            String  connstr = ConfigurationManager. ConnectionStrings [ " connstr"]
.ConnectionString;
        int id= (int) gvCategory. SelectedDataKey. Value;
        using(SqlConnection conn=new SqlConnection(connstr)) {
          SqlCommand cmd=conn. CreateCommand();
        cmd. CommandText="SELECT ProductID, ProductName, UnitPrice, CategoryID, U-
nit FROM productdt Where CategoryID=@CID";
        cmd. Parameters. AddWithValue("@CID", id);
        conn. Open();
        SqlDataReader dr=cmd. ExecuteReader();
        gvProduct. DataSource=dr;
        gvProduct. DataBind();
        }
    }
```

再次运行程序，点击某类别前面的"选择"按钮，该类别下的产品信息能够列表显示出来，如图 6-25 所示。

图 6-25　显示产品类别及产品信息

在 SelectedIndexChanged 事件中，最关键的一步是获取所选类别的 ID 号，这可通过两种方式实现。

方式 1：若在 gvCategory 中设置 CategoryID 列为主键列，则可以在当前行的主键中取得 EmployeeID，代码如下：

```
int id= (int) gvCategory. SelectedDataKey. Value;
```

或

```
int id= (int) gvCategory. SelectedDataKey. Values[0];
```

由于关系表中通常可以有几个字段联合做主键，所以当前选择行的主键应该是多个字段值的集合，上面两种方式都是从这个值集合中取出索引 0 位置的值返回。

方式 2：对于非主键列，可以从当前选择行的指定单元格中获取值，代码如下：

```
string id=gvCategory. SelectedRow. Cells[1]. Text;
```

使用 SelectedRow 属性可以获得网格中的当前选定行，该行由多个单元格组成，使用 Cells 属性访问单元格集合，指定要访问的单元格序号（从 0 开始编号）即可定位到指定单元格，最后通过 Text 属性得到该单元格的数据。

使用数据源控件，可以不用编写代码就实现很多功能。但为取得更好的性能和灵活性，往往会使用 ADO.NET数据提供程序定制代码。

[例 6-8]　手工编写代码，实现运单信息的编辑操作。

（1）创建 test6 _ 8.aspx 页面，并添加 GridView 控件，声明代码如下：

```
<asp:GridView ID="gvWayBill" runat="server" AutoGenerateColumns="False"
onrowediting="gvWayBill_RowEditing" onrowupdating="gvWayBill_RowUpdating"
onrowcancelingedit="gvWayBill_RowCancelingEdit">
<Columns>
    <asp:CommandField HeaderText="编辑" ShowEditButton="True"/>
    <asp:BoundField DataField="waybillID" HeaderText="运单号"
ReadOnly="True"/>
    <asp:BoundField DataField="consignee" HeaderText="收件人"/>
    <asp:BoundField DataField="phone" HeaderText="联系电话"/>
    <asp:BoundField DataField="startaddress" HeaderText="起始站点"/>
    <asp:BoundField DataField="endaddress" HeaderText="目的站
点"/>
    <asp:BoundField DataField="goodsnumbers" HeaderText="货物数量(/件)"/>
</Columns>
</asp:GridView>
```

注意：这里声明的三个事件过程如下。

Onrowediting：点击"编辑"按钮后触发，通常在这里编码使 GridView 进入编辑模式。

Onrowupdating：当编辑完数据并点击"更新"按钮时发生，通常在这里编码将修改的数据保存到数据库中。

Onrowcancelingedit：当编辑过程中点击"取消"按钮时发生，通常在这里编写代码，放弃所做的编辑，返回到浏览模式。

（2）显示所有记录。为使页面运行时能自动显示所有运单信息，通常使用 Page _ Load 事件，代码如下：

```
protected void Page_Load(object sender,EventArgs e) {
    if(! Page. IsPostBack) {
        bindgv();
    }
}
private void bindgv() {
```

```
    String connstr= ConfigurationManager. ConnectionStrings [ " connstr"]. Connection-
String;
    using(SqlConnection conn=new SqlConnection(connstr)) {
        conn. Open();
        SqlCommand cmd=conn. CreateCommand();
        cmd. CommandText="SELECT waybillID, consignee, phone, startaddress, endad-
dress,goodsunmbers FROM wayBill";
        SqlDataReader dr=cmd. ExecuteReader();
        gvWayBill. DataSource=dr;
        gvWayBill. DataBind();
        dr. Close();
        cmd. Dispose();
    }
}
```

注意：在 Page_Load 方法中，要先判断页面是否回发，若不是回发，则检索并绑定运单信息到 GridView。

页面运行效果如图 6-26 所示。

图 6-26　使用 GridView 显示所有记录

(3)处理 Edit 按钮事件。点击"编辑"按钮，即可进入某行的编辑模式。GridView 使用 EditIndex 属性指示哪条记录当前应处于编辑模式，通常情况下该值设置为－1，表示所有记录都处于浏览模式。若要进入编辑模式，只要设置 EditIndex 属性为要编辑记录的索引号，并重新绑定一次数据。核心代码如下：

```
protected void gvWayBill_RowEditing(object sender,GridViewEditEventArgs e)
{
    gvWayBill. EditIndex=e. NewEditIndex;
    bindgv();
}
```

编辑模式的运行效果如图 6-27 所示。

图 6-27　编辑模式的运行效果

（4）处理 Cancel 按钮事件。当用户在编辑模式下点击"取消"按钮时，会放弃当前所做修改，返回到浏览模式，代码如下：

```
protected void gvWayBill_RowCancelingEdit(object sender, GridViewCancelEditEventArgs e)
{
    gvWayBill.EditIndex=-1;
    bindgv();
}
```

（5）处理"Update"按钮事件。当用户对某条记录编辑完成，点击"更新"按钮时，一般要将更改保存到数据库中，并使 GridView 重新进入浏览模式。核心代码如下：

```
protected void gvWayBill_RowUpdating(object sender,GridViewUpdateEventArgs e) {
    GridViewRow row=gvWayBill.Rows[e.RowIndex];
    string id=row.Cells[1].Text;
    string name=((TextBox)row.Cells[2].Controls[0]).Text;
    string phone=((TextBox)row.Cells[3].Controls[0]).Text;
    string sCity=((TextBox)row.Cells[4].Controls[0]).Text;
    string eCity=((TextBox)row.Cells[5].Controls[0]).Text;
    string numbers=((TextBox)row.Cells[6].Controls[0]).Text;
    updategv(id,name,phone,sCity,eCity,numbers);
}
```

该方法的重点是获取输入的数据。该事件过程中系统自动传入了参数 e，通过它可以获得当前正在编辑的记录的索引号，进而可以在网格中找到该行。GridView 中的每一行都是由多个单元格构成，所以要在单元格中检索数据。

对于后面的字段，由于要进行编辑，数据绑定时系统会在各自单元格中分别创建文本框（或复选框）来绑定数据；这样，我们就可以从单元格中还原文本框，进而得到其文本；注意还原文本框时要使用强制类型转换。由于 waybillID 为主键，其值不允许修改，系统不会为其创建文本框对象，我们可以通过单元格的 Text 属性获取其值，或者通过主键集合获取该行的主键值，这里使用了第一种方法。

下一步是保存数据，并进行页面更新，代码如下：

```
private void updategv(string id,string name,string phone,string sCity,string eCity,string numbers) {
    String connstr=ConfigurationManager.ConnectionStrings["connstr"].ConnectionString;
    using(SqlConnection conn=new SqlConnection(connstr)) {
        conn.Open();
        SqlCommand cmd=conn.CreateCommand();
        cmd.CommandText=@"Update wayBill set consignee=@name,phone=@phone,staraddress=@sCity,endaddress=@eCity,goodsnumbers=@numbers Where waybillID=@id";
        cmd.Parameters.AddWithValue("@id",id);
        cmd.Parameters.AddWithValue("@name",name);
```

```
        cmd. Parameters. AddWithValue("@phone",phone);
        cmd. Parameters. AddWithValue("@sCity",sCity);
        cmd. Parameters. AddWithValue("@eCity",eCity);
        cmd. Parameters. AddWithValue("@numbers",numbers);
        cmd. ExecuteNonQuery();
        cmd. CommandText=@"SELECT waybillID,consignee,phone,star-
taddress,endaddress,goodsnumbers FROM wayBill";
        cmd. Parameters. Clear();
        SqlDataReader dr=cmd. ExecuteReader();
        gvWayBill. DataSource=dr;
        gvWayBill. EditIndex=- 1;
        gvWayBill. DataBind();
        dr. Close();
        cmd. Dispose();
    }
}
```

注意数据保存后一定要重新绑定一次 GridView，否则将不会显示任何数据。

5. 在 GridView 中使用模板列

使用数据绑定控件显示数据时，由于要显示的数据通常包含多条结构类似的记录，因此，经常使用"模板(Template)"来指定单条记录的显示格式，然后数据绑定控件自动将这一定义好的模板应用于所有要显示的记录中。

GridView 控件中就会大量使用模板，前面的示例中我们不知不觉地使用了多种系统内置地模板。若要完全按自己的想法来布置页面，就要使用模板列(TemplateField)。在模板列中可以加入任意的 HTML 元素意见数据绑定表达式等，完全可以按照自己的方式布置一切。当数据绑定时，GridView 会从数据源中获取数据并循环遍历这些数据项目的集合。它为每个项目处理 ItemTemplate，计算其中的数据绑定表达式并将值插入到 HT-ML 中。

可以针对不同的场景定义不同的模板，例如，针对浏览定义一个只读的模板，针对浏览中的交替项显示不同的样式，为编辑状态制定可读写的模板等。多数数据绑定控件都提供了相应的方法，能够在不同状态之间切换，并自动加载相应的模板。

常用的模板类型有：

- ItemTemplate：普通项目模板，用于浏览状态。
- AlternatingItemTemplate：交替项模板，浏览状态下可使用该模板使相邻的两行数据采用不同的样式显示，增强对比度。
- EditItemTemplate：编辑项模板，只对当前 EditIndex 指向的项目起作用。
- HeaderTemplate：表头的模板。
- FooterTemplate：页脚的模板。

例 6-9 演示了使用 ItemTemplate 显示数据，EditItemTemplate 进行数据编辑的功

能。

[例6-9] 使用模板列编辑运单的某些信息(test6_9.aspx)。

此例中,因为地址信息可能会较长,所以在编辑状态时,要使用多行文本框显示编辑。若对目的地址字段使用绑定列,那么编辑模式下将显示为单行文本框,使表的某项显示得很长,所以这里使用模板列,分别定制 ItemTemplate 模板指定显示样式和 EditItemTemplate 编辑模板,指定编辑状态下显示的样式。

页面声明代码如下:

```
<form id="form1"runat="server">
<asp:GridView ID="gvwayBill" runat="server" AutoGenerateColumns="False"
         DataSourceID="dswayBill" Width="100% " GridLines="None">
         <Columns>
             <asp:TemplateField HeaderText="编辑运单信息">
                 <ItemTemplate><b>
                     <%#Eval("waybillID")%> -<%#Eval("consignee")%><hr /></b>
                     联系电话:<%#Eval("phone")%><br/>
                     起始站点:<%#Eval("startaddress")%><br/>
                     目的站点:<%#Eval("endaddress")%><br/>
                     数量:<%#Eval("goodsnumbers")%> 件<br/><br/>
                 </ItemTemplate>
                 <EditItemTemplate><b>
                     <asp:Label ID="lblid" runat="server" Text='<%#Bind("way-
billID")%>/>

                     <%#Eval("consignee")%><hr/></b>
                     联系电话:<asp:TextBox ID="tbxphe" runat="server"
                     Text='<%#Bind("phone")%> '></asp:TextBox><br/>
                     起始站点:<asp:DropDownList ID="ddlsadd" runat="server"
                     DataSourceID="dssadd" DataTextField="startaddress"
                     SelectedValue='<%#Bind("startaddress")%>'>
                     </asp:DropDownList><br/>
                     目的站点:<asp:TextBox ID="tbxadd" runat="server"
                             Text='<%#Bind("endaddress")%> '
                             TextMode="MultiLine"></asp:TextBox><br/>
                     数量:<asp:TextBox ID="tbxnum" runat="server"
                         Text='<%#Bind("goodsnumbers")%>'>
                     </asp:TextBox> 件<br/>
                 </EditItemTemplate>
             </asp:TemplateField>
             <asp:CommandField HeaderText="操作" ShowEditButton="True">
                 <HeaderStyle Width="10%"/><ItemStyle HorizontalAlign="Cen-
ter"/>
             </asp:CommandField>
         </Columns>
     </asp:GridView>
```

```
    <asp:SqlDataSource ID="dswayBill" runat="server"
        ConnectionString="<%$ConnectionStrings:connstr %>"
        SelectCommand="SELECT waybillID, consignee, phone, startaddress, endaddress,
goodsnumbers FROM wayBill"
        UpdateCommand="Update wayBill set startaddress=@startaddress, endad-
dress=@endaddress, goodsnumbers=@goodsnumbers Where waybillID=@waybillID">
    </asp:SqlDataSource>
    <asp:SqlDataSource ID="dssadd" runat="server"
      ConnectionString="<%$ConnectionStrings:connstr%>"
      SelectCommand="SELECT distinct startaddress FROM wayBill"></asp:SqlData-
Source>
</form>
```

在本例中使用了 Eval 方法计算数据绑定表达式的值，这是 System. Web. UI. Dat-aBinder 类的一个静态方法，为开发带来了极大的便利。它自动读取绑定到当前行的数据项，使用反射机制找到匹配的字段或属性并获取值。另外，Eval 方法中还允许接收格式化字符串以控制数据的显示格式，例如：

```
<%#Eval("BirthDate","{0:MM/dd/yy}")%>
```

可以看到，在 EditItemTemplate 中，4 个关键字段的绑定方式和 ItemTemplate 中有很大的区别。ItemTemplate 中的数据绑定是单向的，只需将数据源的数据绑定到控件上显示，不需回传控件的值给数据源，这种绑定使用 Eval()方法即可。而在 EditItemTem-plate 中，有些控件还要将更改后的值回传给 DataSource 控件，以便它能够以这些数据为参数执行更新语句，这种双向传值的情境下必须使用 Bind()方法绑定数据。当 GridView 提交更新时，它只提交 Bind()方法绑定的参数，所以 Update 语句的所有参数必须以 Bind()方法绑定，否则将无法接收到值。

对于 waybillID 和 consignee 字段，由于它们只是显示，不允许更改，所以只需定义一个标签控件，并将字段值绑定到标签的 Text 属性上。

对于起始站点字段，要求只能选择而不能输入，所以要在模板中为其创建下拉框。下拉框中的选项由 DataTextField 属性指定，通过 DataSourceID 属性，为其绑定 dssadd 数据源，该数据源定义代码如下：

```
<asp:SqlDataSource ID="dssadd"runat="server"
    ConnectionString="<%$ConnectionStrings:connstr%>"
    SelectCommand="SELECT distinct startaddress FROM wayBill">
</asp:SqlDataSource>
```

下拉框的数据绑定后，将当前站点字段选择的值绑定到下拉框的 SelectedValue 属性上即可。

对于目的站点字段，我们创建了多行文本框，并将字段值绑定到文本框的 Text 属性上。

为支持数据更新，在 GridView 中还定义了 CommandField 列。页面运行效果见图 6-28。

　　若不想使用数据源控件，而要在 GridView 的 RowUpdating 事件过程中编码实现数据更新，那么，可以在 GridView 行上调用 FindControl()方法查找指定的控件，然后从控件中取得输入值。这种情况下就不用考虑 Eval()绑定和 Bind()绑定的区别了。代码如下：

```
protected void gvwayBill_RowUpdating(object sender,GridViewUpdateEventArgs e)
{
    GridViewRow row=gvwayBill.Rows[e.RowIndex];
    string waybillID=gvwayBill.DataKeys[e.RowIndex].Value.ToString();
    string startaddress=((DropDownList)row.FindControl("ddlsadd")).SelectedValue;
    string phone=((TextBox)row.FindControl("tbxphe")).Text;
    string endaddress=((TextBox)row.FindControl("tbxadd")).Text;
    doupdate(waybillID,phone,endaddress);
}
```

图 6-28　使用模板列编辑信息

　　说明：使用 GridViewRow 对象的 FindControl()方法查找控件时，一定要确保方法参数的值与模板上该控件的 ID 属性值保持一致。

　　[例 6-10]　使用模板列实现多条记录的批量删除(test6_10.aspx)。

　　使用按钮列或命令列可以在 GridView 的每行显示一个按钮，点击按钮操作该行数据。有时我们需要对多行数据进行批量操作，这时可以使用模板列在每行显示一个复选框，用户点选多个复选框后，再从 GridView 中获取所有选择项的主键，进行批量操作。代码如下：

```
<form id="form1"runat="server">
 <asp:SqlDataSource ID="dsWayBill" runat="server"
     ConnectionString="<% $ConnectionStrings:connstr %> "
      SelectCommand="SELECT waybillID, consignee, phone, startaddress, endad-
             dress,goodsnumbers FROM wayBill">
 </asp:SqlDataSource>
<asp:GridView ID="gvWayBill" runat="server" AutoGenerateColumns="False"
    DataSourceID="dsWayBill"
    DataKeyNames="waybillID">
    <Columns>
    <asp:TemplateField HeaderText="选择">
       <ItemTemplate>
          <asp:CheckBox ID="cbxSel"runat="server"/>
       </ItemTemplate>
       <ItemStyle HorizontalAlign="Center"/>
```

```
        </asp:TemplateField>
        <asp:BoundField DataField="waybillID" HeaderText="运单号" ReadOnly="
True"/>
        <asp:BoundField DataField="consignee" HeaderText="收件人"/>
        <asp:BoundField DataField="phone" HeaderText="联系电话"/>
        <asp:BoundField DataField="startaddress" HeaderText="起始地址"/>
        <asp:BoundField DataField="endaddress" HeaderText="目的地址"/>
        <asp:BoundField DataField="goodsnumbers" HeaderText="数量/件"/>
    </Columns>
  </asp:GridView>
  <asp:Button ID="btndel" runat="server" Text="批量删除" onclick="btndel_
Click"
    OnClientClick="return confirm('确认删除这些记录吗？');"/>
</form>
```

运行效果如图 6-29 所示。

图 6-29　使用模板列实现多条记录的批量删除

代码中 OnClientClick 用于执行客户端的脚本代码，当用户点击"批量删除"按钮时，会先执行 OnClientClick 事件(返回值为 True 或 False)，再根据返回值决定是否执行 onclick 事件。

所以当"批量删除"按钮被按下后，首先在客户端弹出确认删除对话框，用户选择"确定"后再触发服务器端的事件过程 btndel_Click，代码如下：

```
protected void btndel_Click(object sender, EventArgs e)
  {
      String connstr=@"Data Source=localhost;Initial Catalog=ADOtest;Integrat-
ed Security=True";
      SqlConnection conn=new SqlConnection(connstr);
      for(int i=0;i<gvWayBill.Rows.Count;i++)
      {
        //获取每行 CheckBox 的值,再判断其是否被选中
        CheckBox chk=(CheckBox)gvWayBill.Rows[i].FindControl("cbxSel");
        if(chk.Checked==true)
        {
        //定义删除时要执行的 sql 语句
          string strsql=
```

```
                    "delete From wayBill Where waybillID='"+gvWayBill.DataKeys[i].Value+"'";
                    SqlCommand sqlcomm=new SqlCommand(strsql,conn);
                    conn.Open();
                    sqlcomm.ExecuteNonQuery();
                    conn.Close();
                }
        }
        gvWayBill.DataBind();    //将结果与 GridView 绑定
}
```

这段代码中调用了 GridViewRow 对象的 FindControl 方法，在每一行中查找复选框对象，若该对象被勾选，再从主键列表中找到该行数据的主键，添加到 CheckBox 对象中。需要说明的是，在遍历所有表行时，必须要先判断该行是不是数据行，只有数据行才可以从中查找复选框控件，而其他行（Header、Footer 等）则略过。

6.3.2　ListView 控件

ListView 是 ASP .NET 3.5 中新增的一个控件，用以取代 ASP .NET 1.X 中的 Repeater 控件。它是一个非常灵活的轻量级的控件，完全根据自定义的模板来呈现内容，并且提供了对选择、编辑等高级特性的支持。使用 ListView 最常见的原因是为了创建特殊的布局，例如创建在一行中显示多个项目的表，或者彻底脱离基于表格的呈现。

1. ListView 的模板

ListView 比 GridView 提供了更多的模板，主要包括表 6-6 中所包含的模板。

表 6-6　ListView 中可以使用的模板

列	描述
ItemTemplate	设置所有数据项（没有使用 AlternatingItemTemplate 时）或奇数行数据项（使用 AlternatingItemTemplate 时）的内容和格式
AlternatingItemTemplate	和 ItemTemplate 配合，设置偶数行的内容和格式
ItemSeparatorTemplate	设置在项目中间绘制的分隔符的格式
SelectedItemTemplate	设置当前选定项目的内容和格式
EditItemTemplate	设置数据项在编辑模式下使用的控件
InsertItemTemplate	设置插入新项目时使用的控件
LayoutTemplate	设置包装项目列表的标记
GroupTemplate	若使用了分组功能，则设置包装项目组的标记
GroupSeparatorTemplate	设置项目组的分隔符格式
EmptyDataTemplate	当绑定的数据对象为空时（没有记录或对象），使用该模板设置显示的提示信息

在 ListView 呈现自身时，它首先对绑定的数据进行迭代，为每个项目呈现 ItemTemplate；然后将多余的 Item 都放到 LayOutTemplate 里，从而实现布局控制。

2. 在 ListView 中呈现项

在 Listview 中设置 ItemTemplate 的方法与 GridView 类似，所有这里主要的问题是如何将 Item 添加到整体布局中。

　　[例 6-11]　使用 ListView 控件显示运单的信息(test6_11.aspx)。

```
<form id="form1" runat="server">
<!--ListView 控件的声明如下-->
<asp:ListView ID="lvWayBill" runat="server" DataSourceID="dsWayBill">
        <LayoutTemplate><!--布局模板-->
            <span id="itemPlaceholder" runat="server"></span>
        </LayoutTemplate>
        <ItemTemplate><b><!--项目模板-->
            <%#Eval("waybillID")%>-
            <%#Eval("consignee")%><hr /></b>
            <%#Eval("phone")%><br/>
            <%#Eval("startaddress")%>--
            <%#Eval("endaddress")%><br/>
            <%#Eval("goodsnumbers")%>件<br/><br/>
        </ItemTemplate>
</asp:ListView>
  <asp:SqlDataSource ID="dsWayBill" runat="server"
        ConnectionString="<%$ConnectionStrings:connstr%> "
        SelectCommand="SELECT waybillID, consignee, phone, startaddress, endad-
dress,goodsnumbers FROM wayBill">
  </asp:SqlDataSource>
</form>
```

　　可以看出，ListView 中至少要定义两个模板：布局模板和项目模板。通过一个占位符将项目添加到布局中，这个占位符可以是各种各样的 HTML 元素，但其 ID 属性一定要用 itemPlaceHolder，并且 runat 属性必须为 Server。该页面的运行效果如图 6-30 所示。

图 6-30　使用 ListView 控件显示运单的信息

3. 使用 GroupTemplate 分组项

　　有时要在一行中显示多个项，这就要通过分组模板来实现。

　　[例 6-12]　使用 ListView 的 GroupTemplate 分组模板显示运单的信息，每行显示 3 个运单信息。

　　同上例相似，只是 ListView 控件的声明略有不同，代码如下(test6_12.aspx)：

```
<asp:ListView ID="lvWayBill" runat="server" DataSourceID="dsWayBill" GroupItem-
Count="3">
```

```
<LayoutTemplate>
    <table border="0" cellpadding="10" width="100% ">
        <tr id="groupPlaceholder" runat="server"></tr>
    </table>
</LayoutTemplate>
<GroupTemplate>
        <tr><td runat="server"id="itemPlaceholder"/></tr>
</GroupTemplate>
<ItemTemplate>
<td valign="top"><b>
    <%#Eval("waybillID")%> -
    <%#Eval("consignee")%>
    <hr /></b>
    <%#Eval("phone")%><br/>
    <%#Eval("startaddress")%>--
    <%#Eval("endaddress")%><br/>
    <%#Eval("goodsnumbers")%> 件<br/><br/>
    </td>
</ItemTemplate>
</asp:ListView>
```

该页面的运行效果如图 6-31 所示。

使用分组,就要先设置 ListView 的 GroupItemCount 属性,它决定每个组里项目的个数,本例中设置为 3。

有了组,就在项和布局之间有了一个中间层,要将项加入组,再将组加入布局中。这里同样使用了占位符,将名称为 groupPlaceholder 的占位符加入布局模板,再将名称为 itemPlaceholder 的占位符加入组模板,最后再定义 ItemTemplate。

关于 ListView 的高级特性,请参阅 MSDN 文档,这里不再详细介绍。

图 6-31　使用 ListView 的页面运行效果

6.3.3　DetailsView 控件和 FormView 控件

GridView 和 ListView 都可以一次呈现多条记录,如果想要只呈现单条记录的详细信息,就可以使用 DetailsView 或 FormView。这两个控件主要功能都是以表格形式显示和处理来自数据源的单条数据记录,包含一个可选的分页按钮,用于在一组记录间导航;两者区别在于 FormView 可以创建复杂的模板,使用起来更加灵活,DetailsView 相当于简洁版的 FormView。

1. 使用 DetailsView 控件

DetailsView 使用表格布局方式,一次显示一条记录,其表格只包含两个数据列。一个数据列逐行显示数据列名,另一个数据列显示与对应列名相关的详细数据值。Details-

View 控件也可与 GridView 控件结合使用，以便实现主细表信息显示。DetailsView 控件支持的功能如下。

(1)支持与数据源控件绑定。例如，使用 SqlDataSource 等。

(2)内置数据添加、更新、删除、分页、排序、自动生成数据绑定等功能。

(3)支持以编程方式访问 DetailsView 对象模型，动态设置属性、处理事件等。

(4)可通过主题和样式进行自定义的外观。

DetailsView 控件的多数属性与 GridView 控件的属性，在属性名称、类型、功能等方面都非常类似。例如，DetailsView 控件也是用 DataSource 属性实现与数据源控件的连接，也是用 DataKeyNames 设置主键名称。同时，也用类似 AutoGenerateEditButton 名称的属性，启用编辑、添加、删除、自动生成等功能。另外，GridView 控件和 DetailsView 控件也有不同。例如，GridView 控件使用 AutoGenerateColumns 设置自动生成所有字段，而 DetailsView 的是用 AutoGenerateRows 属性设置的。也可以像 GridView 一样手工定义 DetailsView 所有字段。

又如，自定义设置数据绑定行的过程中，DetailsView 控件使用了<Fields>标签，而 GridView 控件使用的是<Columns>。

同 GridView 控件中的数据列相同，DetailsView 控件中的每个数据行是通过声明一个字段控件创建的。不同的行字段类型确定控件中各行的行为。字段控件派生自 DataControlField。当 AutoGenerateRows(默认为 True)属性设置为 False 时，DetailsView 中同样可以使用 BoundField 文本样式、ButtonField 自定义字段样式、CheckBoxField 复选框样式、CommandField 命令按钮样式、HyperLinkField 超链接样式、ImageField 图像样式、TemplateField 模板样式等字段类型。将某字段的值显示为自定义样式。

当设置其 AutoGenerateInsertButton、AutoGenerateEdittButton 及 AutoGenerateeDeletetButton 属性值为真时，系统就会自动在 DetailsView 底部增加一行链接按钮，提供相应功能。

DetailsView 提供三种操作模型，即只读模型(默认)、插入模型和编辑模型。可以通过 CurrentMode 属性获取当前模型，并通过 ChangeMode 方法改变当前模型。

[**例** 6-13]　使用 DetailsView 控件运单信息表(test6_13.aspx)。

```
<form id="form1" runat="server">
  <asp:DetailsView ID="dvWayBill" runat="server" AllowPaging="True"
      AutoGenerateRows="False" DataKeyNames="waybillID" DataSourceID="dsWay-
Bill">
      <Fields>
          <!--自定义字段样式-->
          <asp:BoundField DataField="waybillID" HeaderText="运单号" ReadOnly="
True"/>
          <asp:BoundField DataField="consignee" HeaderText="收件人"/>
          <asp:BoundField DataField="phone" HeaderText="联系电话"/>
          <asp:BoundField DataField="startaddress" HeaderText="起始站点"/>
          <asp:BoundField DataField="endaddress" HeaderText="目的站点"/>
```

```
            <asp:BoundField DataField="goodsnumbers" HeaderText="数量/件"/>
                <!--添加命令按钮,实现编辑、更新、取消操作-->
            <asp:CommandField HeaderText="编辑" ShowEditButton="True"/>
        </Fields>
</asp:DetailsView>
<asp:SqlDataSource ID="dsWayBill" runat="server"
        ConnectionString="<%$ConnectionStrings:connstr %> "
        SelectCommand="SELECT [waybillID],[consignee],[phone],
[startaddress],[endaddress],[goodsnumbers] FROM [wayBill]">
</asp:SqlDataSource>
</form>
```

页面运行效果如图 6-32 所示。

图 6-32　使用 DetailsView 实现运单浏览及编辑

2. 使用 FormView 控件

若想完全控制单条记录显示及编辑的样式,可以使用 FormView 控件,它完全依赖于模板,提供最大的灵活性。

同 GridView 类似,在 FormView 的模板列中可以使用 ItemTemplate、EditItem-Template、InsertItemTemplate、EmptyDataTemplate、HeaderTemplate、FooterTem-plate 及 PagerTemplate 等模板。

在上一例题中,使用 DetailsView 实现对运单的简单编辑,下面使用 FormView 实现对产品单的编辑,可以对比学习理解这两个控件。

[例 6-14]　使用 FormView 开发一个产品单信息的增删改查程序(test6 _ 14. aspx)。

(1)首先建立两个数据源,声明如下:

```
<asp:SqlDataSource ID="dsProduct" runat="server"
        ConnectionString="<%$ConnectionStrings:connstr %>"
        SelectCommand="SELECT ProductID,ProductName,UnitPrice,Unit,CategoryID FROM
productdt"
        UpdateCommand="Update productdt set ProductName=@ProductName,
        UnitPrice=@UnitPrice,Unit=@Unit,CategoryID=@CategoryID
        Where ProductID=@ProductID"
```

```
InsertCommand="Insert Into productdt(ProductName,UnitPrice,Unit,CategoryID)
    Values(@ProductName,@UnitPrice,@Unit,@CategoryID)"
DeleteCommand="Delete From productdt Where ProductID=@ProductID">
</asp:SqlDataSource>
<asp:SqlDataSource ID="dsCategory"runat="server"
  ConnectionString="<%$ConnectionStrings:connstr %>"
  SelectCommand="SELECT distinct CategoryID,CategoryName FROM Categories">
</asp:SqlDataSource>
```

第一个数据源提供了对 productdt 产品表的增删改查命令，第二个数据源获取产品所属类别信息，以便在编辑和添加模板中显示为下拉框。

（2）向页面上添加一个 FormView 控件，设置其 DataSourceID 为刚才建立的 dsProduct 数据源，并设置其 AllowPaging 属性为真，在其智能标记中点击"刷新架构"按钮。切换到源代码视图下，可以看到系统已经为 FormView 自动生成了 InsertTemplate、EditTemplate 及 ItemTemplate 模板。这时运行该页面，显示状态下的效果如图 6-33 所示，编辑状态下如图 6-34 所示。

图 6-33　显示状态下的页面效果　　　　图 6-34　编辑状态下的页面效果

可以看到，系统自动为所有可编辑列创建 TextBox 以编辑数据。为避免输入错误的产品类别，我们希望能够从下拉列表中选择类别，这就需要对 EditItemTemplate 以及 InsertItemTemplate 进行定制。

（3）定制 FormView 中的编辑和插入模板，只需在上述步骤的源代码中，添加相应的代码即可。

FormView 中的代码如下：

```
<asp:FormView ID="FormView1" runat="server" AllowPaging="True"
  DataKeyNames="ProductID" DataSourceID="dsProduct">
  <EditItemTemplate><!--编辑状态下的模板-->
    运单 ID:
    <asp:Label ID="ProductIDLabel1" runat="server"
        Text='<%#Eval("ProductID")%>'/>
    <br/>
    运单名:
    <asp:TextBox ID="ProductNameTextBox" runat="server"
```

```
                    Text='<%#Bind("ProductName")%>'/>
        <br/>
        单价:
        <asp:TextBox ID="UnitPriceTextBox" runat="server"
            Text='<%#Bind("UnitPrice")%>'/>
        <br/>
        单位:
        <asp:TextBox ID="UnitTextBox" runat="server" Text='<%#Bind("Unit")%>'/>
        <br/>
        所属类别 ID:
        <asp:TextBox ID="CategoryIDTextBox" runat="server"
            Text='<%#Bind("CategoryID")%>'/>
        <!--加显示类别名的下拉列表代码-->
        类别名:<asp:DropDownList ID="ddlCate" runat="server" DataSourceID="dsCat-
egory"
        DataValueField="CategoryID" DataTextField="CategoryName"
            SelectedValue='<%#Bind("CategoryID")%> '>
        </asp:DropDownList>
        <br/>
        <asp:LinkButton ID="UpdateButton" runat="server" CausesValidation="True"
            CommandName="Update" Text="更新"/>
         <asp:LinkButton ID="UpdateCancelButton" runat="server"
            CausesValidation="False" CommandName="Cancel" Text="取消"/>
    </EditItemTemplate>
    <InsertItemTemplate>  <!--插入时模板-->
        运单名:
        <asp:TextBox ID="ProductNameTextBox" runat="server"
            Text='<%#Bind("ProductName")%>'/>
        <br/>
        单价:
        <asp:TextBox ID="UnitPriceTextBox" runat="server"
            Text='<%#Bind("UnitPrice")%>'/>
        <br/>
        单位:
        <asp:TextBox ID="UnitTextBox" runat="server" Text='<%#Bind("Unit")%>'/>
        <br/>
        <!--为避免错误,使显示类别名的下拉列表框-->
        所属类别:
        <asp:DropDownList ID="ddlCate" runat="server" DataSourceID="dsCategory"
        DataValueField="CategoryID" DataTextField="CategoryName"
            SelectedValue='<%#Bind("CategoryID")%> '>
        </asp:DropDownList><br/>
        <asp:LinkButton ID="InsertButton" runat="server" CausesValidation="True"
            CommandName="Insert" Text="插入"/>
         <asp:LinkButton ID="InsertCancelButton" runat="server"
```

```
                    CausesValidation="False" CommandName="Cancel" Text="取消"/>
  </InsertItemTemplate>
  <ItemTemplate><!--显示时模板-->
      运单 ID:
      < asp:Label ID="ProductIDLabel" runat="server" Text='<% # Eval("Produc-
tID")%>'/>
      <br/>
      运单名:
      <asp:Label ID="ProductNameLabel" runat="server"
          Text='<%#Bind("ProductName")%>'/>
      <br/>
      单价:
      < asp: Label ID="UnitPriceLabel" runat="server" Text = '<% # Bind("Unit-
Price")%>'/>
      <br/>
      单位:
      <asp:Label ID="UnitLabel" runat="server" Text='<%#Bind("Unit")%>'/>
      <br/>
      所属类别:
      <asp:Label ID="CategoryIDLabel" runat="server"
          Text='<%#Bind("CategoryID")%>'/>
      <br/>
      <asp:LinkButton ID="EditButton" runat="server" CausesValidation="False"
          CommandName="Edit" Text="编辑"/>
       <asp:LinkButton ID="DeleteButton" runat="server" CausesValidation=
"False"
          CommandName="Delete" Text="删除"/>
       < asp:LinkButton ID="NewButton" runat="server" CausesValidation="
False"
          CommandName="New"Text="新建"/>
  </ItemTemplate>
</asp:FormView>
```

　　上述代码，在编辑和插入模板中定义了 DropDownList 控件，设其 DataSourceID 为 dsCategory，自动从数据库表中获取所有类别，其 SelectedValue 属性绑定了 Category-ID，保证更改后，保存数据时下拉框可以将选项值传给 dsProduct 数据源。更改后的编辑模板运行效果如图 6-35 所示。

图 6-35　更改后的编辑模板运行效果

从示例中还可以看到，FormView 控件也支持只读、插入和编辑三种模式，也可在各种模式之间切换。但与 GridView 及 DetailsView 不同的是，FormView 不支持自动创建按钮列（CommandField），必须手工创建各种按钮对象。注意在 ItemTemplate 中创建了编辑、删除和新建三个按钮，在编辑模板中创建了更新和取消两个按钮，在插入模板中创建了插入和取消两个按钮。可以使用 Button 或 LinkButton 来创建按钮，所有按钮的 CommandName 属性必须设置为合适的值，这样才能触发相应的事件，自动进行模式切换。常用的命令名见表 6-7。

表 6-7　FormView 的命令按钮中可以使用的 CommandName 值

命令	作用
Edit	适用于 ItemTemplate，从只读模式切换到编辑模式以编辑当前项
Cancel	适用于 EditItemTemplate 和 InsertItemTemplate，在编辑或插入模式下放弃数据，返回到只读模式
Update	适用于 EditItemTemplate，将编辑后的数据保存下来，并返回只读模式
New	适用于 ItemTemplate，插入一条新数据并转入编辑模式
Insert	适用于 InsertItemTemplate，将插入的数据保存下来，并返回只读模式
Delete	适用于 ItemTemplate，直接删除当前项

6.4　习题与上机练习

1. 选择题

（1）为将页面的 PageNum 属性值绑定到某 Label 控件上显示，需设置该控件的 Text 属性为如下的（　　）数据绑定表达式。

A. <%# PageNum %> 　　　　　　　　　B. <%$ PageNum %>

C. <%# Eval("PageNum")%> 　　　　　D. <%# Bind("PageNum")%>

（2）在绑定了数据源的 Repeater 对象中，系统会自动提供（　　）对象，可以使用该对象的 Eval 方法从指定的列中检索数据。

A. Container 　　　　　　　　　　　B. DataBinder

C. DataReader 　　　　　　　　　　　D. DataTable

（3）在 DataList 控件中，任何一个按钮单击时，都会触发（　　）事件。

A. EditCommand　　　　　　　　　　B. ItemCommand

C. CancelCommand　　　　　　　　　　D. SelectCommand

(4)在使用 DataView 对象进行筛选和排序等操作之前，必须指定一个(　　　)对象作为 DataView 对象的数据来源。

A. DataTable　　　　　　　　　　B. DataGrid

C. DataRows　　　　　　　　　　D. DataSet

(5)在包含多个表的 DataTable 对象的 DataSet 中，可以使用(　　　)对象来使一个表和另一个表相关联。

A. DataRelation　　　　　　　　　　B. Collections

C. DataColumn　　　　　　　　　　D. DataRows

(6)在 GridView 控件中设定显示学生的学号、姓名、出生日期等字段。现要将出生日期设定为短日期格式，则应将数据格式表达式设定为(　　　)。

A. {0：d}　　　　　　　　　　B. {0：c}

C. {0：yy−mm−dd}　　　　　　　　　　D. {0：p}

(7)XMLDateSource 与 SiteMapDataSource 数据源控件能够用来访问(　　　)。

A. 关系型数据　　　B. 层次性数据　　　C. 字符串数据　　　D. 数值型数据

2. 简答题

(1)试举例说明如何计算一个表达式的值，并将其绑定到 Label 控件上显示出来。

(2)构造一个课程的集合，每门课程包含课程号、课程名、学时等数据项；在页面上添加一个课程列表框，能够显示集合中所有课程的名称，但提交所选的课程号。请写出代码。

(3)ASP .NET2.0 的数据源控件起什么作用？

(4)ASP .NET2.0 共提供了哪几种类型的数据源控件，分别在什么场合下使用。

(5)在 SqlDataSource 配置中使用命令参数时，可采用哪几种方式获得参数值？举例说明。

(6)在访问关系数据库的应用中，使用 SqlDataSource 有什么局限性？为什么要使用 ObjectDataSource。

(7)试比较 GridView、DetailsView、FormView 和 ListView 四种控件的特点，并分别说明每种控件的用途。

(8)使用 GridView 控件显示大量数据时为什么要采用自定义分页？请深入分析其原因，并举例说明如何实现自定义分页控制。

(9)在处理 GridView 的行数据时，通常可以使用哪些行命令？分别会触发哪些行事件？

(10)GridView 的模板列中，可以使用哪些常用的模板类型？分别代表什么？

(11)在模板列中，使用 Eval()和 Bind()方法都可以绑定到数据项，试比较两种用法的异同。

第 7 章　ASP .NET Web 服务

Web Service 就是运行在 Web 上的服务,这个服务通过网络为我们的程序提供服务,类似一个远程的服务提供者。WebService 已被广泛使用,特别是越来越多的商业机构希望把它们的企业运营集成到分布式应用软件环境中,比如网上支付、网上购物、网上订票和网上炒股等。这就需要一个基于 Internet 开发标准的分布计算模式。这种分步计算模式必须独立于提供商、平台和编程语言;同时,它必须易于实现和发布应用程序。Web Service 技术也就应运而生了。

7.1　Web 服务概念

7.1.1　Web 服务的定义

关于 Web Service,有很多种不同的定义,它们都是站在不同的角度给出的。下面分别列出一些定义,以帮助读者深入理解 Web Service。

(1)Web Service 是一种跨编程语言和跨操作系统平台的远程调用技术。

所谓远程调用,就是计算机 A 上的程序可以调用另一台计算机 B 上的某个对象的方法,譬如,银联提供给商场的 pos 刷卡系统。还有,亚马逊 amazon. com、天气预报系统、淘宝网、校内网、百度等,它们把自己的系统服务以 web service 的形式暴露出来,让第三方网站和程序可以调用这些服务功能,这样就扩展了自己系统的市场占有率。

所谓跨编程语言和跨操作平台,就是说服务端程序采用 Java 编写,客户端程序采用其他编程语言,反之亦然! 跨操作系统平台则是指服务端程序和客户端程序可以在不同的操作系统上运行。

(2)Web Service 是松散耦合的、可复用的软件模块,从语义上看,它封装了离散的功能,在 Internet 上发布后能够通过标准的 Internet 协议在程序中访问。

首先,Web Service 是可复用的软件模块。基于组件的模型允许开发者复用他人创建的代码模块,组成或扩展它们,形成新的软件。其次,这些软件模块是松散耦合的。传统的软件设计模式要求各单元之间紧密连接,这种连接一旦建立,很难把其中一个元素取出并用另一个元素代替。相反,松散耦合的系统,只需要很简单的协调,并允许更加自由的配置。再次,Web Service 封装了离散的功能。一个 Web Service 就是一个自包含的“小程序”,完成单个任务。Web Service 的模块使用其他软件可以理解的方式描述输入和输出,其他软件知道它能做什么,如何调用它以及返回什么样的结果。然后,Web Service 可以在程序中访问。Web Service 不需要图像化的用户界面,它在代码级工作,可以被其他软件调用并交换数据。最后,Web Service 是在 Internet 上发布的,使用目前广泛使用的 HTTP 协议。

7.1.2　Web 服务的基本特征

Web Service 吸收了分布式计算、Grid 计算和 XML 等各种技术的优点，解决了异构分布式计算以及代码与数据重用等问题，具有高度的可集成性和互操作性、跨平台性和松耦合等特点。WebService 实际上是一种应用程序，使用标准互联网协议 HTTP 在网上提供函数接口，能够让不同的应用程序之间进行交互操作，即用户可以从任何地方调用 Web Service，为运行在不同平台。不同架构及不同语言编写的各种软件应用程序之间的互操作提供一种标准的解决方案。具体描述如下：

（1）Web Service 是分布式的、可复用的 Web 应用程序组件。通过聚合已有的 Web Service 可以快速开发能够提供各种信息与服务的 Web 应用程序，而这些 Web 应用程序自身也可以发布新的 Web Service 以供其他 Web 应用程序调用。

（2）支持松散耦合。应用程序与 Web Service 执行交互前，应用程序与 Web Service 之间的连接是断开的，当应用程序需要调用 Web Service 的方法时，应用程序与 Web Service 之间建立了连接，当实现了相应功能后，两者之间的连接断开。应用程序与 Web 应用之间的连接是动态建立的，实现了系统的松耦合。

（3）跨平台性。Web Service 使用 XML 表达信息，使用 HTTP 协议传输信息。对于不同的平台，只要能够支持编写和解释 XML 格式文件就能够实现不同平台之间应用程序的相互通信。

（4）自描述性。Web Service 使用 WSDL 作为自身的描述语言，而 WSDL 是基于 XML 格式的纯文本描述，包含了被 Web 应用程序调用所需的全部信息，WSDL 能够帮助其他 Web 应用程序访问 Web Service。

（5）可发现性。应用程序可以通过 Web Service 提供的注册中心查找和定位 Web Service。

7.1.3　Web 服务的体系结构

由于 Web Service 采用的是面向服务的体系结构，该架构由 3 个参与者和 3 个基本操作构成，3 个参与者分别是：服务提供者（Service Provider）、服务请求者（Service Requester）和服务的注册中心（Service Registry）。3 个操作分别是发布（publish）、查找（find）和绑定（bind）。通常我们将服务提供者、服务请求者和服务的注册中心称为 Web Service 的三大角色。这三大角色及其行为共同构成了图 7-1 所示的 Web Service 的体系结构。

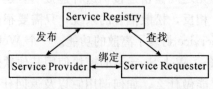

图 7-1　Web Service 的体系结构

而 Web 服务提供者就是 Web 服务的创建者，为其他服务和用户提供某种功能服务。

Web 服务请求者就是 Web 服务功能的使用者，利用 SOAP 给服务提供者发送消息以请求服务。Web 服务注册中心是把一个 Web 服务请求者与合适的 Web 服务提供者联系起来，充当第三方管理者的角色。那么，具体地说，Web Service 到底是如何"转"起来的呢？如图 7-2 所示，它主要基于以下方面：

(1) Web Service 驻留于 Web Server 中。

(2) 使用 UDDI 机制查找符合要求的 Web Service。

(3) 网络中的机器通过 SOAP 协议进行通讯。

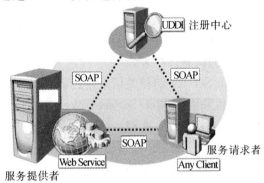

图 7-2　Web Service 的运转

这一过程涉及 3 个重要技术：SOAP、WSDL、UDDI。我们可以给 Web Service 这样一个定义：

通过 SOAP 在 Web 上提供的软件服务，使用 WSDL 文件进行说明，并通过 UDDI 进行注册。下面分别对这 3 个主要技术进行说明。

1. SOAP 协议

SOAP 协议（Simple Object Access Protocol，简单对象访问协议）是 Web Service 的传输协议。Web Service 的提供者与使用者之间的信息交换必须遵循 SOAP 协议，它规定了 Web Service 的提供者与使用者之间信息的编码和传送方式。

SOAP 协议是建立在 HTTP 协议之上的互联网应用层协议，因此，它允许信息穿过防火墙而不被拦截。

SOAP 仅是一种约定，是平台中立与语言无关的。

SOAP 利用 XML 来封装消息。它满足下述关系：

SOAP 协议= HTTP 协议 + XML 数据格式

Web Service 使用 SOAP 协议实现跨编程语言和跨操作系统平台。

由于 Web Service 采用 HTTP 协议传输数据，采用 XML 格式封装数据。各种编程语言对 HTTP 协议和 XML 技术都提供了很好的支持，Web Service 客户端与服务器端使用任意编程语言都可以完成 SOAP 的功能，所以，Web Service 很容易实现跨编程语言，跨编程语言自然也就跨了操作系统平台。

2. WSDL 语言

WSDL（Web Service Description Language，Web 服务描述语言）是一种纯文本形式，

它基于 XML 规范而制定。

WSDL 文件本身是一个 XML 文档，用于描述 Web Service 的详细信息，即说明一组 SOAP 消息以及如何交换这些消息。

WSDL 用于动态发布 Web 服务、查找已发布的 Web 服务、绑定 Web 服务。

WSDL 以 XML 架构标准为基础，意味着它与编程语言无关，可以从不同平台、以不同编程语言访问 Web Service 接口。

3. UDDI 机制

UDDI(Universal Description，Discovery and Integration，统一描述、发现和集成)是一种用于查找 Web Service 的机制。

UDDI 服务器存储了 Web Service 的相关信息，也就是此 Web Service 的 WSDL 文档，可供 Web 应用程序来定位和引用 Web Service。Web Service 的使用者先通过 UDDI 查找所需的 Web Service，获取其 WSDL 文档，然后，根据此 WSDL 文档就可以定位并引用 Web service。在整个过程中，UDDL 起到了一个类似于"电话号码簿"的作用。

因此，UDDI 的意图就是作为一个注册簿，企业可以在不同的目录下注册它们自己或其服务。通过浏览一个 UDDI 注册簿，用户能够查找一种服务或一个公司，并发现如何调用该服务。

UDDI 的目录条目分为三类：
- 白页：企业实体的列表，介绍提供服务的公司和企业，包括名称、地址、联系方式和已知标识符等等。
- 黄页：包括基于标准分类法划分的行业类别信息。
- 绿页：是调用一项服务所必需的文档。它详细介绍了访问服务的接口，以便用户能够编写应用程序以使用 Web Service。

7.1.4　Web 服务的协议栈

在 Web Service 体系结构中，SOAP、WSDL、UDDI 等提供了 Web Service 交互的基本框架，为了保证体系结构中的每个角色都能正确执行发布、查找和绑定操作，Web Service 为每一层标准技术提供 WebService 协议栈。WebService 协议栈如图 7-3 所示，上层的功能必须依靠下层的支持。

服务发布层：使用 UDDI 协议作为服务的发布/集成协议。其可以为提供者提供发布 WebService 的功能，也可以为服务请求者提供查询、绑定功能。

服务描述层：使用 XML 语言描述的 WSDL 作为消息协议，能够提供 WebService 的一些特定信息。服务描述层还包括定义和描述功能、接口、结构等的 WSDL 文档。

消息传递层：使用 SOAP 作为消息传递协议，以实现服务提供者与服务请求者、服务注册中心的信息交换。

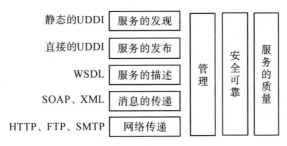

图 7-3 WebService 协议栈

网络传递层：其可以使用多种协议进行消息的传递。

7.2 构建 ASP .NET Web 服务

架构 WebService 的基本流程如下：

(1)Web Service 创建和部署。部署 Web Service 需要一个 Web 服务器，然后需要在服务器上设置 Web 站点，以便存储 Web Service 文件。文件创建后，对 Web Service 进行部署，然后利用浏览器进行测试。待一切正常，则可对外发布此 Web Service 应用，完成本地 Web Service 的创建。

(2)创建客户端添加 Web 引用，例如用户通过客户端登录(客户端可以是网站，也可以是客户端程序)可在页面中添加按钮点击事件，调用服务。

(3)客户端调用即查询请求，应用集成服务通过检索私有 UDDI 注册中心获得用户需要调用的内部 Web Service 描述信息，然后将查询和修改信息写入 Web 数据库，通过查询返回结果。

使用 Visual Studio 可以很方便地构建 Web Service，本节将举例说明 Web Service 的创建和发布方法。

7.2.1 创建 Web 服务

启动 Visual Studio 2010，在"文件"菜单中选择"新建网站"，在新建网站窗口中，首先要选择.NET Framework 3.5 版本(默认的 4 版本没有 Web 服务)，然后选择"ASP .NET Web 服务"，如图 7-4 所示。单击"确定"按钮，系统将自动创建一个名为"Service. cs"的文件，在其中定义一个名为"Service"的 Web Service，并自动生成一个公有方法"Hello World"，则显示如下代码。

```
using System;
using System. Collections. Generic;
using System. Linq;
using System. Web;
using System. Web. Services;

[WebService(Namespace="http://tempuri.org/")]
[WebServiceBinding(ConformsTo=WsiProfiles.BasicProfile1_1)]
//若要允许使用 ASP.NET AJAX 从脚本中调用此 Web 服务,请取消对下行的注释。
```

```
//[System.Web.Script.Services.ScriptService]
public class Service : System.Web.Services.WebService
{
    public Service() {
        //如果使用设计的组件，请取消注释以下行
        //InitializeComponent();
    }
    [WebMethod]
    public string HelloWorld() {
        return "Hello World";
    }
}
```

图 7-4　创建 ASP.NET Web 服务

  上述代码中，Service 类从 WebService 类派生，它包括两个公有方法：Service() 和 HelloWorld()。其中，[WebMethod] 标签声明了一个 Web 方法，它通知 ASP.NET 编译器，接下来的 Web 方法可以通过互联网调用。

  一个 Web Service 可以拥有多个公有的 Web 方法。这些 Web 方法不能返回对象，只能返回一个值类型数据（字符串数组、字符串、数值等）。例如，HelloWorld() 返回一个字符串。

  上述代码位于 App_Code/Service.cs 文件中，我们可以根据需要继续添加 Web 方法。例如，更改 HelloWorld() 函数，代码如下。

```
[WebMethod]
    public string HelloWorld(string para)
    {
        string hello=para+" Hello World";
        return hello;
    }
}
```

  与 Service.cs 文件相对应，Service.asmx 文件本身只有一行代码：

```
<%@WebService Language="C#" CodeBehind="~/App_Code/Service.cs" Class="Service"%>
```

  在这里，页面指令"@WebService"指明本页定义的是一个 Web Service，实现该 Web Service 的类是"Service"，位于"~/App_Code/Service.cs"文件中。

7.2.2 测试 Web 服务

从"调试"菜单选择"启动调试"命令，浏览器会自动启动以测试 Web Service 是否工作正常。如图 7-5 所示，可以看到测试网页中的 Service 类里面的所有 Web 方法。上面更改了 HelloWorld 函数。

图 7-5　Web Service 测试(1)

点击 HelloWorld 方法，会跳到另一个页面，如图 7-6 所示，该页面提供方法的调试方法。在文本框中输入"你好!"，单击"调用"按钮，结果以 XML 格式被返回，如图 7-7 所示。

图 7-6　Web Service 测试(2)

图 7-7　Web Service 测试返回结果

7.2.3 发布 Web 服务

Web Service 本身是不能单独存在的，必须依赖于一个网站进行发布。因此，发布 Web Service，就像发布一个普通的 ASP .NET网站一样，通过在 IIS 上设置虚拟目录、发布提供有 Web Service 的网站到 IIS 上。在本地发布 WebService 的设置和发布过程如下：

(1)首先打开 Windows 7 的控制面板，打开"程序与功能"，再打开"打开或关闭 Windows 功能"。

(2)找到 Internet 信息服务，展开文件夹。再找到 Web 管理工具，展开你会发现 4 个关于 IIS 的文件夹。你将这 4 个文件夹都选中"√"号。如图 7-8 所示。

图 7-8　Windows 功能

(3)单击确定，这里需要等待一些时间。打开控制面板，找到管理工具，然后打开 Internet 信息服务(IIS)管理器。如图 7-9 所示。

图 7-9　IIS 管理器

(4)选择网站，右击添加网站，这里选择网站名称 testWebService，选择物理路径为 E：\ Visual Studio \ WebSites \ Service，点击确定。如图 7-10 所示。

图 7-10　添加网站

(5)在网站管理中选择"停止"将 Default Web Site 网站停止，然后打开 testWeb-Service 网站。最后更改发布 Web 页面的内容，并发布项目。

下面将建好的 webservice 发布在网上。

上面 Web Service 网站，被发布到本地 IIS 的 D：\ WebServiceTest 应用程序文件夹，对该文件夹创建了一个名为 AddService 的虚拟目录，如图 7-11 所示。

图 7-11　虚拟目录 AddService 指向提供 WebService 的网站

由于 Web Service 的源文件扩展名为 ".asmx"，发布之后的 Web Service 可以通过以下 URL 进行访问。

```
http://localhost/AddService/Service.asmx
```

7.3　使用 Web 服务

使用 Web Service 的过程，实际上是 Web Service 的使用者与 Web Service 实现绑定，并调用其方法的过程。使用 Visual Studio 可以方便地在 ASP .NET应用程序中引用已经开发好的 Web Service。

7.3.1　生成服务代理类

代理类(. dll 文件)是根据 Web 服务的 WSDL 文件产生的本地类，包括类和方法的声明。为了创建代理类，需要在命令行使用 WSDL. exe 文件生成代理类文件。代理是要调用的真正代码的替身，负责在计算机边界引导调用。当代理在客户端应用程序中注册后，客户端应用程序调用方法就如调用本地对象一样。代理接受该调用，并以 XML 格式封装调用，然后以 SOAP 请求发送调用到服务器。当服务器返回 SOAP 包给客户端后，代理会对包进行解密，并且如同从本地对象的方法返回数据一样将其返回给客户端应用程序。

注意：代理程序必须放在网站的根目录下的 bin 文件夹中，否则程序将找不到代理程序。

7.3.2　添加 Web 引用

在 ASP .NET网站中，使用 Web Service 的方法是从"网站"菜单中选择"添加 Web 引用"，则出现如图 7-12 所示的页面。

由于本节中的 Web Service 已经在本地 IIS 上发布，所以单击"本地计算机上的 Web 服务"，进行相应选择后，进入如图 7-13 所示的页面。此时 Web 引用的默认名为"local-host"，单击"添加引用"按钮，即可完成向项目中添加 Web 引用的工作，如图 7-14 所示。

图 7-12　"添加 Web 引用"窗口(1)　　　图 7-13　"添加 Web 引用"窗口(2)

图 7-14　添加了 Web 引用 "localhost" 的网站

在图 7-14 中，可以看到 Visual Studio 为添加 Web 引用的网站自动生成了 3 个调用 Web Service 的相关文件。其中，".disco" 文件用于指明如何获取 Web Service 的相关信息，".wsdl" 是 Web Service 的描述文件，".discomap" 文件用于指明上述两个文件的 URL。

7.3.3　访问 Web 服务

添加了 Web 引用之后，ASP．NET网站使用以下代码访问 Web Service。

```
protected void btnAdd_Click(object sender, EventArgs e)
{
//创建 Web Service 代理对象
localhost. Service s=new localhost. Service();
//获取用户输入的参数
String para=txt. Text;
//调用 Web Service 输出结果
    lblResult. Text=s. HelloWorld(x);
}
```

上述代码中，用方框标出的就是访问 Web Service 的代码。可以看出，这同访问一个本地对象几乎没有什么差别。实际上，在网页中创建的 Web Service 对象是一个代理对象，该代理对象拥有 Web Service 所定义的全部 Web 方法。网页对该代理对象的调用都被传送给远程服务器，服务器处理完之后，再将结果传回调用的网页。

7.4　习题与上机练习

1. **选择题**

(1)以下关于发布与部署 Web Service 的说法正确的是(　　)。

A. 发布与部署没有什么区别，两个仅是不同的定义

B. 发布是将 Web Service 放到 IIS 上，部署是制作安装包

C. 发布是将 Web Service 向外界公示，部署是将 Web Service 放到 IIS 上

D. 发布是将 Web Service 的相关信息列入 UDDI 目录中方便查询，而部署仅仅实现了 Web Service 的物理可访问

(2)在使用 Web Service 之前，常用的 Web Service 发现工具是(　　)。

A. WSDL. exe   B. Disco. exe

C. Ftp. exe   D. Ping. exe

(3)XML Web Service 的交互通常使用标准的 Internet 协议不包括(　　)。

A. TCP/IP　　　　　B. HTTP　　　　　C. SOAP　　　　　D. IPX/SPX

(4)以下哪些操作是在使用 Web Service 过程中不需要的？(　　)

A. 引用代理类的命名空间   B. 在工程中添加 Web 的引用

C. 生成代理类   D. 设置输出结果的有效时间

E. 设置访问 Web Service 的验证身份

(5)以下关于 UDDI 哪些是错误的？(　　)

A. 使用 Web Service 必须通过 UDDI

B. UDDI 能让你的 Web Service 获得更多的使用

C. UDDI 能提供一系列 Web Service 的最终访问点

D. UDDI 负责提供 WSDL 文件

(6)下列关于 Web Services 的描述，(　　)是错误的。

A. Web Services 架构中有三个角色：服务请求者，服务提供者，服务注册中心

B. 服务提供者向服务注册中心发布服务的信息

C. 服务请求者需要向服务注册中心查询其需要的服务的信息

D. 服务请求者需要与服务注册中心绑定以消费服务

(7)Web Services 使用基于(　　)的标准和传输协议交换数据。

A. XSLT　　　　　B. XML　　　　　C. TCP/IP　　　　　D. Java

(8)下列(　　)是描述 Web 服务的标准 XML 格式。

A. WSDL　　　　　B. UDDI　　　　　C. SOAP　　　　　D. LDAP

(9)Web Services 应用程序具备如下哪些特征？(　　)

A. 封装性   B. 松散耦合

C. 使用标准协议规范   D. 高度可集成性

(10)Web Services 应用的优势体现在如下哪些场景中?(   )

A. 跨防火墙通信   B. 应用程序集成

C. B2B 集成   D. 数据重用

(11)Web Services 体系结构基于哪三种逻辑角色(   )

A. 服务提供者   B. 服务注册中心

C. 服务请求者   D. 消息

2. 简答题

(1)什么是 Web Service? 它的主要核心技术有哪些?

(2)UDDI 商业注册中心所提供的信息从概念上分为 3 个部分：白页、黄页、绿页，请你说明它们各代表什么意思?

3. 上机练习

设计并实现一个天气预报查询页。要求调用天气预报 Web Service，其中 Web Service 的地址为：http：//www.webxml.com.cn/WebServices/WeatherWebService.asmx。可以选择全国主要城市，并显示该城市三天内的天气情况。

第 8 章　JavaScript 脚本语言

JavaScript 是一种动态型、解释型、轻量级的脚本语言，和 XML、HTML 等完全不同。其是可插入 HTML 页面的编程代码，最初的设计目的是在 HTML 网页中增加动态效果和交互功能。随着 Web 技术的发展，JavaScript 与其他技术相结合，产生了客户端与服务器端异步通信的 Ajax 技术，为用户提供更加丰富的上网体验。本章主要讲解 JavaScript 语法及对象化编程等基础知识，后续的章节将专门讲解 AJAX 技术。

8.1　JavaScript 概述

8.1.1　JavaScript 特性

JavaScript 主要被作为客户端脚本编程，通常嵌入 HTML 代码中，由浏览器解释和运行，不需要服务器的支持。虽然其安全性不如服务器端脚本，并且由于其是解释执行的，所以效率也比较低。但是随着引擎和框架的发展，以及其事件驱动、异步 I/O、跨平台、容易上手等特性，JavaScript 逐渐被用来编写服务器端程序。

JavaScript 与 C、C++和 Java 类似，都有分支、循环等控制结构及异常处理机制。还具有基于对象(Object Based)和事件驱动(Event Driven)的特性，可以通过文档对象模型(DOM)访问浏览器及页面中的各个对象，捕获对象的特定事件并编写代码处理事件。

JavaScript 可以实现的基本功能如下：

  • 控制文档的外观和内容

JavaScript 可以动态地改变网页的 CSS 样式及结构，通过 Document 对象的 write 方法可以在浏览器解析文档时将 HTML 写入文档中，使整个页面的灵活性大大增加。

  • 验证表单输入内容

在客户端验证表单中的输入，避免向服务器提交非法数据，节约服务器资源。

  • 实现客户端的计算和处理

直接从表单中读取客户端的输入，并进行相应计算。

  • 设置和检索 Cookie

将用户名、账号等用户的特定信息持久地保存于 Cookie 中，在用户下一次访问网站时，自动地读取这些信息。

  • 捕捉用户事件并相应地调整页面

根据键盘或鼠标的动作，使页面的某一部分变得可编辑。

  • 在不离开当前页面的情况下与服务器端应用程序进行交互

这是 AJAX 的基础，可以用于填充选项列表、更新数据以及刷新显示，并且不需要重新载入页面。这有助于减少与服务器的交互次数，节约服务器资源。

8.1.2　网页嵌入 JavaScript

与其他脚本语言一样，JavaScript 程序不能独立运行，只有把它嵌入到 HTML 网页中才能运行。引入 JavaScript 脚本的方式有 3 种：

- 在 HTML 文档中直接嵌入 JavaScript 脚本代码
- 在 HTML 文档中链接 JavaScript 源文件
- 在 HTML 标记内嵌入 JavaScript 代码

下面分别对这 3 种方式进行描述。

1. 在 HTML 文档中直接嵌入脚本程序

这种方式直接将 JavaScript 脚本块嵌入到 HTML 页面的＜script＞标记内，而＜script＞＜/script＞标记可以放在 HTML 页面中的任何位置，但是为了保证 JavaScript 代码被优先解析，推荐放在＜head＞标记内。若放在＜body＞内，则可能出现页面中调用脚本而脚本代码尚未加载从而出错的情况。

嵌入用法如下，例 8-1 给出一个简单的例子。

```
<script type="text/javascript">
    Javascript 脚本块；
</script>
```

[例 8-1]　在 HTML 中嵌入 JavaScript 脚本(test8 _ 1. html)。

```
<html>
<meta http-equiv="Content-Type" content="text/html;charset=GBK"/>
<title> login</title>
</style>
<script language="javascript">
    document. write("你好！欢迎使用物流管理系统!");　//在浏览器中显示提示信息
    alert("欢迎进入!")；　　　　　　　　　//弹出信息提示对话框
</script>
</head>
<body><p> Welcome! </p>
</body>
</html>
```

上述代码中，document. write()是文档对象的输出函数，其功能是将括号中的内容输出到浏览器窗口；alert()是窗口对象的方法，用于弹出一个对话框。值得注意的是，JavaScript 中的代码在页面加载时就被执行，而只有当关闭了消息提示对话框之后，body 中的 Welcome 才会被显示出来。并且＜script＞中的代码区分大小写，例如，将 docu-ment. write()写成 Document. write()，程序将无法正确执行。

上述程序的运行结果如图 8-1 所示，点击确定后会出现"Welcome!"。

图 8-1　在 HTML 中嵌入 JavaScript 脚本

2. 在 HTML 文档中链接脚本文件

为了使页面代码结构清晰，开发人员可以将 JavaScript 代码保存到扩展名为 .js 的外部文件中，这样的代码可以被多个 HTML 文件引用。在＜script＞标记中使用 src 属性可以导入外部脚本文件中的代码，格式如下：

```
<html>
    <script type="text/javascript"src="文件名.js"></script>
</html>
```

将上例的 JavaScript 代码保存在 test8_1.js 的文件中，内容如下：

```
document.write("你好！欢迎使用物流管理系统！");
alert("欢迎进入！");
```

然后在 test8_1.html 文件中链接外部脚本文件 test8_1.js，代码如下：

```
<html>
    <head>
    <script src="test01.js" type="text/javascript"></script>
    </head>
    <body><p> Welcome! </p>
    </body>
</html>
```

结果显示与上例 8-1 相同。

3. 在 HTML 标记内嵌入 JavaScript 代码

除了上面介绍的两种方法，也可以在 HTML 标记中嵌入 JavaScript 脚本代码，以便响应相关事件。用法如下例：

［例 8-2］　在 HTML 标记中嵌入 JavaScript 脚本并执行(test8_2.html)。

```
<html>
<head><title> 在标记内添加脚本测试</title> </head>
<body>
    <button onClick="alert('这是标记内的脚本！')"> 测试</button>
    <p> 点击此按钮,调用其标签中定义的 JavaScript 代码。</p>
</body>
```

```
</html>
```

onClick 是 button 标记的点击事件，其中直接定义了 JavaScript 的弹出对话框代码，当点击该按钮时将触发执行该代码，显示结果如图 8-2。

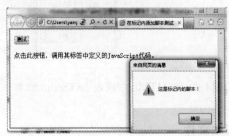

图 8-2　在 HTML 标记中嵌入 JavaScript 脚本并执行

8.2　JavaScript 基本语法

8.2.1　JavaScript 规范与格式

1. 严格区分字母大小写

JavaScript 最基本的规则就是区分大小写，由于 html 不区分大小写，很多初学者在编写代码时不注意大小写，这有可能会导致代码出错。如代码：

```
var china,CHINA,China,chIna;
```

上面代码是声明变量的语句，由于大小写有区别，所以是声明了四个变量。为了简单方便，在实际编写中，单个单词的应尽量用小写，多个单词的除第一个单词，后边单词的首字母都小写。

2. 代码编写格式

JavaScript 代码的编写比较自由，JavaScript 解释器将忽略标识符、运算符之间的空白字符。每一句代码语句间应该用英文逗号隔开，为了保持结构清晰，建议一行写一句。

8.2.2　JavaScript 注释

JavaScript 注释分单行注释和多行注释。JavaScript 解释器将忽略注释部分。单行注释以"//"开头，多行注释以 /* 开始，以 */ 结尾。方法如下：

```
<script language="javascript">
 var s=5;   //单行注释,定义了一个名为 s,值为 5 的变量
 /*多行注释
   定义一个名为 str 的变量,值为 JavaScript*/
 var srr="JavaScript";
</script>
```

8.2.3　基本输出与交互方法

在 JavaScript 中，常用的字符串输入输出方法有 document 对象的 write( )方法、window 对象的 alert( )方法、文本框及消息输入框等。消息框包括确认框、提示框等。

1. 利用 document 对象的 write( )方法输出字符串

其功能是向页面输出文本，具体格式为：

```
document.write("待输出的字符串");
```

[**例** 8-3]　输出方法的使用(test8_3.html)。

```html
<html>
<head> <title> doucument 的输出</title> </head>
<body>
<script type="text/javascript">
    document.write("<b> 你好! <b> ");
    document.write("<br/> ");
    document.write("物流管理系统欢迎您!");
</script>
</body>
</html>
```

结果如图 8-3 所示。

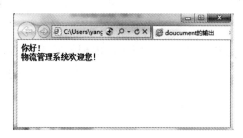

图 8-3　document 输出的使用

2. 利用 window 对象的 alert( )方法输出字符串

其功能是弹出一个带"确定"按钮的对话框，并显示要输出的字符串，具体格式为：

```
alert("待输出的字符串");
```

alert( )方法会独立生成一个小窗口，显示一个"确定"按钮和信息内容。出现对话框窗口后，程序将暂停运行，直到点击确定按钮。

使用方法如上例 8-1，在页面加载时，就会执行 JavaScript 语句块＜script＞内定义的 window 对象的 alert( )方法，弹出一个信息提示对话框。alert( )方法也可以嵌入到 HTML 标签内，如例 8-2，在 button 中定义其点击事件发生时执行 JavaScript 语句 alert( )弹出信息对话框。

3. 选择确认对话框

选择确认框有"确认"和"取消"两个按钮，当需要确认或者接受某项操作时，通常使用 JavaScript 弹出一个选择确认框，用户必须点击"确定"或"取消"按钮才能继续，程序将根据不同的选择出现不同的结果。编写方法如下：

```
confirm("对话提示文字内容");
```

confirm 只接收个参数，并转换为字符串显示。当用户点击"确定"按钮时，会返回true，点击"取消"按钮时，返回 false，根据返回值决定下一步操作。

［例 8-4］ 选择确认框的使用(test8 _ 4. html)。

```
<html>
<head>
  <title> 确认框示例</title>
<script language="javascript">
    function test()
{
      var value=confirm("确定要退出吗?");
      alert("你的选择是:"+ value);
}
</script>
</head>
<body>
<h2> 物流信息管理系统<h2><hr/>
<button onClick="test()"> 退出</button>
</body>
</html>
```

结果如图 8-4 所示。当单击"确定"按钮，出现的效果如图 8-5 所示。

图 8-4　选择确认框的使用　　　　　　　图 8-5　确定后效果

4. 提示输入对话框

程序中有时要弹出一个输入框，提示用户输入一段文本，这可以使用 window 对象的 prompt 方法来实现，格式如下：

```
prompt("提示文本","默认值")
```

prompt()方法需要两个参数，而第二个参数不是必需的，prompt()方法也有两个按钮，"确认"和"取消"，但其只返回一个值。当用户点击"确定"时，返回文本框中的文本，点击"取消"时，返回值为"null"。

[**例** 8-5] 提示输入框的使用(test8 _ 5. aspx)。

```html
<html>
<head>
<title> 提示输入框示例</title>
<script language="javascript">
    function test(){
        alert("已提交,我们会将相关信息发送至您的邮箱,请查收!");
    }
</script></head>
<body>
<h2> 请填入要查询的运单的详细信息</h2><br/>
<script language="javascript">
    document.write("您的姓名:"+prompt('请输入你的姓名:','请输入')+"<hr/> ");
    document.write("您的运单号:"+prompt('请输入你的运单号:','请输入')+"<hr/> ");
    document.write("您的目的站点:"+prompt('请输入你的目的站点:','请输入')+"<hr/> ");
 </script>
    <button onClick="test()"> 查询</button>
</body>
</html>
```

登入页面,浏览效果如图 8-6 所示,输入完问题的答案点击"确定"后,会显示在页面中,若未输入值,则返回"null",点击"查询"按钮,效果如图 8-7 所示。

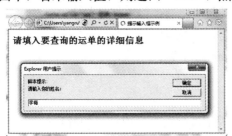

图 8-6 第一个问题提示输入框   图 8-7 点击查询按钮效果显示

8.2.4 数据类型和变量

1. 数据类型

JavaScript 程序能够处理多种数据类型,数据类型可简单分为基本数据类型和复合数据类型。复合数据类型包括对象、数组等,而常用数据类型包括以下 5 种。

(1)string(字符串)类型:是用单引号或双引号括起来的一个或几个字符。

(2)number(数值)类型:可以是整数和浮点数。

(3)boolean(布尔)类型:值为 true 或者 false。

(4)object(对象)类型:用于定义对象。

(5)空值型和未定义型:空值型只有一个值 null,未定义型也只有一个值 undefined。

JavaScript 相对于 C♯等语言,变量或常量使用前不需要声明数据类型,只有在赋值或使用时确定其类型。如需查看数据的数据类型，可以使用 typeof 运算符，其返回值为一个字符串，内容是所操作数据的数据类型。

2. 变量

JavaScript 是一种弱类型语言，并不要求一定要对变量进行声明。为了避免混淆，最好养成声明变量的习惯。在 JavaScript 中，用关键字"var"来声明变量，语法如下：

　　　var 变量名 1,变量名 2,… ,变量名 n

声明中仅仅指定了变量名，在为变量赋值时系统会自动判断类型并进行转换。这也意味着在程序执行过程中，程序员可以根据需要随意改变某个变量的数据类型。例如：

```
var test;          //声明变量,未定义值为 undefined
var level=10;   //变量声明的同时进行初始化。
test=100;         //"="是赋值符号,test 为数值型
test="Hello";   //test 为字符串型
```

如果在声明时没有对变量进行初始化，变量将自动取值 undefined。

此外，JavaScript 还提供了强制类型转换函数，常用的有 Number 和 String。

```
Number(ch);     //将字符型数据"ch"转换为数值型
String(x);        //将数值型数据 x 转换为字符型
```

变量名区分大小写，且必须符合如下的命名规则：

(1)首字符可以是字母、美元符号($)以及下划线(_)，但不能是数字。

(2)后续字符可以由字母、数字、下划线、美元符号组成。

(3)不能使用 JavaScript 保留的关键字，如 var、for 等。

8.2.5　运算符和表达式

JavaScript 的运算符即为，使操作数按特定规则进行运算生成结果的特定符号。构成表达式的主要元素是运算符和操作数，根据操作数个数，运算符分为一元运算符、二元运算符和三元运算符。根据运算符可以将表达式分为算术表达式、关系表达式和逻辑表达式等，这些表达式可以共同构成一个复合表达式。

表 8-1 所示为将运算符从高到低优先级进行排列。

表 8-1　JavaScript 的运算符

描述	符号	说明
括号	(x) [x]	中括号只用于指明数组的下标
	−x	返回 x 的相反数
	! x	返回与 x(布尔值)相反的布尔值
求反 自加	x++	x 值加 1，但仍返回原来的 x 值
自减	x−−	x 值减 1，但仍返回原来的 x 值
	++x	x 值加 1，返回后来的 x 值
	−−x	x 值减 1，返回后来的 x 值

描述	符号	说明
算术运算	x * y	返回 x 乘以 y 的值
	x/y	返回 x 除以 y 的值
	x%y	返回 x 与 y 的模（x 除以 y 的余数）
	x＋y	返回 x 加 y 的值
	x－y	返回 x 减 y 的值
关系运算	x＜y, x＞y x＜=y, x＞=y x==y, x! =y	符合条件时返回 true，否则返回 false
位运算	x&y	位与：当两个数位同时为 1 时，返回 1，其他情况都为 0
	x^y	位异或：两个数位中有且只有一个为 0 时，返回 0，否则返回 1
	x | y	位或：x 或 y 为 1 则返回 1；当 x 和 y 均为 0 时返回 0
逻辑运算	x&&y	当 x 和 y 同时为 true 时返回 true，否则返回 false
	x || y	当 x 和 y 任一个为 true 时返回 true；两者均为 false 时返回 false
条件运算	c? x：y	当条件 c 为 true 时返回 x，否则返回 y
赋值运算	x＝y	把 y 的值赋给 x，返回所赋的值
	x+＝y	x 与 y 相加，将结果赋给 x，返回赋值后的 x 值
	x-＝y	x 与 y 相减，将结果赋给 x，返回赋值后的 x 值
	x*＝y	x 与 y 相乘，将结果赋给 x，返回赋值后的 x 值
	x/＝y	x 与 y 相除，将结果赋给 x，返回赋值后的 x 值
	x%＝y	x 与 y 求余，将结果赋给 x，返回赋值后的 x 值
字符串连接	X ＋Y	当字符串与数字一起执行"＋"运算时，实际上也是执行连接运算。例如：x ＝"5"＋5，结果 x 的值为字符串"55"

　　位运算符通常被当作逻辑运算符来使用。它的实际运算情况是：把两个操作数（即 x 和 y）化成二进制数，对每个数位执行运算后，得到一个新的二进制数。通常，"真"值是全部数位为 1 的二进制数，而"假"值则全部数位为 0，所以位运算符可以充当逻辑运算符。

　　JavaScript 中非 0 数字型数据为 true，而 0 为 false，所以逻辑运算符的返回值可以是数字型也可以是布尔型 true 或 false。

8.2.6　流程控制

1. 选择结构

　　if 语句有两条执行路线，编写方式如下：

```
if(条件表达式){
    代码段 1
}else{
```

```
代码段 2
}
```

if-else 语句也支持嵌套,语法和 C、Java 完全一样。不过判断条件过多时,代码格式混乱,条理差,因此 JavaScript 提供 switch 语句作为替代,用于多路选择控制。格式如下:

```
switch(exp){
  case 常量表达式 1:代码段 1;break;
  case 常量表达式 2:代码段 2;break;
  ... ...
  case 常量表达式 n:代码段 n;break;
  default:默认代码段;
}
```

执行中,系统先对 switch 后面的 exp 求值,然后用该值与各 case 后的表达式值作比较。若与某 case 相匹配,则执行该 case 后面的代码段;若所有 case 表达式都不匹配,则执行 default 后的默认代码段。执行完一个代码段后,通常使用 break 语句跳出选择结构,若无 break 则从匹配的语句开始顺序执行到结尾。

[例 8-6]　if-else 语句和 switch 语句的使用(test8 _ 6. html)。

```html
<html>
<head>
  <title>switch 语句示例 </title>
  <script type="text/javascript">
      var now =new Date();
      var hour=now. getHour();
      if(hour>6&& hour<=12){
          document. write("上午好!");
      }else{
          if(hour>12 && hour<18){
              document. write("下午好!");
          }else document. write("晚上好!");
      }
      var date=now. getDay();
      switch(date) {
          case 1:  alert("今天是星期一");  break;
          case 2:  alert("今天是星期二");  break;
          case 3:  alert("今天是星期三");  break;
          case 4:  alert("今天是星期四");  break;
          case 5:  alert("今天是星期五");  break;
          case 6:  alert("今天是星期六");  break;
          default:  alert("今天是星期日");
      }
  </script>
</head>
```

```
<body></body>
</html>
```

图 8-8 所示为填完第一个问题的效果，当填完第二个问题确定后，会弹出一个确认对话框。

图 8-8　if-else 语句和 switch 语句的使用

2. 循环结构

JavaScript 提供的循环控制语句有：while 语句、do-while 语句、for 语句和 for-in 语句。

这些循环控制语句与前面介绍 C♯时用法很相似，所以只简单说明即可。

1）while 语句

while 循环语句是当满足指定条件时，不断地重复执行循环体。语法格式如下：

```
while(条件表达式) {
    循环体
}
```

例如，一个累加和程序如下：

```
sum=0;
i=1;
while(i<=100){
sum+=i;i++;
}
```

2）do-while 语句

do-while 循环语句是 while 语句的一种变体，它首先执行循环体，再判断条件表达式，如果条件表达式的值为真，则继续执行循环体，否则退出循环。也就是说，循环至少执行一次。其语法格式如下：

```
do {
    循环体
} while(条件表达式)
```

用 do-while 形式改写上面的累加和程序，代码如下：

```
sum=0; i=1;
do{
sum+=i;  i++;
}while(i<=100);
```

3）for 语句

格式如下：

```
for(循环变量赋初值;循环条件;循环变量增值) {
   循环体
}
```

例如，改写上面的累加和程序如下：

```
sum=0;
for(i=1;i<=100;i++)
sum+=i;
```

同其他的程序设计语言一样，分支和循环都可以嵌套。

4) for-in 语句

格式如下：

```
for(声明变量 in 对象) {
   代码段
}
```

声明变量用于存放循环体运行时对象的下一个元素。for-in 是使对象中的每一个元素都会执行代码段语句。例如通过数组索引访问其元素。下面例子通过 for-in 实现对数组元素的遍历输出，通过 for 循环实现对数组元素的冒泡排序。

[例 8-7]　对 for 和 for-in 循环的使用(test8 _ 7. html)。

```html
<html>
<head>
  <title>for 循环和 for- in 循环的使用</title>
  <script type="text/javascript">
       var numArray=new Array(8,2,7,9,5);
       var temp;
       document. write("排序前数组元素的顺序为:");
       for(var num in numArray){      //用 for-in 遍历数组,输出数组元素
          document. write(numArray[num]+ " ");
       }
       for(var i=0;i<numArray. length;i++){
          for(var j=1;j<numArray. length-i;j++){
             if(numArray[j-1]>numArray[j]){
                 temp=numArray[j-1];
                 numArray[j-1]=numArray[j];
                 numArray[j]=temp;
             }
          }
       }
       document. write("<br/>");
       document. write("排序后数组元素的顺序为:");
       for(var num in numArray){
          document. write(numArray[num]+" ");
```

```
    }
  </script>
</head>
<body></body>
</html>
```

程序运行结果如图 8-9 所示。

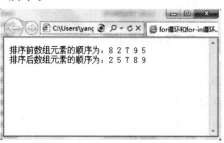

图 8-9　for 循环和 for-in 循环的使用

4）break 语句和 continue 语句

在循环中经常用到 break 和 continue 语句，说明如下：

（1）break：出现在循环语句或 switch 语句内，用于强行跳出循环或 switch 语句。在嵌套循环中，break 语句只跳出当前循环体，并不跳出整个嵌套循环。

（2）continue 语句：用在循环结构中，作用是跳出本次循环，不再执行循环体内剩余的语句而提前进入下一次循环。

例如：

```
sum=0;
i=0;
while(true) {
i++;
if(i>100)break;
if(i%2==0)continue;
sum=sum+i;
    }
```

上述程序的作用是求 1～100 的奇数和。循环条件设置为永真，唯一能跳出循环的方法是当 i>100 时执行 break 语句。如果 i 为偶数，则执行 continue 语句跳过尚未执行的累加语句，提前进入下一次循环；如果 i 为奇数，则执行累加语句。

8.3　函数

JavaScript 中，函数是可以完成某特定功能的一系列代码的集合，在函数被调用前并不执行函数体，即独立于主程序。

8.3.1　如何定义函数

函数定义通常放在 HTML 文档的＜head＞块中，也可以放在其他位置，但要确保先定义后使用。可以向函数传递参数，函数也可以返回一个值。JavaScript 中函数定义形式如下：

```
function 函数名(形式参数表){
    语句块；
    return 返回值；   //无返回值的函数无此语句
}
```

说明：函数名是调用函数时所引用的名称，在同一个 JavaScript 脚本文件里函数名必须唯一。形式参数表用以接收传入数据，在调用函数时，其实参的个数和类型必须与形参相一致。大括号中是函数的执行语句，如果要返回一个值，则应该在最后一行使用 return 语句。

例如，下面的函数循环输出指定区间的正整数：

```
<html>
<head>
<script type="text/javascript">
  function loop(i,j){   //传递参数,i,j 为形式参数
    for(var k=i;k<=j;k++)  document.write(k+"");
  }
</script>
</head>
<body><script type="text/javascript">
loop(2,6);   //调用函数,传递实际参数
</script></body>
</html>
```

8.3.2　函数的调用

有两种方式来调用函数：一是语句调用，二是事件调用。

1)语句调用

在程序语句中调用函数的形式如下：

函数名(实际参数表)

说明：实际参数应与定义函数时的形式参数一一对应，如果定义的时候没有参数，调用的时候也不用参数，但括号不能省略。

当被调函数有返回值时，使用如下格式调用：

变量名=函数名(参数 1,参数 2,...,参数 n);

[例 8-8]　有返回值函数的调用。

```
<script type="text/javascript">
function add(a,b){
        return(a+ b);
    }
```

```
    var result=add(2,3);
    alert("a 与 b 两数之和为 "+ result);
</script>
```

2）事件调用

在网页中经常要捕获某些事件，由事件触发调用指定的函数，例如：当鼠标单击某按钮时调用某函数，或者当鼠标指针指向某对象时调用某函数。

[例 8-9] 函数的事件调用（test8 _ 9. html）。

```
<html>
<meta http-equiv="Content-Type"content="text/html;charset=utf-8"/>
<title>函数事件调用</title>
<script type="text/javascript">
    function myreset(){
        var s=document.getElementById("uname").value;
        var value=confirm(s+": hello,你确定要退出吗?");
          alert("你的选择是:"+value);
        }
</script>
</head>
<body>
<form style="border:2px solid # 666;text-align:center;"action="4-10.html">
<h2>物流管理系统</h2>
<p>
用户名:<input type="text"name="uname"id="uname"/> *
密码:<input type="password"name="password"/> *
</p>
    <button onclick="alert('您点击了提交按钮')">提交</button>
    <input type="button"value="退出"onclick="myreset()"/>
</form>
</body>
</html>
```

程序运行结果如图 8-10 所示。当用户点击页面中的提交按钮时，会调用标记内嵌入的 javascript 代码 alert()函数，当用户点击退出按钮时，就会调用 myrest()函数，弹出一个确认消息框。

图 8-10　函数的事件调用

8.3.3 变量的作用域和返回值

变量的作用域即变量的有效范围，在函数之外（主程序中）定义的变量为全局变量，可在各个函数之间共享。在函数内部使用 var 声明的变量为局部变量，只在当前函数内部有效；但那些在函数内部没有用 var 声明的变量，在赋值后也会被当作全局变量使用。函数返回值需使用 return 语句，该语句将终止函数的执行，并返回指定表达式的值。实际上，所有函数都有返回值，当函数体内没有 return 语句时，JavaScript 解释器将在末尾加一条 return 语句，返回值为 undefined。例如：

```
function inc(n) {
y=++n;  //执行到此句 y 被声明,y=4
return y;  //返回 y 的值
}
var x=3;  //x 为全局变量
var sum=inc(x)+y;  //y 变成全局变量
alert(sum);  //sum 的值是 8
```

上述代码中，函数 inc 的内部没有用 var 声明变量 y，当 inc 函数执行完后，局部变量 y 变成了一个全局变量，它的值仍然存在，所以 inc(x)＋y 的值是 8。但是，如果将 inc(x)＋y 改成 y＋inc(x)，就会发生错误，因为 y 会先被引用到，此时 y 还没有被声明，所以产生错误。

8.3.4 异常处理

当程序中发生异常时，JavaScript 可以捕获异常并进行相应的处理，从而避免错误。JavaScript 异常处理结构及抛出异常的方法与 C♯、Java 相同。

1. 使用 try-catch-finally 处理异常

```
try {  //要执行的代码,并捕获代码块的异常}
catch(err) {  //处理 try 语句捕捉到的异常,写出异常处理代码}
throw {  //不管是否发生异常都会执行的代码}
```

当使用 try 捕获到某一行代码抛出的异常时，该行后面的代码将不再执行，而是执行 catch 块处理异常，若后面有 finally 块，则不论是否产生异常，都要执行。catch 和 finally 块都可以省略，但至少要保证有一个与 try 块结合使用。catch 中参数 err 表示捕获到的异常对象实例，包含异常的信息，可根据不同的异常类型进行不同处理。

finally 块中的语句始终会执行，通常做一些清理工作。若在 try 块中遇到 return 等流程跳转语句，要跳出异常处理，也会先执行 finally 块后再进行跳转。

2. 使用 throw 语句抛出异常

使用 throw 语句可以抛出或创建自定义的异常。如果把 throw 与 try 和 catch 一起使用，那么就能够控制程序流，并生成自定义的异常消息。语法如下：

```
throw(exception)
```

exception 就是要抛出的异常值，可以是 JavaScript 字符串、数字、逻辑值或对象。

[例 8-10]　throw 与 try-catch-finally 的使用(test8 _ 10. html)。

```
<script type="text/javascript">
    var x=prompt("请输入运费:","");
        try{
            if(x=="")  throw "empty";
            if(isNaN(x)) throw "not a number";
        }
        catch(err){
            if(err=="empty") alert("不能为空!");
            if(err=="not a number") alert("必须填入数字!");
        }finally{
            document.write("完毕......");
        }
</script>
```

上述程序对一个输入值进行验证，若为空则抛出 empty 异常，若非数字则抛出 not a number 异常。在 catch 块中判断并显示相应信息。结果如图 8-11 所示，当输入值不是数字或为空(图 8-11(a))，则会弹出提示信息(图 8-11(b))。当异常处理完毕，会执行 finally 块中的输出语句(图 8-11(c))。

(a)提示输入　　　　　　　　(b)捕捉到异常并弹出提示信息

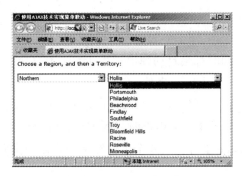

(c)执行 finally 块中语句

图 8-11　throw 与 try-catch-finally 的使用

8.3.5　JavaScript 事件处理

在客户端脚本中，JavaScript 通过事件响应来获得与用户的交互，对事件的处理通常由函数完成。

1. 基本概念

JavaScript 是基于对象的语言，其基本特征就是事件驱动(event driven)。通常把鼠标或热键的动作称为事件(event)，把由事件引发的一连串程序的动作称为事件处理，对事件进行处理的程序或函数，被称为事件处理程序。

前面已经学习过如何由事件触发调用处理函数。通常浏览器会默认定义一些通用的事件处理程序，以便响应那些最基本的事件。例如，单击超链接的默认响应就是装入并显示目标页面，单击表单提交按钮的默认响应就是将表单提交到服务器等。虽然如此，要实现动态的、具有交互功能的页面，经常要自定义事件处理函数，这样可以让页面完成定制的处理功能。

2. JavaScript 标准事件

JavaScript 对文档、表单、图像、超链接等对象定义了若干个标准事件，同时针对常用的 HTML 标记定义了事件处理属性，以便指定事件处理代码。下面简要介绍一些常用的 JavaScript 事件。

1)onload 和 onunload 事件

onload 和 onunload 事件会在用户进入或离开页面时被触发。onload 事件可用于检测访问者的浏览器类型和浏览器版本，并基于这些信息来加载网页的正确版本。onload 和 onunload 事件也可用于处理 cookie。

若在 body 标记的 onload 或 onunload 属性中设定了事件处理程序，则页面加载和退出时会自动执行该程序代码。请看如下代码：

```
<body onload="alert('Welcome to JavaScriptworld! ');">
    //页面代码
</body>
```

这样，每次进入该页面时都会自动弹出"Welcome to JavaScriptworld!"消息框。

2)onfocus、onblur 和 onchange 事件

这 3 个事件通常与输入元素(text、textarea 及 select 等)配合使用。当某元素获得焦点时触发 onfocus 事件，当元素失去焦点时将触发 onblur 事件，当元素失去焦点且内容被改变时，将触发 onchange 事件。这几个事件经常配合使用来验证表单输入的内容。例如：

```
<input type="text"size="30"id="email"onchange="checkEmail()"/>
```

这样，当 email 输入框的值改变时，会自动调用 checkEmail 函数来验证输入是否合法。

3)onmousedown、onmouseup 以及 onclick 事件

onmousedown、onmouseup 以及 onclick 构成了鼠标点击事件的所有部分。首先当点击鼠标按钮时，会触发 onmousedown 事件，当释放鼠标按钮时，会触发 onmouseup 事件，最后，当完成鼠标点击时，会触发 onclick 事件。使用方法如下：

```
<div onmousedown="mDown(this)"onmouseup="mUp(this)"onclick="mclick()"
onclickstyle="background-color:green;color:#ffffff;width:90px;height:20px;
padding:40px;font-size:12px;"> 请点击这里</div>
```

当用户在此区域块中按下鼠标会触发 onmousedown 事件，当抬起鼠标时，会触发 onmouseup 事件，当点击完成后，会调用 onclick 事件，根据触发事件的不同，调用不同的处理函数。

当用户单击按钮或超链接时，也会触发 onclick 事件，由 onclick 属性指定的事件处理程序将被调用。例如：

```
<button onclick="btnClick()"> 点击我</button>
```

这样，当用户点击该按钮时，会自动调用"btnClick()"函数。

4）onmouseover 和 onmouseout 事件

当鼠标移向某个对象时将触发 onMouseOver 事件，当鼠标移出某个对象时将触发 onMouseOut 事件，这两个事件通常用来为页面对象创建一些动态效果。请看如下代码：

```
<a href="#"onmouseover="alert('An onMouseOver event');return false">
Click Me</a>
```

当鼠标指向超链接时，就会弹出一个消息框。

5）onsubmit 事件

当表单提交时，会触发该事件。我们经常要在表单提交以前验证所有的输入域，以保证数据的正确性，这时就可以使用 onsubmit 事件。

请看如下代码：

```
<form method="post"action="xxx.aspx"onsubmit="return checkForm()">
    //表单内容
</form>
```

当用户单击表单中的确认按钮时，checkForm（）函数就会被调用。假若域的值无效，此次提交就会被取消。checkForm（）函数的返回值是 true 或者 false。如果返回值为 true，则提交表单，反之取消提交。关于更多 JavaScript 事件驱动的知识，读者可查阅相关书籍。

8.4　JavaScript 对象

面向对象技术是当前软件开发的主流方向，JavaScript 也支持面向对象编程。在 JavaScript 中可以定义类，并创建对象实例，也可以使用 JavaScript 内建的类和对象，另外，还可以访问浏览器及文档对象模型中的对象，可以说，JavaScript 为对象化编程提供了强大的支持。

JavaScript 对象可以是一段文字、一幅图片、一个表单（form）等，可以从属性和方法来描述对象。属性反映对象某些特定的性质，例如：字符串的长度、图像的长宽、文本框（Textbox）里的文字等；方法指对象可以执行的行为（或者可以完成的功能），例如，String 对象的 toUpperCase（）方法可以将所有字符转换为大写。要引用对象的某一"性质"，应使用"＜对象名＞.＜性质名＞"这种写法。

本节主要介绍 JavaScript 内置对象的使用，以及浏览器对象、文档对象模型中的对象使用；关于自定义类和对象的方法，请参阅相关书籍。

8.4.1　基本对象

1. Array 对象

Array 为数组对象，可以在单个变量中存储多个值。数组是一种特殊的对象类型，所以创建一个数组类似于创建一个对象，通过 new 运算符和相应的数组构造函数完成。

通常使用如下方法来创建和访问数组：

```
var myArray=new Array();  //创建一个没有元素的空数组对象
myArray[1]="array";  //向数组元素赋值
var myArray=new Array(5);  //创建长度为 5,且有 5 个值为 undefined 的元素的数组
var myArray=new Array(1,2,3);  //创建一个有 3 个元素的数组并赋值
```

以上方法综合起来，最简便的方法莫过于直接把值列表赋值给变量，例如：

```
var myArray=[1,2,3];  //创建一个有 3 个元素的数组并赋值
```

数组下标都是从 0 开始的，可以通过索引访问数组元素。同样，数组对象也有 length 属性，用于设置或返回数组中的元素个数。

数组的常用方法见表 8-2。

表 8-2　数组的常用方法

方法	描述
concat()	连接两个或更多的数组，并返回结果
join()	把数组元素通过指定的分隔符进行分隔并放入一个字符串（默认为 "，"）
sort()	对数组的元素进行排序
reverse()	颠倒数组中元素的顺序
shift()	删除并返回数组的第一个元素
unshift()	在数组头部添加元素
pop()	删除并返回数组的最后一个元素
push()	在数组尾部添加元素
toString()	将数组元素转换为字符串型元素间用逗号分隔，和 join() 默认方法相同

例如：

```
var arr1=new Array("Tom","Jerry")
var arr2=new Array("Bingo")
var arr=arr1.concat(arr2);      //连接两个数组,生成新的数组
document.write(arr.join("|"));//将 arr 中的元素拼接成字符串,使用"|"分隔
arr=new Array(7,5,3,8,6);
document.write(arr.sort());         //对数组元素进行排序
```

2. String 对象

字符串有两种数据类型，基本数据类型和对象实例形式即 String 对象实例，声明一个 String 对象的最简单方法就是直接赋值。比如：

var s＝"JavaScript"；

也可以这样：var s＝new string("JavaScript")；

String 类只有一个常用属性，即 Length 属性，返回字符串长度。

String 类的常用方法如表 8-3 所示。

表 8-3　String 类的常用方法

方法	描述
charAt(x)	返回第 x 位置的字符
concat()	连接字符串
indexOf()	检索字符串
lastIndexOf()	从后向前搜索字符串
match()	找到一个或多个正在表达式的匹配
replace(x, y)	用 y 替换 x 指定的子串，并返回结果
search()	检索与正则表达式相匹配的第一个字符的值，无则返回－1
split(x)	把字符串以 x 分割为字符串数组
substr(x, y)	从 x 开始提取连续 y 个字符，省略 y 时，从 x 提取到最后字符
toLowerCase()	把字符串转换为小写
toUpperCase()	把字符串转换为大写

请看如下代码：

```
var msg="Hello"+ "World";   //"+ "用于字符串,可以实现字符串拼接
var msg=concat("Hello","World");  //和上句等效
document.writeln(msg.length);  //输出字符串的长度 10
var idx=msg.indexOf("World");  //在字符串中检索子串出现的位置
//截取从第 5 个字符往后到第 10 个字符之间的所有字符,为"World"
document.writeln(msg.substring(idx,10));
document.writeln(msg.toUpperCase());  //输出为"HELLOWORLD"
```

3. Date 对象

Date 对象用于表示日期和时间，通过它可以获取系统时间和日期，以及进行日期类型的数据运算。可以使用如下方法创建 Date 对象，并为其赋以日期和时间值。方法介绍如下：

```
var d=new Date();    //创建日期对象
d.getFullYear(); //返回 4 位数表示的年份
d.getMonth(); //返回月份,取值 0~11,0 表示一月,得到的值加 1 为当前月份
d.getDate(); //返回月份的第几天,取值为 1~31
```

```
d. getDay();   //返回星期,取值为 0~6,0 表示星期天
d. getHours();   //返回小时,取值为 0~23
d. getMinutes();   //返回分钟,取值为 0~59
d. getSeconds();   //返回秒,取值为 0~59
d. getTime();   //返回从 1970 年 1 月 1 日至今的毫秒总数
d. setFullYear(2011,11,1);     //赋日期值
d. setHours(9,58,58,0);          //赋时间值
document. write(d. getYear()+"-"+d. getMonth()+"-"+d. getDate());   //输出日期
document. write("<br>"+d. toLocaleDateString());  //显示为 2011 年 12 月 1 日 星期四
```

需要注意的是,当为 Date 对象设置日期时,月份可接收的数值为 0～11,代表 1～12 月;所以这里设置月份值为 11 时,实际上作为 12 月处理。

[例 8-11]　Date 对象的使用(时间显示)(test8_11. html)。

```
<html>
<head>
<meta http-equiv="Content-Type" content="text/html;charset=utf- 8"/>
<title> 时间显示</title>
    <script type="text/javascript">
        function showLocale() {
            var today=new Date();
            var hello;
            var str,colorhead,colorfoot;
            var hour=today. getHours()
            if(hour<6) hello=' 凌晨好! '
             else if(hour<9) hello=' 早上好! '
             else if(hour<12) hello=' 上午好! '
             else if(hour<14) hello=' 中午好! '
             else if(hour<17) hello=' 下午好! '
             else if(hour<19) hello=' 傍晚好! '
             else if(hour<22) hello=' 晚上好! '
             else { hello='夜深了! ' }
            var yy=today. getYear();   //获取当前的年、月、日、时、分、秒
            if(yy <1900) yy=yy+1900;   //用 getYear 得到的是 1900 年距离现在的年份
            var MM=today. getMonth()+1;
            if(MM <10) MM='0'+MM;
            var dd=today. getDate();
            if(dd <10) dd='0'+dd;
            var hh=today. getHours();
            if(hh <10) hh='0'+hh;
            var mm=today. getMinutes();
            if(mm <10) mm='0'+mm;
            var ss=today. getSeconds();
            if(ss <10) ss='0'+ss;
            var ww=today. getDay();   //获取星期,接收数值为 0~ 6 代表星期日到星期六
            if(ww==0) ww="星期日";
```

```
            if(ww==1) ww="星期一";
            if(ww==2) ww="星期二";
            if(ww==3) ww="星期三";
            if(ww==4) ww="星期四";
            if(ww==5) ww="星期五";
            if(ww==6) ww="星期六";
            str=hello+"<br/>"+"现在是:"+yy+"年"+MM+"月"+dd+"日"+hh+ ":"+mm
+":"+ss+""+ww;
                document.getElementById("clock").innerHTML=str;
                //设置时间 1 秒后再次调用该函数以更新时间
                setTimeout("showLocale()",1000);
            }
    </script>
</head>
<body onload="showLocale()">
    <div id="clock"/>
</body>
</html>
```

结果显示如图 8-12 所示。

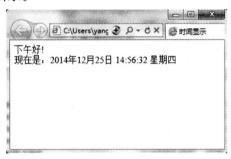

图 8-12　时间显示

4. Math 对象

Math 对象不需要创建实例，直接访问其属性和方法。Math 对象的属性为常数值，只能读取，不能写入。

常用属性有：Math. E，数学常量 e 的值；Math. LN，2 的自然对数；Math. PI，圆周率；Math. SQRT2，2 的平方根。

常用的 Math 对象的方法如下表所示，更多方法请查阅相关资料。

表 8-4　Math 对象的常用方法

方法名	返回值
Math. abs()	返回参数的绝对值
Math. exp()	返回 e 的参数次方的值如 e^5
Math. floor()	返回最接近并小于等于参数的值

方法名	返回值
Math. sqrt()	返回参数平方根的值
Math. pow()	返回第一个参数的第二个参数次方的值如 2^3
Math. max()	返回两个参数的最大值
Math. min()	返回两个参数的最小值
Math. random()	返回 0.0～1.0 的伪随机数
Math. round()	返回最接近参数的整数

[例 8-12]　用 Math 对象的方法实现简易计算器(test8 _ 12. html)。

```html
<html>
<head>
<title>简易计算器</title>
<script type="text/javascript">
    function test(x) {
            var numA=document. getElementById("num1"). value;
            var numB=document. getElementById("num2"). value;
            var num=document. getElementById("num3"). value;
            var numC;
            var numr;
            switch(x) {
                case 1:
                  numC=Math. max(numA, numB); break;
                case 2:
                  numC=Math. min(numA, numB); break;
                case 3:
                  numC=Math. pow(numA, numB); break;
                case 4:
                  numr=Math. sqrt(num); break;
                case 5:
                  numr=Math. abs(num); break;
                case 6:
                  numr=Math. round(num); break;
                case 7:
                  numr=Math. floor(num); break;
                default:alert("没有操作");
            }
            if(numC ! ==undefined) {
                document. getElementById("Result1"). value=numC;
            }
            if(numr ! ==undefined) {
                document. getElementById("Result2"). value=numr;
            }
    }
```

```
   </script>
</head>
<body>
输入第一个参数:<input type="text"id="num1"value=""size="10"/>
第二个参数:<input type="text"id="num2"value=""size="10"/><br/>
选择运算符:<br/>
<button id="btn1"onclick="test(1)">求最大</button>
<button id="btn2"onclick="test(2)">求最小</button>
<button id="btn3"onclick="test(3)">x(第一个数)的 y(第二个数)次方</button><br/>
运算结果:<input type="text" id="Result1" value="" disabled="disabled" size="20"/
><hr/>
输入参数:<input type="text" id="num3" value="" size="10"/><br/>
选择运算符:<br/>
<button id="Button1"onclick="test(4)">平方根</button>
<button id="Button2"onclick="test(5)">绝对值</button>
<button id="Button3"onclick="test(6)">四舍五入</button>
<button id="Button4"onclick="test(7)">取整(<=)</button><br/>
运算结果:<input type="text" id="Result2" value="" disabled="disabled"size="20"/
>
</body>
</html>
```

结果如图 8-13 所示。

图 8-13　Math 对象方法的使用

8.4.2　浏览器对象

浏览器作为 JavaScript 的运行环境,提供了一系列的宿主对象。通过这些对象,JavaScript 可以获取浏览器的信息,并控制浏览器执行指定的操作。这些对象包括 window、navigator、screen、history、location、document 等。它们的关系如图 8-14 所示。

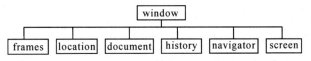

图 8-14　浏览器宿主对象关系

可以看出,window 是一个顶层的对象,其他对象都包含在 window 内部,通过它可以访问到其他对象；document 是最重要的一个对象，包含了很多与 HTML 元素相关的成员，使用它可以控制加载到浏览器中的 HTML 文档，并且可以实现动态控制。

1. window 对象

window 对象表示浏览器中打开的窗口。如果文档包含框架（frame 或 iframe），那么浏览器会为 HTML 文档创建一个 window 对象，并为每个框架创建一个额外的 window 对象。

window 对象表示一个浏览器窗口或一个框架。在客户端 JavaScript 中，window 对象是全局对象，所有的表达式都在当前的环境中计算。也就是说，要引用当前窗口根本不需要特殊的语法，可以把那个窗口的属性作为全局变量来使用，例如，可以只写 document，而不必写 window.document。可以把当前窗口对象的方法当作函数来使用，例如只写 alert()，而不必写 Window.alert()。

使用 window 提供的 alert、confirm、prompt 等方法可以完成基本的浏览器交互，这些内容在前面已经学过，这里不再重复讲解。

使用 window 对象的 open 方法，可以打开一个新的窗口，语法格式如下：

```
window.open([sURL] [,sname] [,sfeatures]);
```

说明：

sURL：打开网页的 url 地址，若该参数缺省，则打开空白网页。

sname：被打开窗口的名称，可以使用 _top、_blank、_parent、_self 等内建名称，也可以自定义一个名称，以后可以使用该名称引用该窗口。

sfeatures：指定被打开窗口的特征，例如窗口的宽度（width）、高度（heifht）、是否需要菜单条（menubar）等，若要打开一个普通窗口，可以忽略该参数。

例如，下面的代码将打开一个 300 * 200 的空白窗口，并且没有菜单条和工具条。

```
window.open("","_blank","width=300,height=200,menubar=no,toolbar=no");
```

又如，下面的代码将在顶层框架中打开 163 邮箱首页。

```
window.open("mail.163.com","_top");
```

调用 window 对象的 close 方法可以关闭一个窗口，代码如下：

```
window.close();
```

在 JavaScript 中，有时需要以指定的时间间隔反复调用某函数，这可使用 window 对象的 setInterval 方法来实现，还可用于图片、文字等元素的移动，例如：

```
var intervalID=window.setInterval(myfunction,1000);
```

这将每隔 1 秒钟（1000 毫秒）自动调用一次名为 myfunction 的函数。若要取消该间隔调用，可使用 clearInterval 方法，如下：

```
window.clearInterval(intervalID);
```

有时用户希望窗体加载后延时执行某项操作，这可通过调用 window 对象的 SetTimeout 方法来实现，例如：

```
var timeoutID=window.setTimeout(myfunction,1000);
```

　　这将在 1 秒钟后自动调用 myfunction 方法。同理，使用 clearTimeout 方法可以取消延迟调用：

```
window.clearTimerout(timeoutID);
```

　　除上面介绍的方法外，在程序中还经常访问 window 对象的一些属性，如表 8-5 所示。

表 8-5　window 对象的常用属性

属性	描述
document，screen，history，location，navigator 等	几个下级对象
frames	集合对象，代表当前窗口中的框架集，从而可以获取并操纵所有的子窗口
length	窗口中的框架个数
opener	代表使用 open 方法打开当前窗口的窗口
self、parent	代表当前窗口相当于 window、当前窗口父窗口
top	代表所有框架中的顶层窗口
status	代表窗口的状态栏
XMLHttpRequest	同服务器端异步交互的对象
closed	返回窗口是否已被关闭
name、outerheight、outer-width、	设置或返回窗口的名称、窗口的外部高度、宽度
screenLeft screenTop screenX screenY	只读整数。声明了窗口的左上角在屏幕上的的 x 坐标和 y 坐标。IE、Safari 和 Opera 支持 screenLeft 和 screenTop，而 Firefox 和 Safari 支持 screenX 和 screenY

　　例如：

```
window.location.href="http://cn.yahoo.com";   //当前窗口跳转到 yahoo 主页
window.status="欢迎使用本系统";   //在窗体状态栏显示欢迎信息
```

2. location 对象

　　location 对象仅用于访问当前 HTML 文档的 url。要表示当前窗口地址，之间使用"location"或"window.location"即可，若要表示指定窗口的地址，则使用"窗口名.location"的格式，例如：

```
var newwin=window.open("http://localhost/login.htm","_blank");
document.write(newwin.location);
```

　　Html 文档的一个完整使用 location 对象的属性可以获取详细的地址信息，例如：

```
document.write("当前位置:"+location.href+"<br/>");   //获得完整的 URL
document.write("主机名称:"+location.host+"<br/>");   //主机和端口号
document.write("请求路径:"+location.pathname+"<br/>");   //文档在服务器的内部路径
document.write("主机端口:"+ location.port+"<br/>");   //端口号部分
document.write("请求字符串:"+location.search+"<br/>");   //URL 的查询部分
```

　　location 对象的常用方法如表 8-6 所示。

表 8-6 location 对象的常用方法

方法	描述
assign	加载一个新的 HTML 文档
reload	刷新当前网页，相当单击浏览器的"刷新"按钮
replace	打开一个新的 URL，并取代历史中的 URL，不存入浏览历史

这 3 个方法的使用格式非常简单，例如：

```
location.assign("http://localhost/login.aspx");
location.replace("http://localhost/index.html");
location.reload();
```

3. history 对象

history 对象代表了浏览器的浏览历史。鉴于安全性考虑，该对象的使用受到了很多限制，目前只能使用 back、forward 和 go 等几个方法，格式如下：

```
history.back([num])    //浏览器后退 n 步
history.forward()      //浏览器前进 1 步,前进到浏览器访问历史的前一个页面
history.go(location)   //浏览器跳转到指定的网页
```

在 go()方法中，location 可以是一个 URL 字符串，也可以是一个整数 x，x 代表访问历史中第 x 个页面，go(0)相当于刷新。若是字符串，则代表了历史列表中的某个 URL；若是整数，则代表前进(正数)或后退(负数)的步数。若 location 为 0，则刷新当前页面，等同于 location.reload()调用。

history 对象只有一个属性 length，用于读取当前 history 对象存储的 URL 个数。

4. navigator 对象

navigator 对象用于存储浏览器信息，通过此对象，可以知道浏览器的种类、版本号等属性。虽然这个对象的名称显而易见的是 netscape 的 navigator 浏览器，但其他实现了 JavaScript 的浏览器也支持这个对象。

navigator 对象的实例是唯一的，可以用 window 对象的 navigator 属性来引用它。它也有属性和方法，读取属性的方法如下：

```
var myBrowse=navigator.属性名
```

navigator 对象的常用属性如表 8-7 所示。

表 8-7 navigator 对象常用属性

属性	描述
appCodeName	返回浏览器的代码名
appName	返回浏览器的名称
appVersion	返回浏览器的平台和版本信息
browserLanguage	返回当前浏览器的语言
cookieEnabled	返回指明浏览器中是否启用 cookie 的布尔值
onLine	返回指明系统是否处于脱机模式的布尔值

续表

属性	描述
platform	返回运行浏览器的操作系统平台
systemLanguage	返回 OS 使用的默认语言

navigator 对象的常用方法只有一个 javaEnabled()，返回布尔值，检测浏览器是否打开 Java 支持。

5. screen 对象

screen 对象中存放着有关显示浏览器屏幕的信息，如屏幕分辨率、颜色深度等。JavaScript 程序将利用这些信息来优化它们的输出，以达到用户的显示要求。例如，一个程序可以根据显示器的尺寸选择使用大图像还是使用小图像，它还可以根据显示器的颜色深度选择使用 16 位色还是使用 8 位色的图形。另外，JavaScript 程序还能根据有关屏幕尺寸的信息将新的浏览器窗口定位在屏幕中间。Screen 对象属性如表 8-8 所示。

表 8-8　screen 对象属性

属性	描述
availHeight	返回显示屏幕的高度(除 Windows 任务栏之外)
availWidth	返回显示屏幕的宽度(除 Windows 任务栏之外)
bufferDepth	设置或返回调色板的比特深度
colorDepth	返回目标设备或缓冲器上的调色板的比特深度
deviceXDPI	返回显示屏幕的每英寸水平点数
deviceYDPI	返回显示屏幕的每英寸垂直点数
fontSmoothingEnabled	返回用户是否在显示控制面板中启用了字体平滑
height	返回显示屏幕的高度
logicalXDPI	返回显示屏幕每英寸的水平方向的常规点数
logicalYDPI	返回显示屏幕每英寸的垂直方向的常规点数
pixelDepth	返回显示屏幕的颜色分辨率(比特每像素)
updateInterval	设置或返回屏幕的刷新率
width	返回显示器屏幕的宽度

使用方法如下：

```
document.write("屏幕宽度:"+screen.width +"像素");
document.write("屏幕高度:"+screen.height+"像素");
```

8.4.3　HTML DOM 对象

每个 window 对象都有 document 属性，用于引用表示 HTML 文档的 document 对象。当一个 HTML 网页被加载到浏览器中，浏览器会首先解析该网页，将其转换为文档对象模型(document object model，简称 DOM)，然后在内存中处理模型中的各个对象，最后将结果展示给用户。

文档对象模型是 HTML 文档在内存中的表示形式，它定义了文档的逻辑机构，以及访问和处理文档的标准方法。浏览器是一个处理 HTML 文档的应用程序，必须将文档解析为 DOM 才能够以编程方式读取、操作和显示 HTML 文档。有了 DOM，JavaScript 就可以方便地访问页面元素，动态地改变页面的外观和行为。

在 DOM 中，文档的逻辑结构可以用节点树的形式表述，如图 8-15 所示。每个文档必须有一个 document 节点(对应于 html 元素)，作为树的根节点，其他元素都是它的子节点。

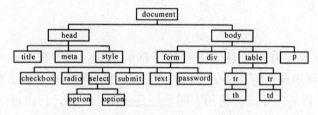

图 8-15　用节点树的形式表述文档的逻辑结构

1. 使用 document 对象

document 对象代表中窗口中显示的文档，使用 window 对象的 document 属性即可返回一个 document 对象，例如：

```
window.document        //获得当前窗口的 document 对象
thewindow.document     //获得指定窗口中的 document 对象
```

因为 window 对象是全局对象，所以可以省略。document 对象主要包括 HTML 文档中<body></body>内的内容，即 body 元素载入时，才创建 document 对象。通常使用 document 对象完成如下操作：

(1)开启新的文档。

(2)向网页中动态写入内容。

(3)通过 document 获取对其他页面元素的引用，进而操作这些对象。

调用 document. open()方法可以打开一个新窗口，并加载一个新的文档，其用法与 window. open()方法基本类似。使用 document. close 可以关闭一个窗口。

使用 document. write()方法或者 document. writeln()方法可以将指定的字符串写到当前文档中去，字符串中可以包含 HTML 标签，甚至包含 JavaScript 代码等。这两个方法的区别是：后者会在写完数据后再加一个回车符，因此，下面的两个输出语句作用等价。

```
document.writeln("Hello");
document.write("Hello"+"<br/>");
```

2. 处理文档中的元素

在 JavaScript 中，经常要获得文档中的某个 HTML 元素，并动态改变其显示内容。有了 document 对象，就可以使用多种方式获得对页面元素对象的引用。

document 对象具有如表 8-9 所示的集合属性，可以获得指定元素的集合。从集合中再根据元素索引即可定位到具体的元素。

表 8-9　document 对象具有的集合属性

集合	描述
anchors[]	返回对文档中所有 Anchor 对象的引用
forms[]	返回对文档中所有 Form 对象引用
images[]	返回对文档中所有 Image 对象引用
links[]	返回对文档中所有 Link 对象引用

例如，使用下面的代码可以获取并显示页面上图像的数量：

document. write(" 本文档包含:" ＋ document. images. length ＋ " 幅图像。")

下面的代码可以动态改变超链接元素的显示文本和链接目标等属性。

```html
<html>
<head>
<script type="text/javascript">
    function change() {
        var ah=document. anchors[0];
        ah. innerHTML="新的链接";
        ah. href="http://117. 34. 17. 62:92/"; }
</script>
</head>
<body>
    <a href="#">旧的链接</a>
    <input type="button"onclick="change()"value="测试"/>
</body>
</html>
```

要访问表单中的元素，通常使用如下格式：

document. 表单名 . 元素名

请看如下的代码：

```html
<html>
<head>
<script type="text/javascript">
    function test() {
        var name=document. form1. tbxname. value;
        var gd=document. form1. rbngd[0]. checked?"男":"女";
        alert("你的输入是:"+name+"\t"+gd); }
</script>
</head>
<body>
<form action=""name="form1">
姓名:<input name="tbxname"type="text"/><br/>
性别:<input name="rbngd"type="radio"/> 男
<input name="rbngd"type="radio"/>女
<input type="button"name="btntest"onclick="test()"value="测试"/>
</form>
```

```
</body>
</html>
```

这里使用 document. form1. tbxname 获得了对姓名输入框的引用，并通过 value 属性获得了其输入值；使用 document. form1. rbngd 将获得对单选钮的引用，由于有多个同名的单选钮存在，所以会返回一个元素集合，然后使用下标来指定不同的元素。

在新的 DOM 标准中，推荐使用 getElementById()和 getElementsByName()方法获取对页面元素的引用。前者要求被访问的 HTML 元素必须具有唯一的 ID，这样调用该方法将返回唯一的一个元素；后者将根据元素的名称进行检索，由于允许多个元素同名，所以该方法将返回一个元素的集合，同样使用下标来确定具体的元素。

［例 8-13］　使用 getElementById()和 getElementsByName()方法(test8 _ 13. html)。

```
<html>
<head>
<meta http-equiv="Content-Type"content="text/html;charset=utf-8"/>
<script type="text/javascript">
    function insert()
    {
    var goodsID=document. getElementById("selComplete_txtWaybill"). value;  //货
物号
    var user=document. getElementById("selComplete_txtSUser"). value;  //收货人
    var userTel=document. getElementById("selComplete_txtMobile"). value;
    //收货人手机
    var stype=document. getElementsByName("selComplete_ddlservertype");
    //取货方式
    var s="货物号:"+goodsID+"<br/> 收货人:"+user+ ",手机:"+userTel+ "<br/>";
    var fstr=s+"取货方式";
        for(var i=0;i<stype. length;i++){
                if(stype[i]. checked==true) {
                        fstr+=":";
                        fstr+=stype[i]. value;}}
        document. getElementById("keymessage"). innerHTML=fstr;}
</script>
</head>
<body>
<div>
<table width="100% ">
<tr>
    <td height="22"style="text-align: right"> 运单单号:</td>
    <td height="22"style="text-align: left"><input type="text"id="selComplete_
txtWaybill"/></td>
    <td height="22"style="text-align: right"> 货号:</td>
    <td height="22"style="text-align: left"><input type="text"id="selComplete_
txtCount"/></td>
```

```
    <td height="22"style="text-align: right"> 收货人电话:</td>
    <td height="22"style="text-align: left"><input type="text"id="selComplete_
txtTel"name="selComplete_txtTel"/></td>
    <td style="text-align: right"> 收货人手机:</td>
    <td><input type="text"id="selComplete_txtMobile"name="selComplete_txtMo-
bile"/></td></tr>
<tr>
    <td height="22"style="text-align: right"> 始发站点:</td>
    <td height="22"style="text-align: left"><select style="width: 130px;"id="
selComplete_ddlStartSitepoint"name="selComplete_ddlStartSitepoint">
        <option value="未知"selected="selected"> 请选择</option>
        <option value="西安"> 西安</option>
        <option value="北京"> 北京</option>
    </select>
  </td>
    <td height="22"style="text-align: right"> 发货人:</td>
    <td height="22"style="text-align: left">  <input type="text"id="selComplete_
txtFUser"/></td>
    <td height="22"style="text-align: right">  收货人姓名:</td>
    <td height="22"style="text-align: left"><input type="text"id="selComplete_
txtSUser"
    name="selComplete_txtSUser"/></td>
    <td style="text-align: right">货物名称:</td>
    <td><input type="text"id="selComplete_txtGoodsName"/></td></tr>
  <tr>
    <td height="22"style="text-align: right">送货工:</td>
    <td height="22"style="text-align: left"><input type="text"id="selComplete
_ddlUserList"
    name="selComplete_ddlUserList"/></td>
    <td height="22"style="text-align: right">服务类型：</td>
    <td height="22"style="text-align: left"><input type="checkbox"
    name="selComplete_ddlservertype"value="自取"/>自取
    <input type="checkbox"name="selComplete_ddlservertype"value="送货上门"/>
送货上门
    </td>
    <td height="22"style="text-align: right"></td>
    <td height="22"style="text-align: left"></td>
    <td></td>
    <td><div class="buttonContent"align="center">
        <button type="submit"id="selComplete_submit"onclick="insert()">添加
</button>
      </div>
    </td>
  </tr>
```

```
</table>
</div>
<div id="keymessage">
</div>
</body>
</html>
```

程序的运行结果如图 8-16 所示。

图 8-16　使用 getElementById()和 getElementsByName()方法

在 HTML DOM 模型中，各种 HTML 元素都被当作对象使用，关于各种 DOM 对象的属性和方法，请参阅 DOM 文档。

在 JavaScript 中，不但可以访问 DOM 对象，还可以动态地创建或删除 DOM 对象，从而动态改变页面内容，请看如下示例：

```
var newoption=document.createElement("option");　//创建一个 option 元素
newoption.innerHTML="NewItem";　　　　　//设置 option 元素属性
newoption.value=4;
//将新建的 option 加入到页面上得 Select 对象中
document.getElementById("mySelect").appendChild(newoption);
//删除 Select 对象中的第 0 个元素
document.getElementById("mySelect").remove(0);
```

8.5　JavaScript 编程实例

8.5.1　表单提交验证

在应用系统开发中，经常会遇到对表单内容进行验证的要求。例如在用户注册时，需要对填写的用户名及密码进行验证。

[例 8-14]　表单提交验证示例(test8_14.html)。

```
<html>
<head>
<meta http-equiv="Content-Type"content="text/html;charset=gb2312"/>
<script type="text/javascript">
function validate() {
    var at=document.getElementById("email").value.indexOf("@");
    var age=document.getElementById("age").value;
    var fname=document.getElementById("fname").value;
```

```
    submitOK="true";
    if(fname.length==0||fname.length>10) {
        alert("姓名必须输入 1 到 10 个字符");
        submitOK="false";
    }
    else if(isNaN(age)||age<1||age>100) {
        alert("年龄必须是 1 与 100 之间的数字");
        submitOK="false";
    }
    else if(at==- 1) {
        alert("不是有效的电子邮件地址");
        submitOK="false";
    }
    if(submitOK=="false") {
        return false;
    }
}
</script>
</head>
<body>
<form action="submitpage.html"onsubmit="return validate()">
姓名:<input type="text"id="fname"size="20"><br/>
年龄:<input type="text"id="age"size="20"><br/>
邮箱:<input type="text"id="email"size="20"><br/>
<input type="submit"value="提交">
</form>
</body>
</html>
```

　　程序运行后，如果什么都不输入就直接点击"提交"按钮，则看到图 8-17 所示结果。

　　当姓名输入空值或超过 10 个字符时，会提示"姓名必须输入 1 到 10 个字符"；当年龄输入 1~100 之外的值时提示"年龄必须是 1 与 100 之间的数字"；当电邮中没有"@"符号时，提示"不是有效的电子邮件地址"。

图 8-17　表单提交验证

8.5.2　时间计算程序

在一些网站,有时需要计算两个时间的差值,例如,计算某用户已注册多少天等。下面利用所学的函数及对象,综合得到下面示例。

[例 8-15]　计算时间差(test8 _ 15. html)。

```html
<html>
<head>
<title> 计算时间差</title>
<script type="text/javascript">
    var myDate=new Date();
    function display(){
        var nowTxt=myDate.toLocaleDateString();    //转换成本地时间默认格式如年月日
        document.getElementById("now").innerText=nowTxt;
    }
    function pro(){
        var newY=document.getElementById("newY").value;
        //月份默认值是 0~ 11,计算时应将月份减 1
        var newM=(document.getElementById("newM").value)-1;
        var newD=document.getElementById("newD").value;
        var newDate=new Date(newY,newM,newD);
        var offer=Math.abs(newDate.getTime()-myDate.getTime());
//相差的毫秒数
        var days=Math.floor(offer/(1000*60*60*24));    //Math.floor ()取整(小于等
于)天数
        alert("新日期和今天相差:"+days+"天");
        document.getElementById("mydays").innerHTML="<hr/>此日期至今已"+days+"
天!";
    }
  </script>
</head>
<body onload="display()">
今天的日期为:<span id="now"></span><hr/>
请输入新日期:<br/>
<input type="text" id="newY" value="2014" size="4" maxlength="4"/>年
<input type="text" id="newM" value="1" size="2" maxlength="2"/>月
<input type="text" id="newD" value="1" size="2" maxlength="2"/>日
<button id="btn" onclick="pro()"> 计算</button>
<div id="mydays"></div>
</body>
</html>
```

当输入日期,并点击"计算"按钮时,会显示出输入日期至今的天数。程序中用getTime()计算,从 1970 年 1 月 1 日至今的毫秒数,作差得到两个日期相差的毫秒数,并使用 Math. abs()求其绝对值。显示结果如图 8-18 所示。

图 8-18　计算时间差

8.5.3　向表格中动态添加行

在应用开发中，有时要输入数据，并动态添加到表格中，请看例 8-16。

［例 8-16］　向表格中动态添加行（test8_16.html）。

```
<html>
<head>
<meta http-equiv="Content-Type"content="text/html;charset=utf-8"/>
<title>运单添加</title>
<script type="text/javascript">
   function addrow()
   {
       //向表格中添加一个新行,将第一个表格中的内容添加到第二个表格中
       var x=document.getElementById("salTable2").insertRow(1);
       x.insertCell(0).innerHTML=document.getElementById("salID").value;
       x.insertCell(1).innerHTML=document.getElementById("destination").value;
       x.insertCell(2).innerHTML=document.getElementById("goodsID").value;
       x.insertCell(3).innerHTML=document.getElementById("paymentWay").value;
       x.insertCell(4).innerHTML=document.getElementById("goodsAcceptor").value;
       x.insertCell(5).innerHTML=document.getElementById("goodsSendor").value;
       x.insertCell(6).innerHTML=document.getElementById("editor").value;
   }
</script>
</head>
<body>
<table width="100%"border="0"cellspacing="0"cellpadding="0"id="salTable1">
   <tr>
       <td align="right"height="22"> 运单号:</td>
       <td align="left"height="22"><input type="text"id="salID"/></td>
       <td align="right"height="22"> 目的站点:</th>
       <td align="left"height="22"><input type="text"id="destination"/></td>
       <td align="right"height="22"> 货号:</th>
       <td align="left"height="22"><input type="text"id="goodsID"/></td>
       <td align="right"height="22"> 付款方式:</th>
       <td align="left"height="22"><select id="paymentWay">
```

```
            <option selected="selected"value="无"> 请选择</option>
            <option value="现付"> 现付</option>
            <option value="提付"> 提付</option>
         </select></td>
      </tr>
      <tr>
         <td align="right"height="22"> 收货人:</td>
         <td align="left"height="22"><input type="text"id="goodsAcceptor"/></td>
         <td align="right"height="22"> 发货人:</td>
         <td align="left"height="22"><input type="text"id="goodsSendor"/></td>
         <td align="right"height="22"> 录票人:</td>
         <td align="left"height="22"><input type="text"id="editor"/></td>
         <td align="center"height="22"colspan="2"><input type="submit"id="insert"
onclick="addrow()"value="添加"/></td></tr>
      </table>
      <table width="100% "border="1"cellspacing="2"cellpadding="2"id="salTable2">
        <tr>
           <th scope="col"> 运单号</th>
           <th scope="col"> 目的站点</th>
           <th scope="col"> 货号</th>
           <th scope="col"> 付款方式</th>
           <th scope="col"> 收货人</th>
           <th scope="col"> 发货人</th>
           <th scope="col"> 录票人</th>
        </tr>
   </table>
</body>
</html>
```

　　程序运行结果如图 8-19 所示，输入姓名和电话后，点击"添加"按钮，输入信息会自动添加到下面的表格中显示。

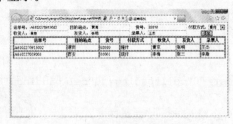

图 8-19　向表格中动态添加行

8.6　习题和上机练习

1. 选择题

(1)写"Hello World"的正确 JavaScript 语法是?(　　　)

　　A. document. write(" Hello World")

　　B. " Hello World"

　　C. response. write(" Hello World")

　　D. (" Hello World")

(2)下列 JavaScript 的判断语句中(　　　)是正确的。

　　A. if(i＝＝0)　　　　　　　　B. if(i＝0)

　　C. if i＝＝0 then　　　　　　 D. if i＝0 then

(3)下列 JavaScript 的循环语句中(　　　)是正确的。

　　A. if(i＜10；i＋＋)　　　　　B. for(i＝0；i＜10)

　　C. for i＝1 to 10　　　　　　D. for(i＝0；i＜＝10；i＋＋)

(4)下列选项中,(　　　)不是网页中的事件。

　　A. onclick　　　　　　　　　B. onmouseover

　　C. onsubmit　　　　　　　　 D. onpressbutton

(5)阅读以下 JavaScript 语句：

　　var a1＝10；

　　var a2＝20；

　　alert(" a1＋a2＝" ＋a1＋a2)

　　将显示(　　　)中的结果。

　　A. a1＋a2＝30

　　B. a1＋a2＝1020

　　C. a1＋a2＝a1＋a2

(6)某网页中有一个窗体对象,其名称是 mainForm。该窗体对象的第一个元素是按
钮,其名称是 myButton,表述该按钮对象的方法是(　　　)。

　　A. document. forms. myButton

　　B. document. mainForm. myButton

　　C. document. forms[0]. element[0]

　　D. 以上都可以

(7)在 HTML 页面上编写 JavaScript 代码时,应写在(　　　)标签中间。

　　A. ＜javascript＞和＜/javascript＞　　　B. ＜script＞和＜/script＞

　　C. ＜head＞和＜/head＞　　　　　　　D. ＜body＞和＜/body＞

(8)在 HTML 页面中包含一个按钮控件 mybutton，如果要实现点击该按钮时调用已定义的 Javascript 函数 compute，要编写的 HTML 代码是(　　　)。

A. <input name=" mybutton" type=" button" onBlur=" compute()" value=" 计算" >

B. <input name=" mybutton" type=" button" onFocus=" compute()" value=" 计算" >

C. <input name=" mybutton" type=" button" onClick=" function compute()" value="计算" >

D. <input name=" mybutton" type=" button" onClick=" compute()" value=" 计算" >

(9)分析下面的 Javascript 代码段，输出结果是(　　　)。

```
var mystring=" I am a student";
var a=mystring. substring(9, 13);
document. write(a);
```

A. stud　　　　　B. tuden　　　　　C. uden　　　　　D. udent

2. 程序题

(1)写出下列程序的运行结果

```
function replaceStr(inStr, oldStr, newStr) {
    var rep=inStr;
    while(rep. indexOf(oldStr) > -1) {
        rep=rep. replace(oldStr, newStr);
    }
        return rep;
    }
    alert(replaceStr(" how do you do"," do"," are"));
```

(2)补充按钮事件的函数，确认用户是否退出当前页面，确认之后关闭窗口；

```
<html>
    <head>
    <script type=" text/javascript" >
    function closeWin() {
    //在此处添加代码
    }
    </script>
    </head>
    <body>
```

```
    <input type=" button" value=" 关闭窗口" onclick=" closeWin()" />
  </body>
</html>
```

3. 简答题

(1)在页面中引入 JavaScript 有哪几种方式?

(2)简要说明 JavaScript 的异常处理代码结构，并说明每一部分的作用。

(3)简述文档对象模型中常用的查找访问元素节点的方法。

第 9 章　AJAX 简介

AJAX 是 Asynchronous JavaScript and XML 的缩写，即"异步 JavaScript 与 XML 技术"。它是 Html、JavaScript、DHTML、DOM、XML 等技术的组合体，这一组合改变了以往 Web 界面的交互方式，带来了更加良好的用户体验，已成为 Web 2.0 时代广泛应用的一项技术。

9.1　AJAX 概述

AJAX 不是新的编程语言，而是一种使用现有标准的新方法，是在不重新加载整个页面的情况下与服务器交换数据并更新部分网页的技术。广泛用于创建快速动态网页，其通过在后台与服务器进行少量数据交换，使网页实现异步更新。这意味着可以在不重新加载整个网页的情况下，对网页的某部分进行更新。

传统的网页(不使用 AJAX)如果需要更新内容，必需重载整个网页面。AJAX 技术的出现改变了这种状况，它具有如下特点：

(1)可实现页面的局部刷新：可以借助客户端技术，找到页面中需要更新的局部区域，只更新该区域中的数据，而不需要刷新整个页面，大大减轻了服务器的负荷。

(2)只做必要的数据交换：由于只刷新页面的部分区域，就不需要服务器端生成整个 HTML 页面，而是只生成客户端需要的部分数据，大大降低了网络传输的数据量。

(3)异步访问服务器端：当用户提交请求时，浏览器和服务器采用异步通信的方式在后台处理请求，页面不会冻结；在请求结果返回前，用户可以继续浏览网页；当服务器端返回结果后，客户端再自动刷新页面。

AJAX 编程分为服务器端与客户端两部分，如图 9-1 所示。

服务器端编程可以使用现有的技术(如 ASP .NET)，但由于不用返回整个页面，只返回需要的数据，所以很多时候使用 Web Service 或 Http Handler 处理 AJAX 请求，按指定格式将数据打包发回客户端即可。

客户端编程的核心是 XmlHttpRequest 对象，利用它向服务器端发送异步请求，并接收返回的数据；然后使用文档对象模型在文档中检索局部更新的区域，并用服务器端返回的数据更新页面。

在 AJAX 中，JavaScript 发挥着重要的作用，要想实现局部刷新技术，实现对客户端的操作，就离不开 JavaScript。所以学习 AJAX 技术之前，必须对 JavaScript 有深入的了解。AJAX 的核心技术包括以下几个。

(1)AJAX 的异步核心：XMLHttpRequest。XMLHttpRequest 对象在 JavaScript 中创建并使用，客户端可以仅从服务器端获取所需信息；通过与 DOM 和 CSS 结合，就可以实现局部刷新的效果；同时还可通过 XMLHttpRequest 对象异步提交信息，将用户输入在后台提交到服务器而无需刷新整个页面。

（2）AJAX 的基础架构：DOM 模型。即文档对象模型（DocumentObjectModule）用来显示在浏览器上整个文档对象及其层次结构。DOM 模型是 AJAX 中不可缺少的一部分。使用 JavaScript 可以访问文档中的所有节点（所以对象）。可以将动态获取的数据插入到文档中，也可以利用 DOM 增加和删除文档节点。通过改变这些对象，可以控制页面的局部行为，实现界面元素的动态变化。

（3）AJAX 的外观设计：CSS 样式表。在 AJAX 中，CSS 担当界面表现的重任，JavaScript 通过 XMLHttpRequest 对象从服务器获取的都是单纯数据，如果使用 JavaScript 操作标记的属性来控制外观，会增加代码复杂性，也无法做到界面与代码分离，而使用 CSS 则能很好地解决这些问题，它可以通过简单的类属性和 ID 属性决定哪些元素表现怎样的形式。

实际 AJAX 技术开发中，各技术是融合在一起的，都起到了关键性作用，它们之间交互使用，相互支撑。

在 ASP .NET下开发 AJAX 风格的应用程序可以采用两种方法：一是手工编码方式，即手工完成异步通信及局部刷新的处理过程；二是使用 AJAX 控件的方式。

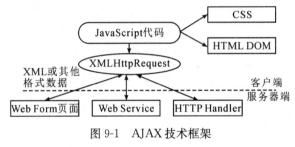

图 9-1　AJAX 技术框架

9.2　AJAX 基本工作原理

AJAX 的工作原理相当于在用户和服务器之间加了一个中间层，使用户操作与服务器响应异步化。并不是所有的用户请求都提交给服务器，像一些数据验证和数据处理等都交给 AJAX 引擎自己来做，只有确定需要从服务器读取新数据时再由 AJAX 引擎代为向服务器提交请求。

9.2.1　AJAX 实现步骤

AJAX 的原理简单来说是通过 XmlHttpRequest 对象来向服务器发送异步请求，从服务器获得数据，然后用 JavaScript 来操作 DOM 而更新页面。这其中最关键的一步就是从服务器获得请求数据。要清楚这个过程和原理，我们必须对 XMLHttpRequest 有所了解。该对象的方法和属性如表 9-1 所示。

表 9-1　　XmlHttpRequest 对象的常用方法和属性

方法/属性	描述
open(method，url，async)	建立到服务器的新请求。规定请求的类型、URL 以及是否进行异步处理请求。 method：请求的类型：GET 或 POST url：文件在服务器上的位置 async：是否异步处理请求，true(异步)或 false(同步)
send(string)	将请求发送到服务器。 string：仅用于 POST 请求
abort()	退出当前请求
readyState	提供当前 HTML 的就绪状态
responseText	服务器返回的请求响应文本
responseXML	从服务器进程返回的 DOM 兼容的文档数据对象
responseBody	获取服务器响应的 body 部分信息
onreadystatechange	每次状态改变所触发事件的事件处理程序
statusText	伴随状态码的文本信息
status	从服务器返回的数字状态码： 404(未找到请求数据)和 200(已处理成功)
readyState?	对象状态值： 0(未初始化)对象已建立，但尚调用 open 方法初始化 1(初始化)对象已建立，尚未调用 send 方法 2(发送数据) send 方法已调用，但是当前的状态及 http 头未知 3(数据传送中)已接收部分数据，因为响应及 http 头不全，这时通过 response-Body 和 responseText 获取部分数据会出现错误 4(完成)数据接收完毕，此时可以通过 responseXml 和 responseText 获取完整的回应数据

　　XMLHttpRequest 是 AJAX 的核心机制，所以我们先从 XMLHttpRequest 讲起，来看看它的工作原理。

1. 创建 XMLHttpRequest 对象

　　由于各浏览器之间存在差异，所以创建一个 XMLHttpRequest 对象可能需要不同的方法。

　　像 IE7 及以上版本、Firefox、Chrome 等，现代浏览器均支持 XMLHttpRequest 对象。

　　创建 XMLHttpRequest 对象的语法如下：

```
variable=new XMLHttpRequest();
```

　　而旧版本的浏览器，如 IE5 和 IE6 使用 ActiveXObject。创建 XMLHttpRequest 对象的语法如下：

```
variable=new ActiveXObject("Microsoft.XMLHTTP");
```

　　为了使所有的现代浏览器，包括 IE5 和 IE6 使用正确的方法。实例创建前需检查浏览器是否支持 XMLHttpRequest 对象。如果支持，则创建 XMLHttpRequest 对象。如果不支持，则创建 ActiveXObject 。代码如下：

```
<script type="text/javascript">
    var xhr;   //创建一个未初始化 XMLHttpRequest 对象
    function CreateXMLHttpRequest() {
        try {    //支持 XMLHttpRequest 对象浏览器的实例化方法
            xhr=new XMLHttpRequest();
        } catch(err) {   //不支持 XMLHttpRequest 对象浏览器的实例化方法
            xhr=new ActiveXObject("Microsoft.XMLHTTP");
        }
    }
</script ">
```

2. 用 XMLHttpRequest 发送请求并响应

首先需要一个 Web 页面能够调用的 JavaScript 方法(比如当用户输入文本失去焦点、单击按钮或者下拉框状态改变时)实现 AJAX 的异步技术。在成功创建 XMLHttpRequest 对象后，接下来就是在所有 AJAX 用程序中基本都雷同的流程：

(1)从 Web 表单中获取需要的数据。如果需要从表单获取数据，则使用 document. getElementById 方法获取，如不需要，则可以忽略此步。

(2)建立要连接的 URL。Ajax 数据可以从其他网站上获取，也可以从本地的 XML 文件中获取。URL 表示数据的地址，如果是本地文件，则指定具体路径；如果是其他网站，则指定网站完全的 URL 地址。

(3)打开到服务器的连接。加载服务器的语法如下：

xhr. open(method,url,bool);

上步骤定义的 URL 也可以直接写在 open()方法中，不用提前定义。xhr 是已经建好的异步调用对象，bool 默认为 true 表示"异步"，false 表示"同步"。下面是使用异步方式加载百度网站内容的语句：

xhr. open("get","http://www.baidu.com");

下面是使用异步方式加载本地 data. xml 文件内容的语句：

xhr. open("get","data.xml",true);

(4)设置服务器在完成后要运行的函数。一旦客户端开始与服务器进行交互，就要控制客户端状态的改变，判断目前交互的状态，0~4 是异步调用在与服务器交互时的 5 种状态，已在表 9-1 中给出。而异步在开始请求前需要将时间与响应连接起来，其语法如下：

xhr. onreadystatechange=响应方法名;   //此方法必须是已在 JavaScript 中定义,主要后边不带()

判断请求完毕，返回数据后，负责刷新页面的响应函数代码如下：

```
function 响应函数名() {
    if(xhr. readyState==4) {
        if(xhr. status==200) { //获取服务器的响应,200 表示调用成功
            document. write(xhr. responseText);
```

```
                alert("异步调用成功!");
            }
        }
}
```

当异步调用成功，处理异步获取的数据主要有两种类型：文本型和 XML 类型。文本型数据使用 xhr. responseText 获取；XML 类型使用 xhr. responseXML 获取。

通常使用 xhr. responseText 属性获取网页中所有的表单内容，然后使用正则表达式提取所需的内容。同时也可以使用 responseXML 方法，返回树形格式的标准 XML，然后使用 XMLDOM 的方法和属性，提取需要的内容。

(5)发送 HTTP 请求。加载完请求的服务器内容后，需要发送一个 HTTP 请求，一般表示请求的数据。请求数据是通过在发送请求时设置的参数选择的。发送请求的语法如下：

```
xhr. send(params);
```

params 表示可选的参数，如果请求数据不需要参数，可以用"null"表示。对于 IE 可以忽略该参数，但对于 FireFox，必须提供一个 null 引用，否则回调处理可能会不正确。当 send 方法被调用后，后台与服务器的数据交互才真正开始，状态编号就开始改变，可以在状态处理方法中，处理网站需要的更改。

9.2.2　AJAX 异步调用示例

[例 9-1]　使用 AJAX 技术从服务器端获取 XML 内容并显示。

(1)首先，建立"waybill. XML"文件，代码如下：

```
<table border="1">
    <tr><th>运单号</th><th>目的站点</th><th> 出发站点</th></tr>
    <tr><td>S029001</td><td>运城</td><td> 西安</td></tr>
    <tr><td>S029002</td><td>北京</td><td> 蒲城</td></tr>
</table>
```

(2) 创建"queryWaybill. aspx"，代码如下：

```
<%@ Page Language="C#"%>
<html xmlns="http://www.w3.org/1999/xhtml">
<head runat="server">
    <title> AJAX 获取 XML 内容</title>
    <script type="text/javascript">
     var xhr;   //创建 XMLHttpRequest 对象
     function CreateXMLHttpRequest() {
         try {   //支持 XMLHttpRequest 对象浏览器的实例化方法
                xhr=new XMLHttpRequest();
            } catch(err) {   //不支持 XMLHttpRequest 对象浏览器的实例
化方法
                xhr=new ActiveXObject("Microsoft. XMLHTTP");
```

```
        }
    }
    function startRequest() {
        CreateXMLHttpRequest();   //创建对象
        xhr.open("GET","Employees.xml");   //打开连接,获取 XML 文档
        xhr.onreadystatechange=showdata;   //状态变化与事件响应
        xhr.send(null);   //不带任何参数
    }
function showdata() {   //判断是否完成状态
        if(xhr.readyState==4) {   //判断是否执行
            if(xhr.status==200) {   //更新页面
                    document.getElementById ( " results ") .innerHTML =
xhr.responseText;
            }
        }
    }
</script>
</head>
<body>
    <form action="#">
    <input type="button"value="运单查询"onclick="startRequest();"/>
    <div id="results"></div>
    </form>
</body>
</html>
```

当单击"运单查询"按钮，会进行异步调用，运行效果如图 9-2 所示。

图 9-2　使用 AJAX 技术从服务器端获取 XML 内容并显示

通过本例可以看出，AJAX 是一项比较中立的技术，没有使用任何服务器端编程技术，直接从一个文件中获取 XML。事实上，AJAX 在出现的早期要求服务器端返回 XML 格式的数据，由于 XML 数据往往格式冗长，现在的应用中往往也不使用 XML 返回结果。

下面通过例 9-2，介绍如何使用 AJAX 获取服务器页面返回的字符串数据。本例中，如果用户已经登录，则显示"欢迎您进入物流管理系统"，当用户选择未登录，点击按钮时，则显示"您未登录，请先登录！"

[例9-2]　AJAX返回字符串数据。

(1)新建网站，名为："ReturnText"。

(2)打开默认的 Default. aspx 文件，设计数据的页面样式，代码如下。

```
    <form id="form1" runat="server" style="text-align:center">
    <div id="result" style="background- color:Fuchsia;text-align:center;"></
div>
请选择：
    < asp: DropDownList ID="ddl" runat="server" Width="106px" AutoPostBack="
true">
    <asp:ListItem Selected="True" Value="logged"> 已登录</asp:ListItem>
    <asp:ListItem Value="nolog"> 未登录</asp:ListItem>
    </asp:DropDownList>
    <input type="button" value="显示" onclick="getData()"/>
</form>
```

(3)在代码内添加 AJAX 的代码，创建异步对象，并从 "DataPage. aspx" 页获取返回数据，具体代码如下。

```
<script type="text/javascript">
  var xhr;
    function CreateXMLHttpRequest() {
        try {  //支持 XMLHttpRequest 对象浏览器的实例化方法
            xhr=new XMLHttpRequest();
        } catch(err) {  //不支持 XMLHttpRequest 对象浏览器的实例化方法
            xhr=new ActiveXObject("Microsoft.XMLHTTP");
        }
}
  function getData() {
        CreateXMLHttpRequest();
        var ddlselect=document.getElementById("ddl").value;
        xhr.open("GET","DataPage.aspx? login="+ ddlselect,true);
        xhr.onreadystatechange=statechange;
        xhr.send(null);
    }
    function statechange() {
        if(xhr.readyState==4) {
            if(xhr.status==200) {
                var data=xhr.responseText;//response 一定要小写
                document.getElementById("result").innerHTML=data;
            }
        }
    }
</script>
```

(4)异步对象从服务器页 "DataPage. aspx" 中获取数据，在网站根目录下创建一个

web 窗体，命名为"DataPage. aspx"。在"Page _ Load"中，添加返回数据代码，代码如下：

```
<%@ Page Language="C#"  %>
<script  language="C#"runat="server">
    protected void Page_Load(object sender,EventArgs e)
 {

        String iflog=Request.QueryString["login"].ToString();
            if(iflog=="logged")
                Response.Write("欢迎进入物流管理系统!");
            else
                Response.Write("您还未登录,请先登录!");
 }
</script>
```

(5)将"Default. aspx"设为起始页。

(6)运行程序，结果如图 9-3 所示。

图 9-3　AJAX 返回字符串数据

9.2.3　HTTP 异步请求实例

［例 9-3］　使用 AJAX 技术实现列表框的联动。

在第 1 个列表框中显示大区（Region）列表，第 2 个列表框中显示地区（Territory）列表，当在第 1 个列表框中选择某个大区时，第 2 个列表框中自动填充该大区下的所有地区。页面的运行效果如图 9-4 所示。

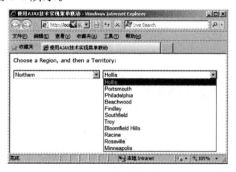

图 9-4　使用 AJAX 技术实现列表框联动

用常规方式实现列表框联动也比较简单，只要设置大区列表框的 AutoPostBack 属性为真，然后在服务器端捕获其 SelectedIndexChanged 事件，在其中编码，访问数据库并填充地区列表框即可。但这种方式会导致页面整体刷新，产生不必要的延迟和闪烁，使用 AJAX 技术实现效果更佳。

(1)建立页面，代码如下：

```html
<html xmlns="http://www.w3.org/1999/xhtml">
<head runat="server">
<title> 使用 AJAX 技术实现列表框联动</title>
        <script type="text/javascript">
            var xmlRequest;
            function CreateXMLHttpRequest() {
              try {
xmlRequest=new XMLHttpRequest();
}
              catch(err) {
xmlRequest=new ActiveXObject("Microsoft.XMLHTTP");
}
            }
        </script>
</head>
<body onload="CreateXMLHttpRequest();">
    <form id="form1"runat="server">
      Choose a Region,and then a Territory:<br/>  <br/>
      <asp:DropDownList ID="lstRegions"runat="server"DataSourceID="sourceRe-
gions" DataTextField="RegionDescription"DataValueField="RegionID"
onchange="getTerritories();"> </asp:DropDownList>
      <asp:DropDownList ID="lstTerritories"runat="server"/>
      <asp:SqlDataSource ID="sourceRegions"runat="server"
ConnectionString="<%$ConnectionStrings:Northwind%> "
        SelectCommand="SELECT RegionID,RegionDescription FROM Region">
      </asp:SqlDataSource>
    </form>
</body>
</html>
```

本例在服务器端使用 SqlDataSource 自动填充大区下拉列表框。客户端在页面加载完成后自动创建 XMLHttpRequest 对象，并捕获大区下拉框的 change 事件以触发 AJAX 调用。

(2)触发 AJAX 通信，函数代码如下：

```javascript
    function getTerritories()
    {
        var val=document.getElementById('lstRegions').value;
var url="ajaxddlhandler.ashx? regid="+ val;
        xmlRequest.open("GET",url);
        xmlRequest.onreadystatechange=RefreshDDL2;
        xmlRequest.send(null);
    }
```

函数第一行在 DOM 中查找大区下拉列表框，并获取其当前选项值。下一步是向服务器发送异步请求，获取该大区下的所有地区列表。由于服务器端不需生成整个页面，没有必要采用复杂的 Web Form 模型，这里使用了一般 HTTP 处理程序来处理异步请求，所以请求的 URL 为 ajaxddlhandler.ashx，同时将大区代码作为参数传递过去。

(3)创建一般 HTTP 处理程序以处理异步请求。

在 ASP .NET中，所有的请求最终都是由一个实现了 IHttpHandler 接口的类来处理的，一般情况下，这个类就是一个 Web Form 页面。

但很多时候，我们只需要接收和处理请求，然后返回数据，不必使用基于控件的 Web Form 模型，不需要走完整的页面事件过程来创建页面(包括创建网页对象、持久化视图状态等)，这样可以节约大量的服务器资源。这时候使用低层接口会非常方便，我们可以自定义一个 Http 处理程序，实现 IHttpHandler 接口，这样就可以访问 Request 和 Response 对象，实现简单的请求处理。

IHttpHandler 接口中定义了两个成员，如表 9-2 所示。

表 9-2　IHttpHandler 接口的成员

成员	描述
ProcessRequest	请求处理方法，当请求该处理程序时会自动调用该方法。在该方法中，可以通过传入的 HttpContext 对象访问 Request、Response 等内部对象
IsReusable	该属性指明本处理程序是否可以重用。ProcessRequest()方法执行完成后会自动检查该属性，若为假，则立刻释放该对象，若为真则不释放，还可以被另一个和当前请求类型相同的请求所重用

自定义的请求处理程序代码如下：

```
<%@WebHandler Language="C#" Class="AjaxDDLHandler"%>
using System;
using System.Web;
using System.Text;
using System.Data.SqlClient;
using System.Web.Configuration;
public class AjaxDDLHandler : IHttpHandler {
    public void ProcessRequest(HttpContext context) {
        HttpResponse response=context.Response;
        context.Response.ContentType="text/plain";
        string regid=context.Request.QueryString["regid"];
        string territories=GetTerritories(regid);
        context.Response.Write(territories);
    }
    public bool IsReusable {
        get {  return true;  }
    }
    public string GetTerritories(string regid) {
        SqlConnection con=New SqlConnection(
WebConfigurationManager.ConnectionStrings["Northwind"].ConnectionString);
        SqlCommand cmd=new SqlCommand(
        "SELECT*FROM Territories WHERE RegionID=@RegionID",con);
```

```
        cmd. Parameters. AddWithValue("@RegionID", regid);
        StringBuilder results=new StringBuilder();
        try {
            con. Open();
            SqlDataReader reader=cmd. ExecuteReader();
            while(reader. Read()) {
                results. Append(reader["TerritoryDescription"]);
                results. Append("|");
                results. Append(reader["TerritoryID"]);
                results. Append("||");
            }
        reader. Close();
        }
        catch(SqlException err) {  ……  }
        finally {   con. Close();   }
        return results. ToString();
    }
}
```

在 ProcessRequest()方法中，设置相应的内容类型为"text/plain"，表示以纯文本的形式返回数据；然后从请求参数中获取 RegionID，并调用 GetTerritories()方法以检索该大区下所有地区的信息，最后将查询结果写到响应中，返回各客户端。

在 GetTerritories()方法中，根据一个 RegionID 可以从数据库中检索到一系列 Territory 信息，按传统的做法，可以将这些信息包装在一段 XML 中返回，但考虑到 XML 需要复杂的标记，会增加传输的数据量，所以这里使用了更简单的数据组织方式。使用 StringBuilder 构造返回字符串，各条 Territory 之间用"‖"符号分隔，每条 Territory 中含 TerritoryDescription 和 TerritoryID 两个数据项，之间用"｜"符号分隔。

(4)处理返回结果，刷新页面。代码如下：

```
function RefreshDDL2() {
    if(xmlRequest. readyState==4) {
        if(xmlRequest. status==200) {
            var result=xmlRequest. responseText;
            var lstTerritories=document. getElementById("lstTerritories");
            lstTerritories. innerHTML="";
            var rows=result. split("||");
            for(var i=0; i < rows. length - 1; + + i) {
                var fields=rows[i]. split("|");
                var territoryDesc=fields[0];
                var territoryID=fields[1];
                var option=document. createElement("option");
                option. value=territoryID;
                option. innerHTML=territoryDesc;
                lstTerritories. appendChild(option);
            }
```

```
        }
    }
}
```

这里首先从 XMLHttpRequest 对象中获得返回的数据(纯文本字符串),然后要对该字符串进行解析。在 JavaScript 中调用 string 类型的 split()方法可以实现字符串的切分,传入的参数为字符串分隔符。首先按"‖"分隔,可以将结果拆分成一系列 Territories;每个 Territory 又包含两个数据项,所以再使用"│"切分,得到 TerritoryDescription 和 TerritoryID,在循环体中,以这些数据为基础生成选项,添加到第二个下拉列表框中,至此,AJAX 请求处理完成。

运行程序,在第一个列表框中选择一个大区,可以看到页面并没有闪动,但第二个列表框中已经填入了适当的列表,这就是异步通信带来的用户体验。

9.3 DOM 简介

DOM 定义了操作文档对象的接口,在 Ajax 中通过这些接口来改变文档状态,达到页面动态显示。DOM 模型是最核心的结构,是所有 Ajax 开发的基础框架。DOM 中数据的标准名称及范例如表 9-3 所示。

表 9-3 DOM 中数据的标准名称及范例

中文名称	程序中名称	范例
元素	Element	创建元素的方法 CreateElement()
元素的属性	Attribute	获取元素属性值 getAttribute()
子节点	ChildNode	判断是否有子节点 hasChildNode()
父节点	ParentNode	获取某元素的父节点 element. ParentNode
文本值	TextNode	添加一个文本值 createTextNode()

1. DOM 中的常用的节点处理

(1)在 IE 浏览器中,使用 document. getElementById()引用指定 id 的节点。

(2)使用 document. getElementByTagName()引用指定标记名称的节点,返回一个包含所以指定标记的数组。如下代码,获取了所有标记为 span 的节点。

```
var arrspan=document.getElementByTagName("span");
```

需要改变它们的内容,可以使用:arrspan[索引 i]. innerHTML=' 需要输出的字符";

(3)每个节点都有 childNodes 集合属性,类型为数组对象,表示该节点的所有子节点的集合。所以可以使用 document. childNodes[索引]访问子节点。例如:

```
document.childNodes[0];//引用 HTML 文档的根节点即,<html> 节点
```

(4)使用 setAttribute()添加一个属性,用 getAttribute()获取一个属性值。方法如下:

```
elementNode.setAttribute(attributeName,attributeValue);
elementNode.getAttribute(attributeName);
```

elementNode 是要添加或获取属性的节点；attributeName 是要添加或获取值的属性的名称；attributeValue 是属性的值。

（5）通过 innerHTML 属性获取一个节点内的文本。例如获取代码：＜span id＝"span1"＞Hello！＜/span＞中的文本值，方法如下：

```
document.getElementById("span1").innerHTML;
```

同时，这里"Hello"是个文本节点，也可以通过节点处理方法来获取它的值，代码如下：

```
document.getElementById("span1").childNodes[0].nodeValue;
```

如果要获取的标记内有两个或两个以上节点，可以通过改变 childNodes[0]中的索引值来获取子节点的值。

（6）使用 document.createElement（elementName）和 document.createTextNode（Text）方法创建元素节点和文本节点。创建了节点后，可以使用 parentElement.appendChild(childElement)添加子节点。

2. 表格操作

表格虽然对应一定结构的 XML 标记，但标准 DOM 方法并不能使其在浏览器中正常工作，必须使用 DHTML 中定义的接口对其进行操作。下面将介绍 DHTML 中如何对表格进行操作。

在 DHTML 中一个表格就是一个表格对象，它是由表格行构成的，而表格行又是由单元格构成，所以行对象以线性顺序排列于表格对象中，而所有的单元格也线性排列在表格行对象中。要引用单元格，首先须获得对表格行的引用。表格操作的主要方法如下。

（1）创建一个表格对象仍使用 DOM 方法：

```
var table=document.createElement("table");
```

（2）使用 insertRow 添加表格行，如下方法所示，可将此行插入到表格指定索引处：

```
table.insertRow(index);
```

（3）使用 insertCell 添加单元格到指定索引处，方法与 insertRow 类似：

```
table.insertCell(index);
```

（4）使用单元格对象。通过表格对象的行集合 rows、单元格集合 cells 来引用一个单元格。方法如下：

```
table.rows[i].cells[j];//i、j 表示索引位置,均从 0 开始
```

在获取单元格的引用后，使用 appendChild 方法添加文本或元素。例如在第一个单元格内增加一个复选框的表单元素，代码如下：

```
var cb=document.createElement("input");   //创建一个节点元素
cb.type="checkbox";   //设置其 type 属性为复选框
```

table.rows[0].cell[0].appendChild(cb);　//获得第一个单元格，将创建的复选框元

素添加进去

也可以使用 innerHTML 改变一个单元格内容，代码如下：

```
table.rows[0].cell[0].innerHTML("欢迎光临!");
```

（5）删除表格行、单元格的方法如下：

```
table.deleteRow(index);       //删除行
table.deleteCell(index);      //删除单元格
```

3. 完整的 AJAX 调用 DOM 的实例

本例要实现一个动态读取 XML 文件的功能，XML 文件中的数据将以动态 Table 的形式展现在页面上。要实现数据的动态展示，首先要获取 XML 文件的内容，然后遍历这些数据，并动态从将建表格中展示这些数据。

[例 9-4] 动态读取数据并展示，添加一个 XML 文件。

具体步骤如下：

创建一个网站，在网站根目录下，添加一个名为"xmlTest9_4.xml"的 XML 文件，代码如下：

```
<?xml version="1.0"standalone="yes"?>
  <userinfo>
    <user>
      <name> 张三</name>
      <phone> 15329967874</phone>
      <address> 北京朝阳区朝阳路</address>
    </user>
    <user>
      <name> 李斯</name>
      <phone> 18700123478</phone>
      <address> 上海南京路号</address>
    </user>
    <user>
      <name> 王武</name>
      <phone> 13256231986</phone>
      <address> 西安未央区</address>
    </user>
    <user>
      <name> 赵珊</name>
      <phone> 13125699864</phone>
      <address> 广州南山区</address>
    </user>
  </userinfo>
```

（2）建立一个名为"AjaxTest9_4.aspx"的页面，设计默认情况下的布局，代码如下：

```
<body>
```

```html
<form id="form1"runat="server">
<div>
    <input type="button"value="JS 读取 XML"onclick="ReadXml()"/><br/>
    <div id="xmlMsg">
    </div>
</div>
</form>
</body>
```

（3）在 JavaScript 中设计异步对象，此对象读取前面生成的 XML 文件。该对象的创建由方法"ReadXml"调用，并在页中动态显示这些数据。AJAX 异步调用代码如下：

```javascript
<script type="text/javascript">
    function loadXMLDoc(cname) {
        if(window.XMLHttpRequest) {
            xhttp=new XMLHttpRequest();
        }
        else {
            xhttp=new ActiveXObject("Microsoft.XMLHTTP");
        }
        xhttp.open("GET",cname,false);
        xhttp.send("");
        return xhttp.responseXML;
    }
</script>
```

（4）动态布局"ReadXml"方法功能是，遍历 AJAX 返回的数据，然后通过 DOM 技术，实现在页面上的动态显示，代码如下：

```javascript
function ReadXml() {
        var xmldoc=loadXMLDoc("xmlTest9_4.xml"); //创建异步对象
        //获得指定节点
        var divmsg=document.getElementById("xmlMsg");
        var msg="<table border='1' id='mytable'><tr><th> 姓名</th><th> 联系电
话</th><th> 地址</th><tr> ";
        var nodes=xmldoc.getElementsByTagName("user");
        for(var i=0;i <nodes.length;i++) {
            msg+="<tr>";
            msg+="<td>"+
nodes[i].getElementsByTagName("name")[0].firstChild.nodeValue
                +"</td>";
            msg+="<td>"+
nodes[i].getElementsByTagName("phone")[0].firstChild.nodeValue
                +"</td>";
            msg+="<td>"+
nodes[i].getElementsByTagName("address")[0].firstChild.nodeValue
```

```
        +"</td>";
      msg+="</tr>";
    }
    msg+="</table>";
    divmsg.innerHTML=msg;
}
```

保存所有代码后，运行程序，结果如图 9-5 所示。

图 9-5 AJAX 调用 DOM 的实例

9.4 Microsoft AJAX

前面使用传统编程方式构建 AJAX 应用，客户端需要编写大量的 JavaScript 代码，还需要弥补 ASP .NET 服务器端抽象和客户端 HTML DOM 之间的鸿沟，开发难度较大。

为简化开发，可以使用 Microsoft Ajax 技术，它提供了一套服务器端编程模型，能够自动产生各种需要的客户端代码（即使用 XMLHttpRequest 对象指向异步请求的代码），这样就可以非常方便地创建高度交互的 AJAX 风格的页面。

9.4.1 概述

Microsoft AJAX 技术体系分为两大模块，即客户端模块和服务器端模块，如图 9-6 所示。

在客户端可使用 Microsoft AJAX Library，这是一组独立的 JavaScript 库文件，提供了易用的客户端组件，并提供浏览器兼容性支持、异步通信服务及调试和错误处理等基础服务。由于该库独立于服务器端技术，可以单独使用客户端脚本而不使用 ASP .NET 服务器端控件，或者使用其他的服务器端技术。

服务器端模块主要包含一组服务器端控件，另外还提供了应用程序服务（例如角色和认证信息服务等）、Web Service 支持（允许在客户端脚本中调用 Web Service）及脚本支持等功能。使用 AJAX 服务器端模块，可以像以往开发服务器端程序一样将 AJAX 控件添加到网页上，该页会自动将支持的客户端脚本发送到浏览器以获取 AJAX 功能。

图 9-6　Microsoft AJAX 体系结构

在服务器端模块，系统本身提供了四个最常用的 AJAX 控件，如表 9-4 所示。

表 9-4　常用的 AJAX 控件

控件	描述
ScriptManager	管理客户端组件、部分页呈现、本地化、全球化和自定义用户脚本的脚本资源。只要使用 UpdatePanel、UpdateProgress 和 Timer 控件，就一定要创建 ScriptManager 来管理脚本。若只使用客户端模块，则不需要创建该对象
UpdatePanel	最重要的服务器端控件，能够刷新页面的选定部分，而不是使用同步回发来刷新整个页面
UpdateProgress	提供有关 UpdatePanel 控件中的部分页更新的进度状态信息
Timer	按定义的时间间隔执行回发。可以使用该控件来发送整个页，或将其与 UpdatePanel 控件一起使用以按定义的时间间隔执行部分页更新

9.4.2　使用 UpdatePanel 控件实现页面局部刷新

异步回发和局部刷新时 AJAX 应用的两个基本特征，若要实现这两项功能，通常需要深入研究 JavaScript，仔细处理客户端与服务器端的交互。不过，若使用 UpdatePanel 控件，不用编写任何 JavaScript 代码，不用考虑复杂的通信过程，就能开发出功能强大的 AJAX 应用，大量的客户端代码及底层通信服务都由服务器端控件自动完成了。

［例 9-5］　使用 UpdatePanel 实现页面的局部更新。

(1)创建 PartialUpdate. aspx 页面，在控件工具箱中点击"AJAX Extensions"组，从中选择"ScriptManager"控件，双击将其加入页面中。

(2)从控件工具箱中选择"AJAX Extensions"组中的"UpdatePanel"控件，双击加入页面中。

(3)单击 UpdatePanel 控件内部，然后在工具箱的"标准"选项卡中双击 Label 和 Button 控件以将它们添加到 UpdatePanel 控件中。

(4)在 UpdatePanel 外再添加一个 Label 和一个 Button 控件。

(5)调整各控件的属性，最终生成的页面代码如下：

```
<form id="form1" runat="server">
 <asp:ScriptManager ID="ScriptManager1" runat="server"></asp:ScriptManager>
 <h2> 页面局部更新示例</h2>
```

```
<hr/>
<asp:UpdatePanel ID="UpdatePanel1" runat="server" UpdateMode="Conditional">
  <ContentTemplate>
      局部更新的时间：
      <asp:Label ID="Label1" runat="server" Font-Bold="True"></asp:Label>
      <asp:Button ID="Button1" runat="server" Text="更新本区域的时间"/>
  </ContentTemplate>
</asp:UpdatePanel>
<hr />
整体更新的时间：
<asp:Label ID="Label2" runat="server" Font-Bold="True"></asp:Label>
<asp:Button ID="Button2" runat="server" Text="更新整个页面的时间"/>
</form>
```

　　(6)在后台代码文件中加入如下的 Page＿Load 事件过程：

```
protected void Page_Load(object sender,EventArgs e)
{
    Label1.Text=DateTime.Now.ToLongTimeString();
    Label2.Text=DateTime.Now.ToLongTimeString();
}
```

　　运行该程序，界面如图 9-7 所示。

　　点击下排的按钮，能够看到页面被提交并整体刷新，两个 Label 上显示的时间都发生了变化。但点击第一个按钮，会发现页面没有闪烁（没有整体刷新），且只有第一个 Label 上显示的时间发生了变化，而第二个 Label 没有变化。这就可以说明，放置在 UpdatePanel 中的控件，会自动产生异步请求，并实现局部刷新，这正是 AJAX 技术的核心特性，但是在本示例中，我们甚至没有写一行的 JavaScript 代码，也没有操作 XMLHttpRequest 对象，一切都是由 AJAX 框架自动完成的。ASP .NET AJAX Extensions 帮助程序员完成了最困难、最复杂的底层工作，大大简化了 AJAX 开发过程。

图 9-7　页面局部刷新示例

　　实现页面局部刷新与异步请求的核心是 ScriptManager 和 UpdatePanel 控件。前者用于控制服务器端与客户端的交互，解决 JavaScript 脚本下载以及客户端与服务器之间的通信问题，每个使用 AJAX Extensions 的网页都需要一个 ScriptManager 控件。后者用来定义页面上的可更新区域，当一次异步回发发生时，该区域会得到更新。在一个页面上可以放置多个 UpdatePanel 控件以定义多个可更新区域，甚至可以嵌套地使用 UpdatePanel 控件。

UpdatePanel 控件使用模板的方式定义其显示内容，它有一个 ContentTemplate 模板，可以容纳各种页面元素。对于那些可以引发 PostBack 的传统 ASP .NET控件（例如 Button 控件），只要被放置在 UpdatePanel 中，不用做任何设置，这些标准回发就会自动转换为异步回发，这就是 UpdatePanel 的神奇之处。

需要特别说明的是：当异步回发发生时，服务器端的处理过程与传统回发的处理过程没有任何区别，仍然会经历传统回发一样的生命周期，所以使用异步回发并没有减少服务器端的运算负荷。在 Page _ Load()事件过程中，从代码看是要更新两个标签上的时间，但实际运行后只更新了 UpdatePanel 范围内的时间，可见服务器在给浏览器回传数据时是有区别的。在异步模式下，服务器会根据请求，仅发送要更新区域（即 UpdatePanel 上）的数据；而在同步回发时，服务器会发回整个页面。

9.4.3　使用 UpdateProgress 控件显示更新进度

由于 AJAX 页面采用局部刷新，对于一些耗时较长的工作，用户可能不知道页面正在向服务器请求数据，比较人性化的做法是在请求开始时给用户一个提示信息，而在返回数据后这些信息自动消失。使用 UpdateProgress 控件能够实现这样的功能。

从本质上说，UpdateProgress 并不是真正的进度指示，它只提供一条等待信息让用户知道页面正在做后台处理，这些等待信息可以是静态的消息或图片，通常会用一个 GIF 动画来模拟进度条。

［例 9-6］　使用 UpdateProgress 控件显示等待信息。

该页面的运行效果如图 9-8 所示，页面代码如下：

```
<form id="form1" runat="server">
  <asp:ScriptManager ID="ScriptManager1" runat="server"> </asp:ScriptManager>
  <h2> 使用 UpdateProgress 控件显示等待信息</h2>  <hr />
  <asp:UpdatePanel ID="uppnl1" runat="server">
     <ContentTemplate>
        <asp:Button ID="Button1" runat="server"Text="启动一个耗时的任务"
           onclick="Button1_Click"/>
        <asp:Label ID="lblmsg" runat="server" Font-Bold="True"></asp:Label>
     </ContentTemplate>
  </asp:UpdatePanel><br/>
<asp:UpdateProgress runat="server" id="uppg1"AssociatedUpdatePanelID="uppnl1">
  <ProgressTemplate>
        正在处理<img src="wait.png" alt="Wait"/>
  </ProgressTemplate>
</asp:UpdateProgress>
</form>
```

可以看到，UpdateProgress 控件使用模板设计其显示样式，本例在 ProgressTemplate 模板中显示了几个文字及一个动画图标。

　　本例还将 UpdateProgress 控件的 AssociatedUpdatePanelID 属性关联到 UpdatePanel 控件上，实际上这个关联可以有也可以没有，因为默认情况下，无论哪一个 UpdatePanel 开始回调，UpdateProgress 都会自动显示它的 ProgressTemplate 内容。若页面很复杂且有多个 UpdateProgress，则可以选择让 UpdateProgress 只关注其中的某个 UpdatePanel，这时就很有必要设置其 AssociatedUpdatePanelID 属性了。

图 9-8　使用 UpdateProgress 控件的页面运行效果

　　这时运行该程序，点击启动按钮，还看不到进度提示信息，这是因为我们在后台还没有写异步回发的出来代码，所以该请求什么也不做，很快就返回了，进度条就没有机会显示出来。在按钮的单击事件中增加一个延时就可以看到进度指示了，代码如下：

```
protected void Button1_Click(object sender,EventArgs e)
{
    System.Threading.Thread.Sleep(5000);　//延时 5 秒
    lblmsg.Text="处理完成";
}
```

9.4.4　使用 Timer 控件实现定时刷新

　　有时客户端可能想按一定时间间隔定期访问 Web 服务器以获取某些频繁更新的信息，例如股票行情信息等。使用 Timer 控件可帮助你实现这种设计。

　　Timer 控件的使用非常简单，只要把它加入到页面上，并设置其 Interval 属性为定时时间间隔(以毫秒为单位)，那么它就会按指定的间隔不断的触发异步回发。例如：

```
<asp:Timer ID="Timer1"runat="server"Interval="1000"OnTick="Timer1_Tick">
```

　　该行代码将 Timer1 的定时间隔设置为 1 秒钟，这样它每隔 1 秒便会触发一次 Timer1_Tick 事件过程，可以在该过程中编码来刷新页面。若要停止一个定时器，只需在服务器端将其 Enabled 属性设置为 false 即可。

　　[例 9-7]　在页面上显示服务器的当前时间，并能每隔 1 秒钟自动更新显示。

　　该示例的页面代码如下：

```
<form id="form1"runat="server">
  <asp:ScriptManager ID="ScriptManager1" runat="server"></asp:
ScriptManager>
  <h2> 使用 Timer 控件定时刷新页面</h2><hr/>
```

```
<asp:UpdatePanel ID="UpdatePanel1" runat="server" UpdateMode="Conditional">
    <ContentTemplate>
        当前时间：< asp: Label  ID =" lblmsg "  runat =" server "  Font-Bold =
"True"></asp:Label>
    </ContentTemplate>
    <Triggers>
        <asp:AsyncPostBackTrigger ControlID="Timer1" EventName="Tick"/>
    </Triggers>
</asp:UpdatePanel>
<asp:Timer ID="Timer1" runat="server" Interval="1000" OnTick="Timer1_Tick">
</asp:Timer>
</form>
```

这里将 Timer 控件的 Interval 属性设置为 1000 毫秒，并将其 Tick 事件注册为 Up-datePanel 的触发器。

该示例的运行效果如图 9-9 所示。

图 9-9　当前时间的自动更新

Timer1 _ Tick 事件过程的代码如下：

```
protected void Timer1_Tick(object sender,EventArgs e) {
    lblmsg. Text=DateTime. Now. ToString();
}
```

可以看出，Timer 控件特别适用于部分呈现的页面，因为异步回发不会打断用户当前的工作，局部刷新也不会导致页面闪动。唯一的问题是，定时刷新会加大应用程序服务器的负载，要切实考虑清楚，将时间间隔尽可能设置得长一些。若页面上仅仅是为了显示一个时钟，就不一定非要从服务器上获取时间，最好使用 JavaScript 从客户端定时获取时间。

除了 Microsoft AJAX Extensions 中提供的 4 个核心控件外，开源的 AJAX Control Toolkit 也提供了大量功能强大的扩展控件，这些控件能够与现有的 Web 控件配合使用，为 Web 增加 AJAX 特性。这里对 AJAX Control Toolkit 不进行详细介绍，同学们可以去查阅相关资料进行安装和使用。

第10章 实例开发：物流管理系统

10.1 需求分析

10.1.1 系统设计目的

在当今信息化的高速发展下，互联网行业突飞猛进，为现代物流发展创造了良好的条件。传统物流行业的操作模式已经不适应现代的物流行业，如何缩短物流过程，降低产品库存，加速对市场的反应，这是所有企业所面对的问题。经济全球化及现代物流业发展的系统化、信息化、仓储运输的现代化和综合化等趋势，对我国物流业的发展提出了全方位的挑战。

为了提高工作效率，实现管理的信息化，所以开发物流管理系统。本系统主要面向的客户群体是做零担（即货物类型繁杂，客户群体繁多）货运的物流公司，解决了目前货运公司依靠传统的手工计费方式，手工填写数据的弊端。传统的货运系统各部门之间采用不同的管理系统，致使数据格式和票据格式不统一，容易造成数据阻塞，本系统各部门之间使用相同的数据格式，各部门之间统一管理，提高了物流管理的效率。

10.1.2 模块功能简介

1. 模块功能及描述

1）运单管理

（1）运单录入的基本信息：

①收货人信息：姓名、电话、手机号码、地址。

②发货人信息：姓名、电话、手机号码、地址、银行卡号。

③货物信息：货号、件数、货物价值、货物名称、运单号。

④费用信息：运费、代收款、送货费、垫付、保价费、预收款。

⑤提付方式：送货、自提、现付、回单付、月结。

名词解释：

货号：方便识别货物的目的地和货物件数等。

货物价值：在此不代表货物的真正价值，只表示声明价值。

运费：客户通过物流公司运送货物，需要向物流公司支付一定的费用。

代收费：发货人向收货人收取的费用，由物流公司代收。

送货费：由送货工将货物从目的站点送到收货人手中需要向送货工支付的费用。

保价费：送货之前，发货人向物流公司支付一定的保险金（声明价值的一定比例收费），当货物丢失时，物流公司向客户做出赔偿（赔偿金额为声明价值）。

预收款：送货之前，收货人需提前向发货人支付的费用，由物流公司代收。

垫付：一般的如果运单是由两家物流公司共同完成时，后一家物流公司需要支付给前一家物流公司运费，这个运费被称为垫付。

（2）运单录入模块的特色：

①新客户资料自动保存至服务器，当该用户再次送货时，只需要输入电话号码或者姓名等其中一条信息，系统就会自动调用该客户的资料，并将信息填写到相应的表单项中。

②收货员输入货物的体积、重量、货物价值等信息时，系统会自动计算出相应的费用。

③费率可以按照公司的收费模式进行可配置式调整。

④系统可以自动调用信息打印出票据，不需要人工再次输入，减少出错。

2）回单管理

回单管理页面中对有签单要求的运单进行操作。回单操作流程：目的站已收→目的站已签单→始发站已收回→回单已发→财务收款。

3）车辆管理

当用户选择新增车辆后，填写车辆信息后，可以在数据库中记录该车的信息，其中包括车辆的长宽高、载重量等信息，以及车主的联系方式，方便日后公司联系车辆时查看车辆信息。

①分车模块：当用户选择了目的站点后，系统便会自动统计并显示出以当前站为起始站，以所选目的站为终点站的所有运单信息，并可按照货物的体积、重量等信息自动排序。

当用户执行分车操作后，系统自动判断出货物中是否存在预收款未发放的货物，减少出错。

②发车到车模块：系统自动记录货物的分车、发车、倒车时间、操作人员信息。方便日后核对和查找信息。

4）结算管理

支持批量发货、发款等操作，节省了操作时间。

使用网银支付，无需从银行提取大量现金进行交易，避免了操作人员收到假币的现象。

5）送货管理

新客户只需要选择一次送货工送货，以后便可按照默认的选择自动分配送货工。

当货物到站后，可以电话联系收货人是否安排送货。

送货分派后，自动打印送货清单。

送货工交款时，可以自动计算出该送货工应交款情况。

当货物配送异常时，可以添加配送异常信息，方便以后查看信息。

6）代收款管理

由系统管理，网银转账。所有操作均在系统里做，系统出统计表做账。发款采用网银转账，转完账后系统自动发短信通知客户。客户也不用过来取款。郊率高，服务好。对发款员要求也很低，只要会操作电脑，通过简单的培训即可上岗，人员成本很低。

7）预收款管理

发货人未发货的情况下，收货人可以将款提前转给发货人。

①有货发款：收款人给发款人发货的情况下，进行预收款发放操作。

②无货发款：收款人给发款人未发货的情况下，进行预收款发放操作。

8）客户服务

除了系统在录入运单时自动保存客户资料外，系统还可以在客户服务中手工添加客户信息，对客户进行分类，保存客户经常运送的货物。

对已审核的客户可以记录客户经常运送的货物，电话通知客户，以及记录客户运送货物的日志。

9）查询系统

运单信息查询可对所有的数据进行多方面的查询，可以根据不同的条件组合查询。例如：始发站、目的站、货物状态、收货时间、发款时间、收款时间、货号、收货人名等。完全满足公司内部及客户的查询需求。

10）预警平台

预警平台可以根据系统预设的天数或者使用者自己设置的参数，根据预警状态，得到货物信息，方便货物的跟踪。

11）系统管理

用户可以通过系统管理功能对系统中的站点、网点、线路以及员工等信息进行修改，包括添加、删除和修改功能。

传统的货运系统添加一个站点往往需要修改很多资料，并且需要重新整理资料，重新设计线路等，使用本系统添加站点，只需在系统中填写站点信息，然后添加信息就可以添加站点。添加站点以后就可以添加线路。

2. 模块结构图

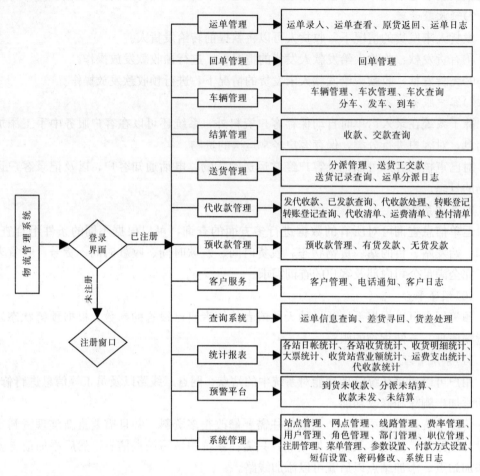

图 10-1　系统功能模块

10.1.3　功能要求

从图 10.1 可以了解到该系统由众多模块组成，这里我们将详细介绍运单管理模块实现的功能。首先介绍系统主界面。主界面包含以下信息：

(1)顶部：当前登录用户的基本信息、当前用户所登录到的站点信息（用户属于多个站点时可以在这些站点间切换）、帮助按钮、退出系统按钮。

(2)左侧菜单栏：显示当前登录用户所拥有的权限菜单。

(3)中部面板：显示界面。

下面介绍运单管理功能。

1. 运单录入

1)运单录入界面

图 10-2　运单录入界面

2)运单录入界面功能

（1）输入项。

- "运单号"：唯一，自动生成。
- "开票时间"：默认为当前时间，精确到秒。
- "收货员工"：用户当前所登录的站点下的所有用户，默认选中当前登录用户。
- "始发站点"：用户当前所登录的站点。
- "始发网点"："始发站"下的网点。
- "目的站点"：由"始发站"为起点的所有线路的目的站，默认选中第一个。
- "目的网点"："目的站"下的网点。
- "货号"：货号可以的编码方式为：ABC−D。

A——"始发站"的第一个字符；

B——"目的站"的第一个字符；

C——开票日期下所选线路的第几单票（例如：开票日期下线路贝韩已经收了 6 单，则 C＝7）此值也可以直接输入（校验，只能输入数字）；

D——件数。

- "货物名称"：必填项。

- "件数"：必填项。
- "付款方式"：从系统付款方式数据字典中获取，默认为"提付"。
- "服务类型"："自提"、"送货"，默认"自提"。
- "收货人电话"：输入座机或手机号调取客户资料。
- "收货人手机"：只能输入手机号（格式校验，1开始＋十位数字）。
- "收货人"：必填项。
- "发货人电话"、"发货人手机"、"发货人"类似于收货人信息。
- "运费"：可以手动输入，也可根据"计费重量"、"计费体积"计算。
- "货物价值"：由申明价值计算得出"保价费"，收费方默认为"始发站收"。
- "送货费"：收费方默认为"目的站收"。
- "签单要求"：包括"打收条"、"签字盖章"、"签身份证号"，可多选。
- "源站点收"、"目的站收"：详见《计算公式》。

（2）客户资料调取。

在"收货人电话"、"发货人电话"中输入客户的手机号或座机号，如果此手机号的客户信息存在并且已经审核，则将客户信息填入对应的输入框，如果符合条件的客户信息息有多条，则弹出客户信息窗口供用户选择。

（3）保存按钮。

①提供"Ctrl＋S"快捷键。

②点击保存以后将运单信息保存：保存时如果客户资料不存在，则还需将客户信息保存。

③保存成功：界面中的"收货员工"、"始发站"、"始发网点"、"目的站"、"目的网点"、"付款方式"、"服务类型"等下拉框的值保持不变，"货物价值"收取方式默认到"始发站收"，"送货费"收取方式默认到"目的站收"。

④保存失败：给出提示信息，为什么信息保存失败。

2. 运单查看

（1）查询条件。

- "目的站点"：以用户当前所登录的站点为起始站的所有线路的目的站，默认为"请选择"。
- "目的网点"：所选"目的站点"下的网点，如果"目的站点"为请选择，则"目的网点"也为"请选择"。
- "运单号"、"货号"、"收货人"、"发货人"、"录票人"提供模糊查询。
- "付款方式"：从系统付款方式数据字典中获取，默认为"请选择"。

注：如果下拉框中所选的为"请选择"，则查询语句中不增加这个条件。

（2）界面按钮。

- "查询"：始终是以当前用户所登录的站点为始发站作为前提。
- "修改"：以修改的形式打开"运单录入"界面，并将运单各项信息加载，以供修改。

- "删除"：删除运单信息。
- "导出 Excel"：以下载的方式提供将数据保存为 Excel 文档的功能。

(3)数据列表。

- 要显示的数据列："序号"、"货号"、"件数"、"运单号"、"发货人"、"收货人"、"货物名称"、"付款方式"、"运费"、"保价费"、"垫付"、"代收款"、"送货费"、"货物价值"、"预收款"、"源站点收"、"目的站收"、"转寄费"、"转寄地"、"录票人"、"录票时间"。
- "合计"行：需要计算合计的列有"件数"、"运费"、"保价费"、"垫付"、"代收款"、"送货费"、"货物价值"、"预收款"、"源站点收"、"目的站收"、"转寄费"。

3. 原货返回

(1)查询条件。

- "运单号"：模糊查询。
- "开始时间"：默认为当前日期的零点零分零秒。
- "结束时间"：默认为当前日期的二十三点五十九分五十九秒。

(2)界面按钮。

- "查询"：始终是以当前用户所登录的站点为目的站、以系统中参数设置中的原反天数作为前提。
- "原返"：点击后弹出"是否要做原货返回"的提示，如确定，则做原返处理，处理时要增加"原返处理人"、"原返处理时间"信息（处理人为当前登录人、处理时间为当前时间）。
- "导出 Excel"：以下载的方式提供将数据保存为 Excel 文档的功能。

(3)数据列表。

要显示的数据列："运单号"、"货物名称"、"收货人"、"收货人电话"、"异常原因"、"送货人"、"处理时间"、"处理人"（如果"处理人"和"处理时间"为空则说明还未做原返处理）。

4. 运单日志

(1)查询条件。

- 运单号：模糊查询。
- 事件：下拉框中的事件有"全部"、"添加"、"修改"、"删除"、"分车"、"发车"、"到车"，默认选中"全部"。
- 创建人：模糊查询。
- 创建时间：默认当前日期。

(2)界面按钮。

"查询"按钮：查询运单日志信息。

(3)数据列表。

要显示的数据列："序号"、"运单号"、"事件"、"说明"、"创建人"、"创建时间"。

10.2 业务流程

10.2.1 业务流程图

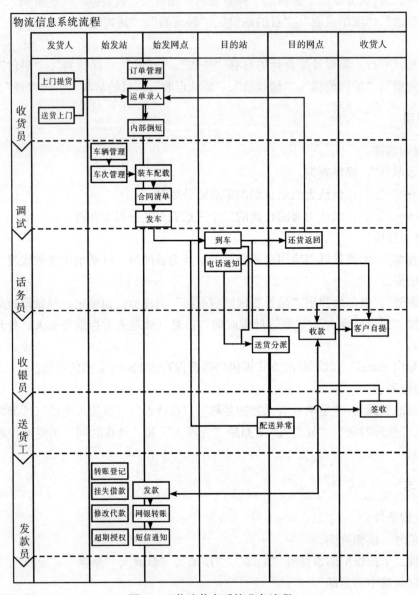

图 10-3 物流信息系统业务流程

10.2.2 框架构成

    框架遵循 B/S 构架的三层体系结构。数据层维护逻辑层对数据库的访问及数据持久化工作；逻辑层实现模块的具体业务逻辑；表现层负责维护页面表现和用户操作界面，如图 10-4 所示。框架纵向分解即为各个模块，横向分解即为分层结构。

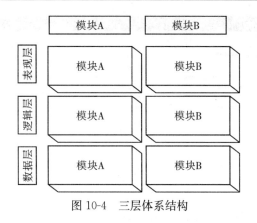

图 10-4 三层体系结构

总体框架构成如图 10-5 所示，总体框架构可分解为核心业务组件、用户角色及权限管理组件、系统设置及配置管理组件等模块，并分布在数据、逻辑、表现各个层次上。

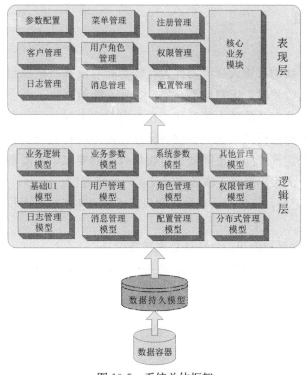

图 10-5 系统总体框架

10.3 系统设计

1. 系统主界面

输入用户名 maketop，初始密码为 0，点击"登录"按钮进入系统主界面（如图 10-6 所示）。界面上方显示公司名称及 LOGO，当前登录用户及工号、站点信息，"刷新"、"退出"按钮。左侧是系统主菜单，右侧"我的主页"显示登录账号信息及系统信息。

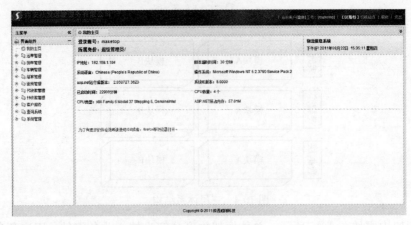

图 10-6　系统主界面

2. 运单管理模块介绍

1)模块特色

由于物流公司一线的收货人员流动性大，收费标准没有严格控制，通常造成同一个客户的货，不同的人收货时，运费均不一样，并且不能给客户一个合理的收费标准。收货员培养只能依靠一些有经验的人传帮代。在一定程序上对公司的发展造成了阻碍。本系统采用量方称重的操作模式，统一了收费标准，使得所有的收费全部由系统管理，不需要依靠人的经验来定价。同时也降低了对收货人员的要求，不需要会操作电脑，只要会写字，均能操作。大大提高了工作效率以及客户的满意度。

(1)新客户自动记录，该客户再次发货时只需要录入座机或是手机号码，客户的所有信息自动录入。

(2)根据货物的重量和体积，自动计算出运费。

(3)运费、送货费、保价费支付方式：收现、提付、月结、回单付等多种付款方式。

(4)在运单查看中可以看到当天所有网点的收货情况，调度可以根据系统数据安排车辆等工作。

2)运单管理

(1)简述。

对运单信息进行查询、添加、修改、删除操作，并可将查询结果导出到 Excel 表格。

(2)界面（如图 10-7 所示）。

图 10-7　运单管理页面

(3)功能及操作。

①添加：点击添加按钮后进入运单添加页面（也称录单页面），录单页面是对所托运货物信息的录入，包括：始发站、目的站、收货人信息及发货人信息等。录单页面如图10-8 所示，其中带 * 的为必填内容。

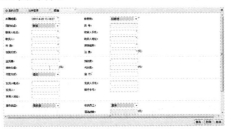

图 10-8　运单管理——添加页面

②查询：输入运单号、目的站点、货号、付款方式、收货人、发货人、录票人七个查询条件中的一个或几个，点击 **查询** 按钮，可以查询出符合输入条件的运单信息。若要查看全部运单信息，则不需在查询条件中输入内容。图 10-9 所示为查看全部运单信息的显示结果，点击查询结果中数据的运单号链接可以查看该运单的详情（如图 10-10 所示）。

图 10-9　运单管理页面查询结果

图 10-10　运单详情

③修改：在查询结果中鼠标单击选择一条数据后点击 **修改** 对该条数据进行修改。

④删除：在查询结果中鼠标单击选择一条数据后点击 **删除** 可以删除该记录。

导出 Excel 表格：点击 **导出Excel** 可以将查询结果导出到 Excel 表格中。

3)原货返回

(1)简述。

原货返回用于接受客户的退货，并把本分公司退货收集起来，返还给发货分公司，再由发货分公司把货物返还给发货人，并收取运费。

(2)界面。

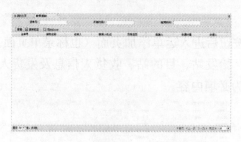

图 10-11　运单管理——原货返回页面

（3）功能及操作。

①查询：输入运单号、开始时间、结束时间三个查询条件中的一个或几个，点击 查询 按钮，可以查询出符合条件运单信息。若要查看全部运单信息，则不需在查询条件中输入内容。直接点 查询 按钮即可。

②原货返回：鼠标单击选择一条信息后点击 原货返回 ，出现提示框如图 10-12 所示。

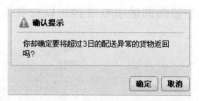

图 10-12　原货返回确认提示

点击"确定"提示"过期运单处理成功！"（如图 10-13 所示），操作完成。

图 10-13　原货返回操作成功提示

导出 Excel 表格：点击 导出Excel 可以将查询结果导出到 Excel 表格中。

（4）模块特色。

①退货时运单号保持不变。

②发放退货时运费的计算智能化。根据运费的付款方式，提货人是否付运费，自动计算出发放退货时发货人应付的运费。

4）运单日志

（1）简述。

运单日志记录了操作人对运单进行的操作，包括运单的添加、修改、删除、分车、发车、到车、送货、收款、发款等。

（2）界面。

图 10-14 运单管理——运单日志页面

(3)功能及操作。

查询：输入运单号、事件、创建人、创建时间四个查询条件中的一个或几个，点击 **查询** 按钮，可以查询出符合条件运单信息。若要查看全部运单信息，则不需在查询条件中输入内容。直接点 **查询** 按钮即可。点击查询结果中的运单号链接可查看运单详情。

10.4 系统数据字典

本系统数据库采用 Microsoft SQL Server 2008，数据库系统的备份在所附光盘中。系统中的数据库设计详见所附光盘中的数据字典。

10.5 函数 API 接口说明

APP 类库说明：

BasePage：

方法的名称：OnInit()

方法的参数：无

返回的类型：void

方法的作用：session 超时时提醒用户重新登录

CollectionDeal：

方法的名称：ExeSql（string）

方法的参数：SQL 语句（增，删，改）

返回的类型：void

方法的作用：执行 SQL 语句更新数据记录

方法的名称：GetDs（string）

方法的参数：SQL 语句（查）

返回的类型：DataSet

方法的作用：执行 SQL 语句获取数据记录

FileHelper：

方法的名称：JudgeRequest（string,Page）

方法的参数：要获取的 Request 对象名称，Request 对象来源的页面

返回的类型：string

方法的作用：如果获取的 Request 对象为空，则返回""，否则返回 Request 对象

方法的名称：JudgeString（string, string , string, StringBuilder）

方法的参数：开始时间，结束时间，字段名称，要追加的 StringBuilder 对象

返回的类型：void

方法的作用：判断参数开始时间和结束时间的值产生 SQL 语句追加到 String-
　　　　　　Builder 对象中

方法的名称：JudgeString（string, string, stringBuilder, bool）

方法的参数：字段名，字段值，要追加的 StringBuilder 对象，是否是模糊查询
　　　　　　（True 是模糊查询）

返回的类型：void

方法的作用：判断字段值是否为空和是否是模糊查询产生 SQL 语句追加到
StringBuilder 对象中

方法的名称：ListOrArrayToString（List<string>,char）

方法的参数：范类型的 string 集合，分隔符

返回的类型：string

方法的作用：将范类型的 string 集合中的元素以分隔符隔开追加到一个 string
　　　　　　对象中

方法的名称：ListOrArrayToString（string[]，string）

方法的参数：字符串集合，分割的字符串

返回的类型：string

方法的作用：将字符串集合以固定分隔符隔开追加到一个 string 对象中

方法的名称：StringToNum（string）

方法的参数：string

返回的类型：int

方法的作用：将传入的 string 对象转换成 int 类型的对象，如果转换成功则返回
　　　　　　该 int 对象，失败则返回 0

方法的名称：AddAllocateLog（string,string, string, string, string）

方法的参数：分派编号，创建人，事件，说明，备注

返回的类型：void

方法的作用：将分配日志写入分派日志表

方法的名称：AddCollectionLogs（string, string, string, string, string, string）

方法的参数：收款编号，创建人，事件，说明，备注，运单号

返回的类型：void

方法的作用：将收款日志写入收款日志表

方法的名称：AddCollectionLogs（string, string, string, string, string, string,
　　　　　　string）

方法的参数：创建人，事件，说明，备注，运单号，转账登记编号，旧的银行
　　　　　　卡号

返回的类型：void

方法的作用：将转账登记日志写入收款日志表

方法的名称：AddCustomLogs（string,string, string, string, string）

方法的参数：客户编号，创建人，事件，说明，备注

返回的类型：void

方法的作用：将客户日志写入客户日志表

方法的名称：AddSystemLogs（string,string, string, string, string）

方法的参数：用户编号，用户名称，事件，说明，备注

返回的类型：void

方法的作用：将用户的操作日志写入系统日志表

方法的名称：AddSystemLogs（string,string, string, string, string, string）

方法的参数：用户编号，用户名称，事件，说明，备注，IP 地址

返回的类型：void

方法的作用：将用户的操作日志写入系统日志表

JsonHelper：

　　方法的名称：DataTableToJson（DataTable,string）

　　方法的参数：DataTable 类型的数据，字符串

　　返回的类型：string

　　方法的作用：将 DataTable 类型的数据转化成 Json 格式的字符串

Regs：

　　方法的名称：GetMacIP（string,bool）

　　方法的参数：服务器获取到的字符串，指定是不是 IP 地址（true 表示是 IP 地址）

　　返回的类型：sting

　　方法的作用：根据服务器获取到的字符串获取服务器的 MAC 或者 IP 地址

　　方法的名称：InitializeEntity（MachineInfor,string, string, string, string）

　　方法的参数：MachineInfor 类 0，服务器地址字符串，备注，IP 地址，计算机名

　　返回的类型：void

　　方法的作用：将服务器地址字符串，备注，IP 地址，计算机名等信息赋值给实例化后的 MachineInfor 类

Users：

　　方法的名称：GetCPUId（）

　　方法的参数：无

　　返回的类型：string

　　方法的作用：获取系统的 CPU 编号

　　方法的名称：GetHDId（）

　　方法的参数：无

　　返回的类型：string

方法的作用：获取硬盘 ID

方法的名称：GetMac（）

方法的参数：无

返回的类型：string

方法的作用：获取网卡的 MAC 地址

方法的名称：GetMachine（string）

方法的参数：MAC 地址

返回的类型：int

方法的作用：根据 MAC 地址在 MachineInfor 表中查询对应记录，如果记录存
在就说明该机器已经注册，否则就是未注册，如果该记录的 Audi-
ting 是 True 说明已经通过审核，否则就是没有审核

方法的名称：GetMachineInfor（string）

方法的参数：查询 MachineInfor 表记录的 where 条件

返回的类型：DataTable

方法的作用：根据 where 条件查询对应的用户机器信息（MachineInfor）

方法的名称：GetMgrLogin（Users）

方法的参数：Users 类

返回的类型：string

方法的作用：根据 Users 类中的用户名和密码判断用户是否是合法登陆

方法的名称：GetName（string）

方法的参数：Users 表中的 UserName 字段值

返回的类型：string

方法的作用：根据用户名称获取用户的姓名

方法的名称：GetRoleName（string）

方法的参数：Users 表中的 UserID 字段值

返回的类型：string

方法的作用：根据用户编号获取用户所属角色编号

方法的名称：IsRegedit（string）

方法的参数：MachineInfor 表中的 MAC 字段

返回的类型：bool

方法的作用：根据 MAC 地址判断是否通过注册审核

方法的名称：ShowMenu（string）

方法的参数：用户编号

返回的类型：List<String>

方法的作用：根据用户编号查询用户对应的权限

方法的名称：UpdateRoleUser（string, string, string, DateTime, string）

方法的参数：角色编号，用户编号，权限标识，创建时间，创建人

返回的类型：int

方法的作用：先根据用户编号和角色编号在用户角色关系表（RelRoleUsers）中查询该用户有没有分派权限，如果分派了权限，则更新该权限对应的记录，如果没有分配则新插入记录

XmlControl：

方法的名称：ReadXml（string，string，List＜string＞）

方法的参数：XML 文件的路径，XML 文件中要查询的节点名称，会将对应节点的内容存入 List＜string＞中

返回的类型：void

方法的作用：根据路径和节点名称获取对应的 XML 节点集合

Main：

方法的名称：ExecAffairsToMultiSQL（List＜string＞）

方法的参数：List＜string＞类型的 SQL 语句集合

返回的类型：void

方法的作用：事务控制执行 List 集合中的 SQL 语句

方法的名称：ExecuteSql（string）

方法的参数：要执行的 SQL 语句

返回的类型：int

方法的作用：执行 SQL 语句返回受影响的行数

方法的名称：ExecuteSqlToDate（string）

方法的参数：string 类型的 SQL 语句

返回的类型：Object

方法的作用：执行 SQL 语句获取对应表单的首行首列，如果没有值就返回 Null

方法的名称：GetList（string）

方法的参数：string 类型的 SQL 语句

返回的类型：DataSet

方法的应用：根据 SQL 语句得到对应的结果集

方法的名称：GetList（int,int，string，string）

方法的参数：每页显示的条数，当前第几页，获取当页数据的 SQL，排序字段和方式

返回的类型：DataSet

方法的作用：根据 SQL 语句查询当前页的记录

方法的名称：GetListFileds（string,string，string）

方法的参数：表名，字段名，where 条件

返回的类型：DataSet

方法的作用：根据表名字段名以及 where 条件组成 SQL 语句，执行 SQL 语句，返回结果集

方法的名称：GetMaxID（string,string）

方法的参数：表名，字段名

返回的类型：int

方法的作用：根据表名和字段名获取表中字段对应的最大值，如果有则返回最
大值，没有返回 0

方法的名字：GetNumStr（string）

方法的参数：表名

返回的类型：string

方法的作用：获编码值，算法：根据表名获取表中 ID 的最大值加 1，然后在当
前日期中年取后两位，月取两位，日取两位，组成新的编码值

方法的名称：GetServerDate（）

方法的参数：无

返回的类型：DateTime

方法的作用：获取系统当前时间

方法的名称：GetServerTime（）

方法的参数：无

返回的类型：string

方法的作用：获取系统时间的短整型日期，格式为 2011－11－26

方法的名称：GetSingleFiled（string，string，string）

方法的参数：表名，字段名，where 条件

返回的类型：DataSet

方法的作用：根据表名，字段名，where 条件拼凑查询的 SQL 语句，得到记录
集

方法的名称：InitializeDorwDownListPayType（DropDownList，DataSet，string，
string）

方法的参数：DropDownList 控件的标识 ID，DataSet 类型的数据，DropDown-
List 控件的 Value 值，DropDownList 控件的 Text 值

返回的类型：void

方法的作用：将 DataSet 类型的数据绑定给 DropDownList 控件（不包含请选
择）

方法的名称：InitializeDropDownList（DropDownList，DataSet，String，String）

方法的参数：DropDownList 控件的标识 ID，DataSet 类型的数据，DropDown-
List 控件的 Value 值，DropDownList 控件的 Text 值

返回的类型：void

方法的作用：将 DataSet 类型的数据绑定给 DropDownList 控件（包含请选择）

方法的名称：SetCheckBoxList（CheckBoxList，string）

方法的参数：CheckBoxList 控件，string 类型的字符串（格式为 AA,BB，CC）

返回的类型：void

方法的作用：将传入的 string 对象按"，"分割成数组，将数组对应的 Check-
BoxList 的值选中

方法的名称：ToJson（DataTable）

方法的参数：DataTable 类型的数据

返回的类型：Json 对象

方法的作用：将 DataTable 类型数据，转换成 Json 类型的数据

WaybillDeal：

方法的名称：AddWaybillAssignLogs（string,string，string，string，string）

方法的参数：创建人，分派编号，事件，说明，备注

返回的类型：void

方法的作用：将分派日志写入分派日志表中

方法的名称：AddWaybillInforLogs（string,string，string，string，string）

方法的参数：创建人，运单号，事件，说明，备注

返回的类型：void

方法的作用：将运单日志写入运单日志表中

方法的名称：ExecProcedure（string）

方法的参数：string 类型的运单号

返回的类型：void

方法的作用：根据运单号事务处理，删除该运单号对应的运单信息，车次运单信息、运单分派信息、收款以及发款等信息

方法的名称：GetCarsTravelCount（string,string，bool）

方法的参数：线路编号，站点名称，是否按站点表（SiteInfor）中索引（Count）排序的标识（Ture 标识正序）

返回的类型：bool

方法的作用：根据线路和索引查询对应的站点名称，再和传入的站点名称做比较，如果相同就返回 True

方法的名称：GetCollectionFee（string）

方法的参数：where 条件

返回的类型：DataSet

方法的作用：执行带 where 条件的查询 SQL 语句，返回 DataSet 结果集，主要出现在交款查询

方法的名称：GetCollectionServicesFee（float,string）

方法的参数：收款额，运单号

返回的类型：double

方法的作用：根据运单号和收款额计算收款手续费

方法的名称：GetGoodsNum（string,string）

方法的参数：起始站点，目的站点

返回的类型：int

方法的作用：根据起始站点和目的站点获得货号后缀

方法的名称：GetMsgWaybillInforAll（string）

方法的参数：where 条件

返回的类型：DataSet

方法的作用：根据 Where 条件获取短信通知页面的数据

方法的名称：GetNetName（string）

方法的参数：网点编号

返回的类型：string

方法的作用：根据网点编号获取网点名称

方法的名称：GetPayTypeName（string）

方法的参数：付款方式的编号

返回的类型：string

方法的作用：根据付款方式编号获取付款方式名称

方法的名称：GetRates（string）

方法的参数：where 条件

返回的类型：string

方法的作用：根据 where 条件查询费率表和费率明细表中所关联的数据

方法的名称：GetSCollectionServicesFee（float，string）

方法的参数：代收款额，运单号

返回的类型：double

方法的作用：根据运单号和代收款额计算代收款手续费

方法的名称：GetSFWaybillInforState（int）

方法的参数：int 类型的索引

返回的类型：string

方法的作用：根据传入的索引获取运单款项的状态（1：已收货，2：已分车，3：已到货，4：已分派，5：已挂失，6：已发车，14：已发款，16：原货返回，18：已收款，20：送货异常，其他数字返回空）

方法的名称：GetSiteName（string）

方法的参数：站点编号

返回的类型：string

方法的作用：根据站点编号获取站点名称

方法的名称：GetWaybill（string，string）

方法的参数：where 条件，用户所属站点

返回的类型：string

方法的作用：根据用户当前站点和 where 条件获取运单的详情

方法的名称：GetwaybillAllLoginfor（string）

方法的参数：运单号

返回的类型：DataSet

方法的作用：根据运单号获取该运单对应的所有操作日志

方法的名称：GetWaybillAssignState（int）

方法的参数：int 类型的索引

返回的类型：string

方法的作用：根据传入的索引获取运单的分派状态（0：未缴款，1：已交款，2：异常）

方法的名称：GetWaybillInforAll（string）

方法的参数：where 条件

返回的类型：string

方法的作用：根据 where 条件获取运单信息查询页面的数据

方法的名称：GetWaybillInforState（int）

方法的参数：int 类型的索引

返回的类型：string

方法的作用：根据传入的索引获取运单状态（0：已收货，1：已审核，2：已分车，3：已到货，4：已分派，5：已挂失，6：已发车，14：已发款，16：原返，18：已收款，20：送货异常）

方法的名称：GetWaybillNum（string,string）

方法的参数：用户名，用户站点

返回的类型：string

方法的作用：根据用户名和用户所属站点获取新的运单号

10.6 IE 浏览器配置

打开 IE 浏览器检查浏览器版本，进行相应配置。

1. 步骤

(1)单击打开 IE 浏览器的工具菜单 帮助(H) 。

(2)在弹出的窗口中选择 关于 Internet Explorer (A) ，弹出窗口如图 10-15 所示。

图 10-15　IE 版本信息

Internet Explorer 8 则表示是 IE8，如果不是 IE8 请将浏览器版本升级至 IE8 ，IE8 下载地址：按住 Ctrl 键并用鼠标点击此处或者将：http://dl. client. baidu. com/hao123/ ieak/IE8－WindowsXP－x86－CHS. exe 复制到浏览器地址栏下载 IE8 并按步骤安装。

2. IE 浏览器的基本设置

提示：如设置中系统提示需要重启浏览器，请允许重启浏览器，或者手动重启浏览器！

IE 浏览器设置步骤如下：

(1)打开 IE8 浏览器菜单栏中的：　工具(T)　（Alt ＋ T）。

(2)选择"工具"栏中的　Internet 选项(O)　，弹出如图 10-16 窗口。

(3)点击图 10-16 中的　删除(D)...　按钮，弹出如图 10-17 所示，点击"删除"按扭。

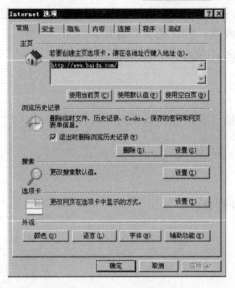
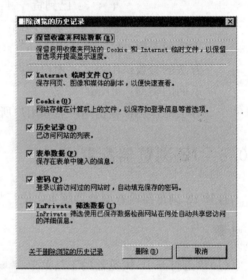

图 10-16　Internet 选项　　　　　　　　　图 10-17　历史记录窗体

(4)打开"安全"选项卡：如图 10-18 所示。点击"自定义级别（C）"，弹出安全设置窗口如图 10-19 所示。

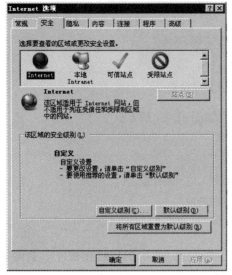

图 10-18　Internet 选项－安全设置　　　　　图 10-19　安全设置窗口

在图 10-19 中设置如下选项。

①将"对未标记为可安全执行脚本的 ActiveX 控件初始化并执行脚本＊"一项设置为"启用"。如图 10-20 所示。

图 10-20　ActiveX 控件设置

②将"允许网站使用脚本提示获得信息"设置为"启用"；将"允许状态栏通过脚本更新"设置为"启用"。如图 10-21 所示。

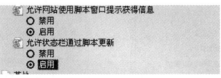

图 10-21　状态栏设置

③将"使用弹窗窗口阻止程序"设置为"禁用"。如图 10-22 所示。

图 10-22　弹出窗体设置

④将"允许网站打开没有地址或状态栏的窗口"设置为"启用"；将"允许由脚本初始化窗口，不受大小和位置的限制"设置为"启用"。如图 10-23 所示。

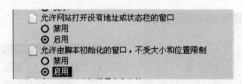

图 10-23　脚本初始化窗口设置

⑤下载里面的"文件下载"设置为"启用"。如图 10-24 所示。

图 10-24　文件下载设置

安全选项设置完成点击"确定"保存。

(5)打开"隐私"选项卡：如图 10-25 所示。将"打开弹出窗口阻止程序"上面的勾选去掉。

(6)打开"高级"选项卡，如图 10-26 所示。将"允许活动内容在我的计算机上的文件中运行"勾选中然后点击"确定"按钮保存所有设置。

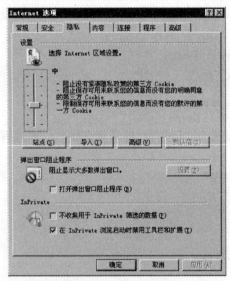

图 10-25　隐私选项设置

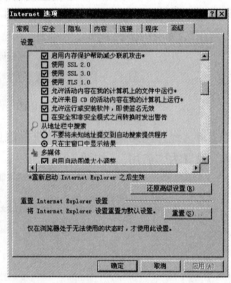

图 10-26　高级设置

(7)重启浏览器。

(8)输入网址：http：//www. wumaotong. com：1101/点击"转到"或者按回车会弹出窗口，如图 10-27 所示。

图 10-27　加载项弹出窗体

鼠标在上面单击会出现提示，如图 10-28 所示。

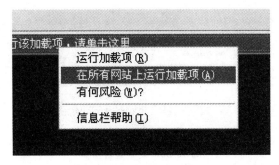

图 10-28　加载项选择

选择"在所有网站上运行加载项"后，弹出如图 10-29 所示警告窗体。

图 10-29　安全警告窗体

选择"运行"后弹出如图 10-30 所示。

图 10-30　IE 加载项弹出窗体

继续用鼠标单击如图 10-31 所示。

图 10-31　加载项选择

选择"在所有网站上运行加载项"后，弹出如图 10-32 所示安全警告。

图 10-32　安全警告窗体

选择"运行"，浏览器设置完成。

重启浏览器输入网址：http：//www. wumaotong. com：1101/，回车，弹出图 10-33 选择窗体。

图 10-33　ActiveX 选择窗体

选择"是"，然后输入用户名和密码登录，如果机器未注册请选择"注册"；如果注册过请点击"登录"或者直接回车。

10.7　系统安装及配置

10.7.1　操作系统以及环境

- Windows2000/WindowsXP/Windows2003/Windows 7？（推荐 Windows2003）
- Web 服务：IIS5/IIS6/IIS7（推荐 IIS6/IIS7）
- .NET版本：. NET Framework2. 0/. NET Framework3. 0/. NET Framework3. 5
- 浏览器：IE6/IE7/IE8/Firefox/Opera/Chrome？（推荐 IE8）
- 数据库：SQLServer2005/SQLServer2008（推荐 SQLServer2008）

10.7.2　B/S 站点部署

（1）使用 VS 自带的网站发布功能，将站点程序发布，也可以使用其他打包安装程序对网站进行打包，并将发布后的文件夹拷贝到待部署的服务器某个目录下（目录自选）。

（2）以 IIS6 为例，打开 IIS 管理器找到"网站"，如图 10-34 所示。

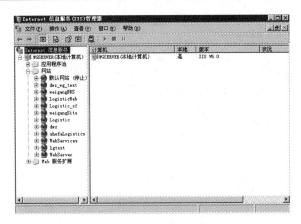

图 10-34　IIS 管理器

（3）"网站"右键选择"新建→网站"，弹出如图 10-35 所示对话框。

图 10-35　网站创建向导

（4）点击"下一步"，描述中输入网站名称，如"Logistics"（确保网站名称唯一），如图 10-36 所示。

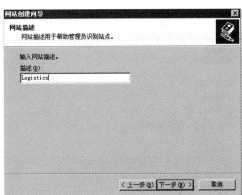

图 10-36　网站描述设置

（5）点击"下一步"，弹出 IP 和端口设置窗口，然后在"网站 TCP 端口"中分配站点端口，如 82（确保端口未被其他应用程序占用），其他项不用设置，如图 10-37 所示。

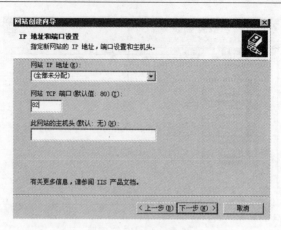

图 10-37　端口配置

(6)点击"下一步"，弹出网站主目录选择窗口，点击"浏览"定位到步骤一中发布文件所在目录下，如图 10-38 所示。

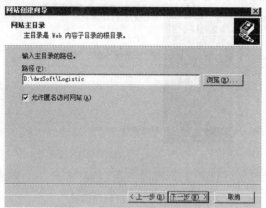

图 10-38　网站主目录设置

(7)点击"下一步"，在网站访问权限窗口的"允许下列权限"中勾选以下几项，如图 10-39 所示。

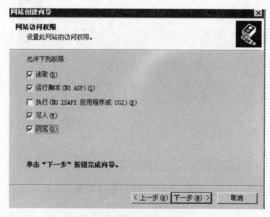

图 10-39　网站访问权限设置

(8)点击"下一步"，完成 IIS 网站的配置。

(9)完成后选择"网站"下刚新建的站点名右键选择"属性"：

①在弹出窗口中选择"HTTP 头→MIME 类型"，后新建 MIME 类型，"扩展名"中输入写：.gbpt；"MIME 类型"中输入写：application/octet-stream，如图 10-40 所示。

图 10-40　转账文件类型设置

这样设置是为工商银行转账文件的生成提供类型支持。

②选择"ASP.NET"项后如下图所示：如果"ASP.NET 版本"项不为 2.0，则将其改为 2.0，如图 10-41 所示。

图 10-41　ASP.NET 版本选择

选择"编辑配置"，在新打开的窗口中将连接字符串参数值改为正确的数据库连接串，如图 10-42 所示。

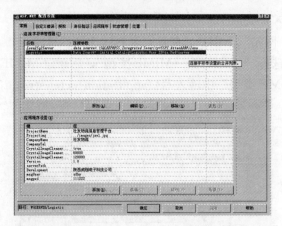

图 10-42　ASP.NET配置

③选择"文档",将启动默认内容文档设置为 Login.aspx,如图 10-43 所示。

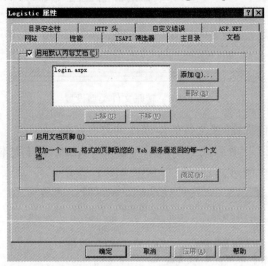

图 10-43　属性设置

在地址栏中通过"IP(或域名):端口"的形式即可访问此站点。

参 考 文 献

［1］金旭亮 . ASP .NET程序设计教程［M］. 北京：高等教育出版社，2009.

［2］金旭亮 . .NET 2.0 面向对象编程揭秘［M］. 北京：电子工业出版社，2007.

［3］Freeman E. Head First HTML with CSS & XHTML［M］. 影印版 . 南京：东南大学出版社，2006.

［4］Richter J. Microsoft .NET框架程序设计［M］. 李建中等译 . 武汉：华中科技大学出版社，2004.

［5］Esposito D. ASP .NET 2.0 高级编程［M］. 施平安译 . 北京：清华大学出版社，2006.

［6］Esposito D. ASP .NET 2.0 技术内幕［M］. 施平安译 . 北京：清华大学出版社，2006.

［7］http：//msdn. microsoft. com/zh—cn/netframework/. .NET Framewotk 开发人员中心 .

［8］http：//vwww. w3schools. com/. W3Schools Online Web Tutorials.

［9］http：//www. asp. net/. Microsoft asp. net 官方网站 .

［10］金雪云 . ASP .NET 简明教程(C♯篇)［M］. 北京：清华大学出版社，2007.